庆祝中国丝绸博物馆开馆 30 周年

DEDICATED TO THE 30TH ANNIVERSARY OF

CHINA NATIONAL SILK MUSEUM

缪斯
MUSE
文库

Research
Museum
Development Path of
China National
Silk Museum

宽厚专精

中国丝绸博物馆的
研究型发展之道

赵丰 著

ZHEJIANG UNIVERSITY PRESS
浙江大学出版社

图书在版编目（CIP）数据

宽厚专精：中国丝绸博物馆的研究型发展之道 ＝
Research Museum: Development Path of China
National Silk Museum / 赵丰著. — 杭州 ：浙江大学
出版社，2022.5
ISBN 978-7-308-22550-2

Ⅰ. ①宽⋯ Ⅱ. ①赵⋯ Ⅲ. ①丝绸－博物馆－研究－
中国 Ⅳ. ①TS146-282.551

中国版本图书馆CIP数据核字(2022)第066537号

宽厚专精：中国丝绸博物馆的研究型发展之道
赵 丰 著

策划编辑	包灵灵	
责任编辑	黄静芬	
责任校对	徐 旸	
封面设计	林智广告	
出版发行	浙江大学出版社	
	（杭州市天目山路148号　　邮政编码310007)	
	（网址：http://www.zjupress.com)	
排　版	杭州林智广告有限公司	
印　刷	浙江海虹彩色印务有限公司	
开　本	710mm×1000mm　1/16	
印　张	24.5	
字　数	385千	
版 印 次	2022年5月第1版　2022年5月第1次印刷	
书　号	ISBN 978-7-308-22550-2	
定　价	128.00元	

宽厚专精（代序）

——记饶宗颐先生题词

我于 1984 年硕士研究生毕业，其后留在浙江丝绸工学院丝绸史研究室工作，1991 年到中国丝绸博物馆（简称国丝馆或国丝）任副馆长，其实一直没有离开过学校。那时我已在浙江丝绸工学院开设"中国丝绸艺术史"一课，1992 年破格晋升为社科系列副研究员，之后就开始在浙江丝绸工学院带硕士研究生。1996 年破格晋升为研究员，1997 年获得工学博士学位，2000 年开始任中国纺织大学纺织学院博士生导师，2003 年进入东华大学服装与设计学院并担任博士生导师。

也就是从 2003 年起，我正式开始有意识地培养一支真正以丝绸之路为主要时空范围、以纺织科技史为学科基础的，从事染织艺术史、纺织考古研究和纺织文化遗产保护传承的学术团队。于是，我开始思考我的学术规范和从业规范。记得有一次，我在上课时对学生说，凡我学生，一定要视野开阔，胸襟宽广，思想开放，不得封锁资料，而我任内的中国丝绸博物馆一定是开放的博物馆，我会对任何一位真正的研究者、学生开放库房和藏品。

2003 年，在一部大火的电影《手机》中，张国立有一句著名的台词："做人要厚道。"这让我想到了宽厚，知识要宽厚，做人也要宽厚。但做研究，则必须是精和专，特别是做古代科技史和文物考古研究，一定要坚持、努力、钻研，才能出成果。所以，我在学生入学时，就送他们四个字"宽厚精专"，并将其作为我给他们的师训。

2010 年夏，我和北京大学林梅村教授同在香港城市大学讲学。7 月 14 日，郑培凯教授和鄢秀老师邀请我和林梅村一起去见饶宗颐先生并一起用餐。饶

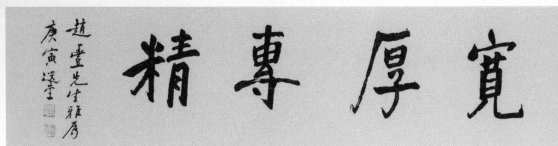

饶宗颐先生题词

公是国学大师，也是我老师屈志仁先生的恩师，心中早已仰慕。见面之后，不禁想请他写几个字，一想就想到了"宽厚精专"四字。不久后我回到杭州，就收到了他寄来的亲笔题词，不过字序稍有变化，变成了"宽厚专精"，更具逻辑性和准确性。

当时正值我馆申报纺织品文物保护国家文物局重点科研基地，我就把这四字作为我们基地的建设理念。做基地就是做科研，与我培养硕士、博士的思路相同。再到 2016 年前后，我在回顾中国丝绸博物馆走过的历程时，觉得一个研究型博物馆的管理和运行，用的其实也是一样的理念，所以我又把它送给所有的国丝年轻人。

"宽厚专精"这四个字，可用于做学问，做事，做人。

做学问研究：视野宽阔，基础厚实，学术专业，技艺精尖。

做人做事：胸襟宽阔，为人厚道，择业专一，做事精细。

如要再做一些仔细的解释，也许可以这样表达：

宽厚：

视野宽阔，胸襟宽阔，氛围宽容，知识面宽阔。

基础厚实，积淀厚重，为人厚道，站位才能高。

专精：

"专"也就是我对专题博物馆提出的三专：专一、专注、专业。

择业专一：纺织文化遗产是我们唯一的研究对象，所谓择一事，终一生也。

工作专注：对研究的专注是专题博物馆的立馆之本。

做事专业：在纺织品领域，我们要做得最好、最专业。

专业也就是做精，严格要求，目标更好，攀登顶峰，技艺精尖，精益求精。

所以，"宽厚专精"四字，是我从治学到做事，打造一支博物馆里的科研队伍，再到办馆过程中渐渐形成的一种理念，可以看出，这也是中国丝绸博物馆得到大家认同的一条研究型发展之道。所以，我谨以"宽厚专精"四字，作为本书的书名。谨以此篇回忆，作为本书的自序。

所 思

弄　机

已　远

长　道

所思

涉江采芙蓉，兰泽多芳草。

采之欲遗谁？所思在远道。

——古诗《涉江采芙蓉》

丝绸之路　锦绣前程

从一部《中国丝绸史》到中国丝绸博物馆

1982 年，我从浙江丝绸工学院本科毕业时，恰逢朱新予老院长招收研究生，方向是中国丝绸科技发展史，我觉得自己会比较喜欢，就参加了考试。当时，朱老已是 80 高龄，他一直说有四个心愿：恢复中国丝绸公司、纺织部管浙江丝绸工学院、编写关于中国丝绸史的图书和建设中国丝绸博物馆。我有幸成为朱老的学生，并协助朱老完成后面两大心愿，特别感到荣幸。1985 年，我硕士一毕业就跟着朱老做"中国丝绸史"的课题，第一次出差调研去的是西北丝绸之路，然后是写作、编辑，直到 1992 年《中国丝绸史（通论）》正式出版。[1]1986 年，我又开始参与中国丝绸博物馆的筹建工作，到 1991 年正式调入博物馆，1992 年国丝正式开馆，一直都没有挪窝。所以，改革开放的 40 多年，于我而言，就是编写一部《中国丝绸史》到建设中国丝绸博物馆的历史。

国丝的建设从零起步，后来经过的几个阶段，也与中国的改革开放紧密相关。1986—1992 年是初建阶段，从立项到投资、建成、开放，虽然有 4 公顷多的占地面积，但建成的却是一个只有 7000 多平方米建筑面积的半拉子工程。1992—2000 年，经济改革大刀阔斧，而文化发展举步维艰，国企管理下的国丝只是挣扎着求生存。2000—2009 年，随着文化事业的发展，国丝择木而栖，企业转入文化系统，渐渐向好，并于 2004 年在全国率先实行免费开放。2009—2015 年，经过极为艰苦的努力，在解决历史遗留问题后，国丝终于走出困境，收复旧地，重绘宏图。

---

[1]　朱新予.中国丝绸史(通论).北京：纺织工业出版社，1992；朱新予.中国丝绸史(专论).北京：中国纺织出版社，1997.

中国丝绸博物馆正立面设计稿

序厅建设过程，1988 年前后

开馆后的国丝正门，1992

改扩建过程中的国丝正门，2016

此后，国丝在 2016 年 G20 杭州峰会之前完成改扩建工程，成为建筑面积达 23000 平方米、展览面积为 15000 多平方米的相对完整的博物馆，可谓破茧成蝶，全新亮相。回顾国丝与改革开放 40 多年的关系以及我们的发展历程，我想谈四个方面的体会，与全国博物馆同行分享。

一、学术引领，建设一个研究型博物馆

1992 年 2 月开馆之初，国丝着实热闹了一番，但大约过了一年，就慢慢地寂静下来，我们首先面临的是经费问题。国丝属浙江省丝绸公司管理，一个企业要从税收之后的利润中承担一个公益性博物馆的日常事业经费，确实非常难。既然经费有问题，那工作人员也难以为继，当时出现了一股下海潮，开馆之前刚刚进来的人员慢慢都走了，1992 年之后也就基本不进人了。

那我们应该做些什么呢？一个博物馆既有业务工作（profession），也有基础工作（support）。业务发展了，博物馆也发展了；基础垮了，博物馆也垮了。2009 年，我开始主持全馆工作，我的理念是：少折腾（当时有不折腾一说，我只能说少折腾，少搬弄是非，多干实事）、保平安（文物安全、人身安全、经济安全、政治安全）和谋发展（主要是业务工作）。而我馆的业务部门只有三个——陈列保管、技术（文保为主）和社会教育，所有这些，都是业务的重要部分，都应该以学术为引领。但三个方面无法在每时每刻都齐头并进，这一时段我们不做别的事，只是尽量关注研究。

从个体来说，我们的研究从学校开始有一定的基础。国丝的建立缘自我的导师朱新予先生，当时我已在参与《中国丝绸史》的写作，有了一个丝绸史研究室，并与文博界开展了一定的合作。以这个团队为基础，并与筹建处合作，国丝一开始就有了较强的丝绸文物研究力量。开馆之初，恰逢内蒙古出土大量的辽代丝织品，从庆州白塔到耶律羽之墓，从代钦塔拉到宝山辽墓，都成为我们研究和整理的极好资料。同时，我在学校期间对青海都兰唐代丝绸的研究成果也慢慢凸显出来，引起人们的重视。此外，丝绸技术史上最为关键的织造技术史的研究也得以顺利开展，我复原了元代《梓人遗制》中所记载的立机子和汉代釉陶织机所表现的斜织机，解决了中国科技史上极

2016 年改扩建后，如今的国丝大门

为重要的几个问题。^① 同时，我还用大花楼织机复制了辽式五枚缎纹的雁衔绶带锦袍，使得我馆的织造技术复原研究成果层出叠见。^② 艺术史角度的丝绸研究也开始启动，1992 年，《中国丝绸史（通论）》《唐代丝绸与丝绸之路》《丝绸艺术史》等著作相继得以出版，一直到 1999 年中英文版的《织绣珍品：图说中国丝绸艺术史》用丝绸精品图说中国丝绸艺术史，使我馆在古代丝绸研究方面技术与艺术比翼双飞，相得益彰。^③ 2005 年，我又出版了《中国丝绸通史》。此外，从 2000 年开始，我馆在国家文物局的支持下，建立了中国纺织品鉴定保护中心，丝绸文物的保护研究也开始蹒跚起步。在"十五"期间（2001—2005 年），我们承担了国家课题"古代丝织品病害及其防治研究"

① 赵丰 . 踏板立机研究 . 自然科学史研究，1994（2）: 145-154；赵丰 . 汉代踏板织机的复原研究 . 文物，1996（5）: 87-95.
② 赵丰 . 雁衔绶带锦袍研究 . 文物，2002（4）: 73-80.
③ 赵丰 . 织绣珍品：图说中国丝绸艺术史 . 香港：艺纱堂 / 服饰出版，1999.

国丝鸟瞰

的子课题"丝织品文物保护文献汇编及现状调研"。[1] "十一五"期间（2006—2010 年），我们开始大力冲刺国家重点科研基地并于 2010 年最终获得成功，开启了真正全馆范围内的学术引领，同时取得了较好的效果。"十一五"期间，"东周纺织织造技术挖掘与展示：以出土纺织品为例"获国家文物局文物保护科学和技术创新奖二等奖[2]，此后的"十二五"期间（2011—2015 年），"基于丝肽 - 氨基酸的脆弱丝织品接枝加固技术研究与示范应用"又获国家文物局文物保护科学和技术创新奖二等奖[3]。"十三五"期间（2016—2020 年），我们一直以学术为引领，不仅开拓着我们的科技保护工作，而且引领着我们的陈列展览和社会教育等一系列工作的开展。

　　正因为我们把学术引领作为办馆的基本思路，所以，我喜欢把我们的博

[1] 奚三彩，赵丰.古代丝织品的病害及其防治研究.南京：河海大学出版社，2008.
[2] 赵丰，樊昌生，钱小萍，等.成是贝锦——东周纺织织造技术研究.上海：上海古籍出版社，2012.
[3] 赵丰，胡智文.新丝固旧丝，丝丝得长安：槽朽丝织品文物的丝蛋白复合体系加固技术.中国文物报，2010-05-21（6）.

物馆称为研究型博物馆。虽然我们的工作很多方面都以研究为基础，但真正向我提出研究型博物馆的有两个人：一是国家文物局宋新潮副局长，他说一个专业博物馆，贵在专字，就是要把专业领域的研究做到极致，使其成为专业博物馆的特色；二是大英博物馆的汪海岚（Helen Wang）女士，她说中国丝绸博物馆的特点是丝绸的研究、工艺的研究、保护的研究，中国丝绸博物馆应该成为研究型博物馆（research museum）。这里的研究型博物馆，我的理解，就是在一个专业领域做到极致，达到普通机构无法达到的目标。

二、工匠精神，久久为功，永不言弃

专题博物馆要在一个领域中做到极致，其实也很不容易。国丝的自我定位是以中国丝绸为核心的纺织服饰类博物馆，其收藏、保护、研究和展览的范围包括古今中外，类型包括物质和非物质，认知方法包括自然科学和人文科学。这类博物馆在世界上有很多，有时也可以包括许多大型博物馆的相关专业部门。而相比之下，国丝非常年轻，基础很弱，所以我们必须发扬工匠精神，做到专业、专注、专一。

专业，是要有专业的精神和素养。我馆围绕丝绸及纺织服饰相关领域，布局相应的人才，建设健全的机构，开展各种工作。我们考虑的专业核心还是纺织的工程技术背景，对其纤维、组织、机械、印染等展开研究。但丝绸纺织同时也是一种工艺美术，所以，艺术史与考古学、设计、时尚的相关知识也非常重要。此外，丝绸还是一种与政治、社会、经济、宗教、文化、民族等都有密切关系的产品，与此相关的知识也都十分有用。因此，我馆配置的人员，有较大一部分是来自丝绸、纺织、服装专业学校的毕业生，也有学习化学、工程、艺术设计等方面的人才，他们共同构成了我馆专业工作开展的基础。

除了软件，我们所有的硬件也十分专业。我们的实验室围绕纤维、染料等核心点配制了多种大型设备，如高效液相色谱质谱分析仪、能谱分析仪、激光共聚焦显微镜、场发射扫描电子显微镜、激光共聚焦拉曼光谱仪，以及进行精密分析检测所用的同位素质谱仪等。我们的库房根据纺织品特点配备了纯木质隔层隔温隔湿设备：围绕考古纺织品配备了木质橱柜，围绕近

朱新予主编，《中国丝绸史（通论）》，1992　　赵丰主编，《中国丝绸通史》，2005

现代服装和时装、中西方时装配置了金属密集柜，围绕皮毛类服装配备了低温库。我们的展厅也针对纺织品安装了特别设计的双层温湿度控制系统、灯光照明系统以及专业的监控报警设备。特别是我们的纺织品修复室，占地约1500平方米，分为两处：其一是纺织品文物修复展示馆；其二是2016年新建的修复工作室。前者可能是中国最早的文物修复展示场所，把修复现场和展览线路相结合，把修复纺织品文物的过程、成果展示给观众。展馆一楼用于纺织品的信息提取、清洗、修复、包装、研究等工作，其中一块区域向观众展示文物保护修复的全过程；二楼向观众展示修复之后的纺织品文物。修复室的工作台根据纺织品修复特点专门设计而成，使用特别的工作台面，长宽按两倍的比例制作，以便于在使用过程中自由拆拼。修复所用工具以医疗器械为主，但所使用的面料、缝线等修复材料多为特别定制而得，这也是我们专业硬件的一个侧面展示。

专注，就是专心致志，心无旁骛。由于我们馆小人少，人手有限，时间有限，我们就集中精力做好以丝绸为核心的工作，别的基本不涉及。我们的研究，核心就是纤维、染料和织机；我们的修复，到目前为止只有一种，就是纺织品修复；我们的展览，总是会与丝绸纺织服装相关，或与丝绸之路有关。曾有一段时间，我们也做各种展览，如圆明园三首回归的展览和关于邓小平的展览。后来，我们谢绝了这类与丝绸无关的展览。我们的社会教育活动也是如此，社教品牌是丝路之夜、女红传习馆、蚕乡月令、丝路之旅等，永远与丝绸等主题相关。

当然我们也觉得，专注并不是不发展、不扩大，专注是根据使命、根据条件把专业领域做足、做满，如我们后来拓展的西方时装，如我们在做的蚕桑丝织非遗项目、我们做的时尚，一定是把专业做得更全，建设有一定空间范围的专题博物馆。

专一，就是长久，就是永不言弃。做一件事，总会设定一个长期的目标，才能把事做好。技术、人才、品牌、专利、风格，都要代代相传。如我们所做的织造技术，就会长期研究下去，不只是中国的织造技术，也包括世界的织造技术，不只是实践，还包括写作《中国科学技术史》中的织机卷等理论著作。再如纤维和染色技术，我们从标本库和数据库做起，甚至做纤维和染料生态标本园，做世界上最好的纤维染料鉴别技术，精细鉴别到物种、到产地、到微痕。又如主题展览，我们目前的思路是每年都要做几个系列展览，且要一直做下去，有民族服饰展览，有时尚展览，每个系列，我们都会从各个角度去精心打造。特别是丝绸之路的系列展览，世界各地所做的丝路展览有很多，但我们国丝怎么做，需要认真思考。我们从"丝路之绸"做起，到"锦绣世界"，到"古道新知"，到"神机妙算"，然后是"丝路岁月"等，用不同角度的展览去讲好丝路故事。工匠精神就是不浮躁，不离不弃。长此以往，不愁专题博物馆做不专业。

三、国际视野，打造国际人文交流平台

丝绸从来都是中国的，但同时又是世界的。它从古到今都是中国向外输出的最主要商品之一，给世界带来了巨大的影响，于是，我们有了丝绸之路，于是，"中国蚕桑丝织技艺"进入了联合国教科文组织（UNESCO）的《人类非物质文化遗产代表作名录》。20 世纪初，中国有大量的学生和企业家远渡重洋去法国，或横渡东洋去日本，学习国外已经领先于我们的蚕桑丝织技术，我的导师朱新予就是一位留学东京学习蚕丝技术的前辈。而到了我们

这一代，由于时代的局限，我们没有机会早早走出国门，踏上丝路看世界，拥有国际视野。不过到了国丝之后，我还是有了一些去瑞典、加拿大、日本等地的机会，但机会的真正到来是在 1997—1998 年，我去美国大都会艺术博物馆做客座研究，几乎走遍了欧美各大博物馆和各种纺织服饰类专业博物馆。1999 年，我又去加拿大做了一段时间的客座研究。此后，国丝的国际化之路，或者说今天国丝的"丝绸之路"，就渐渐开始走得较为顺畅了。

其实，所谓的国际化并没有真实的路，这些路是需要人走出来的，这就是专业人员的业务交流。我馆早期的国际交流大多使用对方的经费，到后来我们就得想方设法找钱派人出去，特别是在我们的纺织品文物保护国家文物局重点科研基地建立之后，这类学术交流成了我们的刚需。2009—2015 年，我们分别派出业务人员去美国大都会艺术博物馆、波士顿大学、布莱恩特大学、费城艺术博物馆、瑞典军事博物馆等地进行合作研究、修复培训等，每次都在三个月以上。此外，我们更派出了一些专家，赴世界各地参加各类学术会议，在国际专业平台上发声。这对拓宽我们的国际视野起到了极好的作用。

开展各项合作研究项目是最为日常的任务和途径。2006 年，大英博物馆邀请我去做半年的客座研究，我借机策划了"敦煌丝绸艺术全集"。这是一个由东华大学出资、由中国丝绸博物馆与国际上一些顶级博物馆等机构进行合作的国际项目。合作者有大英博物馆、维多利亚与艾尔伯特博物馆、大英图书馆、法国吉美国立亚洲艺术博物馆、法国国家图书馆、俄罗斯国立艾尔米塔什博物馆、敦煌研究院、旅顺博物馆，还涉及新德里国立博物馆和东京国立博物馆等，到 2021 年，我们已经出版英、法、俄三卷和中国旅顺、敦煌两卷。[①] 此外，我们还开展各种双边合作项目，如与乌兹别克斯坦科学院考古研究所合作的费尔干纳盆地蒙恰特佩出土丝绸研究项目 [②]，与丹麦国家研究基金会纺织品研究中心合作的中欧出土青铜时代羊毛织物比较研究，与韩国传统文化大学合作的明代服饰修复项目，与俄罗斯斯塔夫罗波尔考古所合作

① 赵丰 . 敦煌丝绸艺术全集（英藏卷）（法藏卷）（俄藏卷）（中国敦煌卷）（中国旅顺卷）. 上海：东华大学出版社，2007—2021.

② 马特巴巴伊夫，赵丰 . 大宛遗锦：乌兹别克斯坦费尔干纳蒙恰特佩出土的纺织品研究 . 上海：上海古籍出版社，2010.

国际博物馆协会（ICOM）主席苏埃·阿克索伊（Suay Aksoy）访问国丝，2017 年 11 月 10 日

I am impressed and how… The silk Museum is a gem that you discover in layers, from the equipment to produce the material, the way it is done and the examples of the world's most beautiful, most elegant fabric: the silk. Excellent displays, excellent interpretation & a lot of access to every department, including the conservation labs. Congratulations to the director & his team!

Suay Aksoy

10 November 2017

中国丝绸博物馆给我留下了深刻印象，它如同一颗璀璨宝石，可容你层层渐次发现：从生产面料的机具，到现场演示的过程，再到世界上最为华美的丝绸实物。极佳的陈列，极佳的解说，众多的通道连接国丝的各个领域，包括纺织品保护实验室。祝贺馆长和他的团队！

苏埃·阿克索伊

2017 年 11 月 10 日

国际博物馆协会主席苏埃·阿克索伊题词，2017 年 11 月 10 日的蒙古纺织品鉴定修复项目，与意大利帕多瓦大学合作的近代蚕茧资料整理与研究项目，与瑞典军事博物馆合作的彼得大帝军旗所用中国丝绸的研究项目。[①] 一个个项目，正像一个个台阶，使我们的国际人文交流慢慢地走上了一个高地。

　　配合国家需求，讲好丝绸故事，把展览推出去，也是我们国际化的一个重要方面。2005 年，浙江在法国尼斯首次举办浙江文化周，我馆就在尼斯的亚洲艺术博物馆举办了"天上人间：浙江丝绸文化展"。此后，我馆以丝绸艺术、丝绸文化、丝绸之路、丝绸时尚为主题，在世界各地接连不断地推出各种展览，年年都有。2006 年，我馆在捷克国家博物馆举办了"衣锦环绣——5000 年中国丝绸精品展"大型展览。2007 年，我馆在俄罗斯为俄罗斯中国年策划了"丝国之路——5000 年中国丝绸精品展"大型展览，在哈巴罗夫斯克博物馆、喀山共和国博物馆和莫斯科国立历史博物馆巡展。此后，我们的展览机会就更多了，迄今为止已经走了 20 多个国家。由此，我们的策展人"走出去"了，我们的员工"走出去"了。现在回头来看，我们的展览走过的地方，正是丝绸之路的主要区域，相信我们的丝绸展览，已经服务于"一带一路"的建设。

　　交往、合作、展览等都是相对临时的项目，更为久远的是打造国际化的平台，培育国际合作的机制，使得我们的工作常态化。我们加入了一些国际专业协会并扮演一定的角色，如总部位于法国里昂的古代纺织品研究中心（Centre International d'Études des Textiles Anciens，简称 CIETA），我是代表中国的常务理事；再如全美纺织品协会（Textile Society of America，简称 TSA），我也是会员。在这类机构中，中国出现得非常少，由中国牵头的纺织文化遗产协会更是几乎没有。于是，在国家文物局的指导下，我们在 2015 年发起成立了国际丝路之绸研究联盟，并于 2016 年在杭州举行第一次会议。到目前为止，这个联盟运作得非常不错。到 2019 年，我们已在中国杭州、法国里昂、韩国扶余、俄罗斯矿水城等地召开了四届工作年会和学术会议，会上交流了大量关于世界丝绸历史和将来走向的学术成果。此外，在 2017 年 5 月 18 日国际博物馆日期间，我们在北京成功发起了丝绸之路国际博物馆联盟，

---

① 赵丰 . 瑞典藏俄国军旗上的中国丝绸 . 杭州：浙江大学出版社，2020.

后来于 6 月 22 日在杭州"古道新知：丝绸之路文化遗产保护成果"大展开幕式上，又联合全国 21 家国家文物局重点科研基地，发起成立了丝绸之路文物科技创新联盟。

当然，国丝本身的平台是我们最为重要的国际交流平台。我们要让国丝成为国际同仁乐于相聚的地方，成为接待更多国际友人的地方，成为新的丝绸之路的出发点和集聚点。改扩建完成之后，成为 G20 杭州峰会领导人夫人们的一个重要参观点。我馆接待了许多 G20 的客人，此后，我们又举办了大量以丝路为主题的活动，如"丝路之夜""丝路展览""丝路之旅"等，把丝绸之路写在国丝的每一个角落。

四、时尚先锋，融入当下，引领美好生活

一个博物馆虽然收藏的是遗产，但其本身却不应该脱离当下的生活。国丝的建馆就从当下开始，建馆的主力是丝绸界而不是文物界，建馆的资金来自旅游界而不是文化界，其目的就是为当下服务。但我们也跟着时代走了一段弯路，从一开始的产业振兴，到市场化大潮，丝绸企业民营化，再到文化大发展，国营文博机构免费开放，国家财政完全拨款，一直到现在比较全面合理地看待博物馆发展与文创及市场的关系。我们在这一方面也走出了非常重要的几步。

一是做非遗或传统工艺。对我们来说，非遗就是活的传统，是文物周围的故事。2008 年，非遗在国际上、在联合国教科文组织中都还是一个新鲜的话题，在中国也只是刚刚开始。但全国各地希望申报的人类非遗项目很多，如云锦、刺绣、南曲、少林，所以文化部的非遗专家希望把丝绸打包申报，由中国丝绸博物馆来牵头。我们接受了这一光荣的任务，联系了浙江、江苏、四川三省的杭州、嘉兴、湖州、苏州和成都五个市的近十个项目，包括蚕桑民俗、轧蚕花、扫蚕花地、清水丝绵、双林绫绢、杭罗、缂丝、宋锦、蜀锦等，以中国蚕桑丝织技艺的名义进行申报。在文博界，中国丝绸博物馆是第一家牵头申报并统筹人类非物质文化遗产代表作的博物馆。对我们来说，虽然在非遗（以前称为民俗或民间工艺）方面已做了不少工作，但进行真正的非遗研究和传承，确实还是第一次。十余年来，我们一直致力于丝织

传统工艺的研究、复原和传承，特别是在近期用汉代提花机复原成功了"五星出东方利中国"汉锦，显示了我馆在这一方面的独特实力。

二是做时尚。其实，我们在 1992 年开馆之初就已经做了展示时尚或者现代丝绸生产的工作，不过，真正把超出丝绸的时尚作为国丝的一大板块来做，是从 2010 年开始的。当时，我们的一个强烈感觉是，国丝不做时尚就无法接地气，无法增加藏品、拓宽领域，也无法引起社会的关注。所以，我们主动出击，去市场了解时尚信息，去企业了解时尚产业，去学校了解时尚教育，去设计师那里了解时尚趋势。而我们的抓手就是每年做一次时尚回顾展。从 2011 年起，我们邀请了浙江理工大学的专家牵头组成策展团队，从征集一直做到展览设计和布展，第一年的主题叫"发现 Fashion"，现在的主策展人及主要团队已换了人员，但时尚回顾展还是坚持每年都做一届。而在此基础上，我们又做了若干时尚特展，特别是与中国服装设计师协会及时尚传媒集团合作的"时代映像：中国时装艺术 1992—2012"，在北京今日美术馆、深圳关山月美术馆、新加坡中国文化中心等许多场合巡展，给我们带来了更强的信心。

三是开拓西方时尚领域，建设真正的时装馆，成为中国第一时尚博物馆。2013 年，我们开始征集一批西方时装，总数达到近 4 万件，以 18 世纪以来欧美时装为主，包括世界时装史上最为重要的阶段的代表性作品。特别重要的是，其类型非常完整，无论是最为吸引人的女装，还是小众的男装；无论是作为艺术的礼服，还是日常生活的制服等；无论是外套，还是内衣；无论是服装，还是箱包、首饰等。这是一个具有完整框架的西方时装史，是国内所有服装设计课程"西方服装史"的教学实物。因为有了这批藏品，我们不但在基本陈列中安排了"从田园到城市——四百年的西方时装"的专题展厅，同时也建成了一个包括中国时装和西方时装以及各种时尚临展的时装馆，它已成为我馆展览和活动的主要场所。目前，我们又在杭州最为时尚的场所之一杭州大厦开出了国丝时尚博物馆。

四是大力进行传统工艺传承和设计创新。要融入当下，为引导美好生活服务，特别是以振兴传统工艺为目标，实现传统工艺的当代设计，因此，我们在社教活动中设立了女红传习馆。国丝馆的特色是纺织服装，在古代这就属于女红的范围，所以我们采用了"女红"之名，但其活动并不局限于女性。

事实上，女红传习馆的源头来自 G20 杭州峰会时的领导人夫人活动，为了配合这项活动，我馆专门策划了女红活动，让女童来表演丝织工艺，表现丝绸传统工艺在中国的传承。结果，这一活动很受欢迎，获得好评，我们就把这一形式保留了下来，形成我馆自己的社会教育品牌。我们邀请传统丝绸图案研究和设计大家常沙娜老师题写了馆名，正式进行了注册。

目前，我们的女红传习馆分为两个层次：一是日常课程；二是高级研修班。日常课程开始甚早，我们大约从一开馆就有"科普养蚕""手工扎染""手绘填彩"等，到 2016 年改扩建完成之后，我们又有了编、织、染、绣、缝等多个系列，每年开出近百次课程，学习者以中小学生为主，主要目的是培养学习者的兴趣。而高级研修班是从 2017 年开始设立的，每年四期，结合展览而开，目前已开过的课程有"综板织机""提花机""蜡染""扎经染"等。一般一次课程会在一周左右，学生限制在 15 人以内，主要是成人，包括研究生、老师、设计师、手工爱好者等。这种研修班的培养目标是学习者能学以致用。从目前的情况来看，这样的活动非常成功，很受欢迎。

五、结语：再走 40 年

改革开放 40 多年，从编写一部以史料和图片为主的《中国丝绸史（通论）》，到建造一座以实物为主的中国丝绸博物馆，我们做了很多努力，而国丝真正的快速发展是在最近 10 余年中发生的。虽然我们的具体工作还会有很多创新，但我们的立馆宗旨、结构板块等总体思路不会大变，学术引领、工匠精神、国际视野、时尚融合，还是国丝在较长一段时间内的工作原则。让我们再走 40 年，再看 40 年，我们的目标是成为国际知名的专题类博物馆：厘清思路精心谋划稳定发展，在学术研究上总体领先并时有突破，在国际平台展开长期有效合作，通过传承和创新优秀传统文化来引领时尚生活。

（本文原为庆祝改革开放 40 周年而作，原载《中国文物报》2018 年 9 月 16 日第 7 版、9 月 26 日第 7 版。经修订，部分数据更新至 2022 年。）

以中国丝绸为核心

国丝的使命陈述和行为规范

《国际博物馆协会博物馆职业道德》明确规定：管理机构应准备并公开申明关于博物馆使命、目标和政策，以及管理机构任务和构成情况，并以其为指导。① 每个博物馆都有它的使命，这些使命的公开申明就被称为使命陈述（mission statement）。陆建松强调了使命陈述的重要性："博物馆使命是博物馆运营的最高宪章。它不仅规定了一个博物馆不同于其他馆的社会责任、服务对象、办馆宗旨、根本任务和运营目标，也规定了该博物馆运营业务的范围和边界。准确设定本馆的使命，有助于博物馆制定和采取正确的运营策略，有助于博物馆得到社会的认可和支持。博物馆的一切业务与活动都必须围绕使命而展开，都必须服务和服从于博物馆使命的宣言。"②

一、博物馆的使命陈述

大部分博物馆的使命陈述均可在其官方网站上查到，但中外博物馆的陈述方式差别较大，同一地区不同博物馆的陈述风格也各不相同。

国内博物馆的使命陈述通常会在博物馆介绍、馆长致辞、博物馆章程中反映出来。较为明确的是中国国家博物馆，其中文网站上有其功能职责的说明，在其英文版网站中就被译为"mission statement"，其实就是使命陈述："代表国家收藏、研究、展示、阐释能够充分反映中华优秀传统文化、革命文化和社会主义先进文化代表性物证的最高机构，珍藏民族集体记忆、传承

---

① 国际博协中国国家委员会编印《国际博物馆协会博物馆职业道德准则》1.2 条（中英文对照）。
② 陆建松 . 博物馆运营应以使命为导向 . 中国博物馆，2020（2）: 51.

《国际博物馆协会博物馆职业道德》，2004

国家文化基因，荟萃世界文明成果，构建与国家主流价值观和主流意识形态相适应的中华文化物化话语表达体系，引导人民群众提高文化自觉、增强文化自信，推动中外文明交流互鉴，发挥国家文化客厅作用。"①

　　国内博物馆的使命陈述做得最好的应该是上海科技馆集群。上海科技馆集群包括上海科技馆、上海自然博物馆和上海天文馆，其集群和各馆均有自己的明确使命。如集群使命为"增进和传播自然和科技知识"，上海科技馆的使命是"通过有吸引力的展品和项目，鼓励在科学、技术、工程和数学方面的终身学习和创新"，上海自然博物馆的使命是"了解自然界及我们的生存环境，探讨自然界的变迁，并呈现人与环境的互动关系，为地球创造一个更加美好的未来"，上海天文馆的使命是"传播天文知识，教育、鼓励、激发公众对宇宙、地球和空间探索的好奇心"。②

　　而在国外，特别是欧美等地区，大都会艺术博物馆在其网站上都明确有

---

① http://www.chnmuseum.cn/gbgk/zndw/.

② 陆建松.博物馆运营应以使命为导向.中国博物馆，2020（2）：55.

着使命陈述。

　　美国大都会艺术博物馆的使命陈述还包括它的发展简史：大都会艺术博物馆成立于 1870 年 4 月 13 日，位于纽约市，目的是在该市建立和维护一个博物馆和艺术图书馆，鼓励和发展美术研究，以及将艺术应用于制造和实际生活，提高同类学科的一般知识，并为此提供大众教育。这一陈述已指导该博物馆 140 多年。2015 年 1 月 13 日，大都会艺术博物馆的受托人重申了这一宗旨声明，并补充了以下使命陈述："大都会艺术博物馆收集、研究、保存和展示所有时代和文化的重要艺术作品，以将人们与创造力、知识和思想联系起来。"①

　　维多利亚与艾尔伯特博物馆是世界最为著名的设计类博物馆，其使命陈述是："我们的使命是让维多利亚与艾尔伯特博物馆被公认为世界领先的艺术、设计和演出博物馆，并通过向尽可能广泛的观众推广设计领域的研究、知识和享受来丰富人们的生活。"②

　　在服饰与时尚类的博物馆中，纽约时装技术学院（FIT）博物馆的使命陈述是："我们致力于创建展览、活动项目和出版物，以教育、启发和促进人们对服装和时尚的文化意义的认识。博物馆的使命是在多元化和包容性的观众中促进原创研究、创造性思维和终身学习。"

　　另一家也位于纽约的艺术与设计博物馆（MAD）的使命陈述是："艺术与设计博物馆的使命是收集、展示和解释记录当代和历史工艺、艺术和设计创新的物品。在其展览和教育项目中，博物馆鼓励将各种材料制成提升当代生活作品的创作过程。"③

　　比利时安特卫普的时装博物馆（MoMu）把使命和愿景写在一起："培养人们对时尚的好奇心，让所有人都更容易接触到它。时尚不仅仅是服装，也不仅仅是时尚。世界是一个棱镜，可以从不同的角度来观察。当代时尚博物馆的作用之一是丰富'时尚'一词的含义，超越时尚史的经典叙述。人们需要一个让时尚受到反思和批评的地方，一个平静地观察时尚背后的哲学和动

---

① Charter of the Metropolitan Museum of Art, State of New York, Laws of 1870, Chapter 197, passed April 13, 1870, and amended L.1898, ch. 34; L. 1908, ch. 21 (https://www.metmuseum.org/about-the-met).

② https://www.vam.ac.uk/info/about-us#our-mission.

③ https://madmuseum.org/about.

态、它的历史和它的未来的避风港，一个探索时尚是什么以及它对我们有什么作用的地方。"①确实，其中不只是有使命，还有愿景。

综上所述，使命陈述一般会包括以下几个方面：做什么，即工作的对象；怎么做，即工作的方法或步骤；成为什么，即工作的目标。例如，在大都会艺术博物馆的使命中，"做什么"是"所有时代和文化的重要艺术作品"，"怎么做"是"收集、研究、保存和展示"，"成为什么"是"将人们与创造力、知识和思想联系起来"。维多利亚与艾尔伯特博物馆的工作对象是"艺术、设计和演出"，工作内容是"向观众推广设计领域的研究、知识和享受"，当然为此他们自己要进行研究并生产知识，工作目标是成为"公认的世界领先的博物馆"，丰富人们的生活。纽约时装技术学院博物馆的工作内容是"创建展览、活动项目和出版物，以教育、启发和促进人们对服装和时尚的文化意义的认识"，其目标是"在多元化和包容性的观众中促进原创研究、创造性思维和终身学习"。

二、中国丝绸博物馆的使命陈述

中国丝绸博物馆的使命陈述其实在 2017 年我馆成立理事会时通过的《中国丝绸博物馆章程的宗旨》中就有所体现：

> 本馆是以中国丝绸为核心的丝绸纺织服饰类文化遗产收藏、保护、研究、展示、传承、创新的专题博物馆，是向公众开放的、非营利的常设机构，以研究为基础，夯实丝绸历史、科技保护、传统工艺和当代时尚四大板块，对接国家战略，开展国际合作，服务文化、经济和社会协调发展。

翻译成英文为：

Mission Statement

Centered on Chinese silk, China National Silk Museum (NSM) is a non-profit permanent public institution that collects, preserves, studies, displays, inherits, and innovates the textile and costume cultural heritage. As a research-

---

① https://www.momu.be/en/museum.

中国丝绸博物馆理事会成立大会，2017

focused museum, the mission of the museum is to interpret and develop its four core sections, silk heritage, conservation technologies, traditional techniques, and contemporary fashion. The museum is committed to operating in line with national strategic plans while expanding its international reach and impact in the service of the sustainable development of culture, economy, and society.[1]

在这段使命陈述中，其实有着十分丰富的内涵，应该对应许多具体的解释：

1. 以中国丝绸为核心的丝绸纺织服饰

1986 年定下的中国丝绸博物馆馆名多少说明了建馆者的初心，但并没有说明这是中国的丝绸博物馆，还是中国丝绸的博物馆，也许两者皆可。但原定为中国丝绸，其内容范围应该就是以中国的丝绸为主，而 2017 年表述的"以中国丝绸为核心"的概念就应该不只是中国、不只是丝绸，更是所有的纺

---

[1]　中国丝绸博物馆的使命陈述与宗旨相比，只是增加了"专题博物馆"的定性描述。英文由国际交流部杨寒淋、王伊岚、周娅鹃等集体完成。

织服饰（textile and costume），这与国际上同类博物馆有了较好的接轨。

2. 文化遗产

这里我们没有专指文物，而是用文化遗产的概念，在《国际博物馆协会博物馆职业道德》中说："博物馆保护、解释和推广人类的自然和文化遗产。"用的不是"文物"而是"文化遗产"，因为文化遗产包括可移动和不可移动形式，包括物质和非物质形式，甚至还有档案、数字等形式。我们采用"文化遗产"一词，表明我们面向丝绸纺织服饰主题的所有文化遗产。

3. 收藏、保护、研究、展示、传承、创新

这可以说是一个博物馆的主要业务内容或过程，也是我们所提倡的全链条。收藏主要是各种可移动的实物和标本，以及相关数据和信息，保护、研究、展示针对所有的文化遗产，而传承更多是指非物质或不可移动的文化遗产，但创新的概念更大，可以是文物，可以是技术，也可以是一种生活方式。

4. 专题博物馆

中国丝绸博物馆由国家旅游局立项，纺织和丝绸产业建设，所以一直以代表行业特性的行业博物馆自称。但在被纳入文化体系后，丝绸纺织服饰就成了题材（theme），所以这是一个以丝绸纺织服饰为主题的专题博物馆，不再局限于行业的使命和任务。

5. 向公众开放的、非营利的常设机构

国家文物局规定的博物馆基本要求是常年向公众开放，我们从 2017 年起就开始坚持每周五、周六夜间常态化开放。国家文物局要求我们具有非营利性，因为我们已被定性为公益一类事业单位。常设机构，应该是不得撤销的永久性独立法人。

6. 以研究为基础

以研究为基础指的就是我们要建设的研究型博物馆，但在 2016 年我们讨论国丝章程时，对这一提法争议比较大，所以我们最后采用了"以研究为基础"这一说法，但以研究为基础，是把研究当作博物馆所有工作的基础，

而不只是一个部门的工作，但同时也要引领博物馆的所有工作。

7. 夯实丝绸历史、科技保护、传统工艺和当代时尚四大板块

四大板块是国丝针对文化遗产的四大业务领域，也可以对应我们的四大展厅：丝绸历史是以丝绸文物为主体的业务领域，对应我们的丝路馆；科技保护是以纤维和染料为主要对象的丝绸纺织服饰研究、保护、修复，对应我们的修复馆；传统工艺是针对以中国蚕桑丝织技艺为主的非物质文化遗产的保护传承工作，对应我们的非遗馆；当代时尚则是以近现代及当代时尚为主要收藏、研究、创新、活化的一系列工作，对应我们的时装馆。

8. 对接国家战略

这里表达的是中国丝绸博物馆作为一个国字头博物馆的国家站位，强化中国特色，传播中国文化，服务国家需求，无论是弘扬中华优秀传统文化，还是建设"一带一路"，与时俱进地打造文化高地。

9. 开展国际合作

这里强调的是国际视野和国际表达，也是我们的国际化特色。丝绸是丝绸之路的原动力，所以丝绸之路是重要丝绸博物馆的重要组成内容。以丝绸之路为纽带做强合作平台，做大传播声量，增加国际影响力，是国丝的重要特色。

10. 服务文化、经济和社会

作为文化中枢，博物馆应该全方位融入社区。丝绸纺织服饰自然会促进生产、贸易、消费等经济活动，也会提升社会福利、倡导时尚生活方式、赋能美好生活。这也是我们在时尚方面想表达的内容。

11. 协调发展

我们国家提倡科学发展观，目标是促进社会各方面的协调发展。而联合国也发布了《2030年可持续发展议程》。协调发展其实就是可持续发展，包括文化的多样性等众多国际博物馆界最新的理念。

三、博物馆的道德准则和国丝的行为规范

2004 年，在韩国首尔通过并公布的国际博物馆协会的《国际博物馆协会博物馆职业道德》[①] 也被人们译作"道德准则"或"职业伦理"。具体来看，这是一种从事博物馆职业的行为规范；但从更高的层面来看，伦理的本质是"一种探讨决定可以引领人们在公秘方领域的行为价值的哲学教诲"[②]。宋向光强调，"博物馆职业道德是博物馆发展的思想保障"，适用于所有在博物馆工作或与博物馆有关的人员，包括博物馆志愿人员和理事会成员、博物馆管理人员、技术型人才或博物馆高级负责人员。[③]

《国际博物馆协会博物馆职业道德》共分为八个条款：

（1）博物馆保护、解释和推广人类的自然和文化遗产。这条其实是对博物馆管理机构的要求和对博物馆总任务的明确。但在本条目之下的条款，基本都是对博物馆管理者（governing body）的相关要求。

（2）博物馆为社会及社会发展了利益，承担信托管理、保护收藏品的责任。这条讲的是和藏品相关的征集、注销、保存等内容。

（3）博物馆掌握着用于建立和拓展知识的原始证据。这条更多的是关于藏品的初始研究，是考古发掘、田野调查、分析测试、知识分享、合作交流等方面的内容。

（4）博物馆为人们提供欣赏、理解和管理自然和文化遗产的机会。这条讲的主要是博物馆的陈列展览及出版。

（5）博物馆资源为其他公共机构和公共利益提供服务。这条提及的是博物馆可以提供藏品的鉴定服务。

（6）博物馆工作应与其藏品出处地的社区，以及与其所服务的社区密切协作。这条讲的是要加强与藏品来源地的合作和博物馆服务社区的功能，也提及文化财产返还和归还的事项。

（7）博物馆合法运营。这条要求博物馆遵守法律法规。

---

① 国际博物馆协会于 2004 年在韩国首尔召开的第 21 次全体大会上通过了《国际博物馆协会博物馆职业道德》。
② 安来顺 . 界定博物馆学关键概念中的四个"如何". 中国博物馆，2014（2）: 34.
③ 宋向光 . 博物馆职业道德是博物馆发展的思想保障 . 中国博物馆，2014（2）: 73-81.

（8）博物馆职业化运营。这条是对博物馆工作人员的要求。[1]

国际博物馆协会要求：具有国际博物馆协会会员资格并缴纳年费即代表认可国际博协制定的职业道德准则；也就是说，这是所有加入国际博物馆协会的会员都应该遵循的最低标准，无论是博物馆机构还是博物馆从业人员。中国博物馆协会同时也是国际博物馆协会的国家委员会，翻译和出版了这一道德准则。国际博物馆协会在《国际博物馆协会博物馆职业道德》中呼吁，"希望各国与博物馆有关的各专业团体能以本职业道德为基础，制定相关标准"。所以，国外许多国家也有自己制定的道德准则。中国虽然没有制定题目相同的准则，但却有着《博物馆条例》[2]和《中国文物博物馆工作人员职业道德准则》[3]，相关内容总体一致，也是我们的最低要求。

其实，每一个博物馆都应该有类似的行为规范。中国丝绸博物馆虽然没有明文规定，但从办馆宗旨和章程来看，其实也是有的，而且应该都能符合《国际博物馆协会博物馆职业道德》和中国的《博物馆条例》以及《中国文物博物馆工作人员职业道德准则》。我们以国际博物馆协会的道德准则为框架，来梳理一下国丝行为规范的主要方面。

（1）使命：国丝的使命是全链条收藏、保护、研究、解释、传承、创新和弘扬以中国丝绸为核心的人类纺织服饰类文化遗产，是一个永久性和非营利性的国营专题博物馆。

（2）藏品：国丝负有对本馆所藏藏品的征集、登录、整理、保存、保护、修复、安全等一系列责任。

（3）保护：国丝负有保护以本馆藏品为主体的丝绸纺织服饰文化遗产及相关内容的责任，生产、建立和扩展相关知识。

（4）研究：国丝应该利用其专业优势，为国内甚至国际的文化遗产同行提供专业的技术支持，包括但不限于考古、保护、修复、研究、鉴定等。

（5）展示：国丝应当积极进行策展，举办各种展览和进行教育活动，以提供大众欣赏、理解和推广相应文化遗产的机会。

---

[1]　此处以国际博协中国国家委员会编印的、中英文对照版的《国际博物馆协会博物馆职业道德》为准。

[2]　http://www.gov.cn/zhengce/2015-03/02/content_2823823.html.

[3]　http://new.chinamuseum.org.cn/home/view-397e2eb825574b61aefb536f5f76bb94-85d0580058b94fa2bc473dee9ae2b937.html.

（6）服务：国丝应该加强与所在社区的合作和融合，与其藏品出处的社区及与其所服务的社区密切协作，助力纺织服饰传承人和产业，举办传统服饰相关活动，倡导时尚生活。

（7）合法：合法运营，要遵纪守法，包括国际公约、国家法律和各种行政政策法规，特别是《中华人民共和国文物保护法》① 和《博物馆条例》。

（8）职业：遵守《国际博物馆协会博物馆职业道德》和《中国文物博物馆工作人员职业道德准则》，并开展相应工作。

---

① 　http://www.ncha.gov.cn/art/2017/11/28/art_2301_42898.html.

博物馆的功能

谈征藏展陈、保护传承、教育传播体系和国际合作平台

    2019 年，国际博物馆协会原定在日本京都召开博协大会时正式通过新的博物馆定义，但出于各种原因，主要是因为大家对博物馆定义还未能形成统一看法，无法达成一致，所以国际博协关于博物馆的新定义并未顺利产生。70.41% 的投票代表同意推迟对"新的博物馆定义"进行投票，因为"博物馆"的概念是许多复杂类别的相交点，在当下的社会发展背景下，我们可以判定一个机构是否为"博物馆"，却越来越难以给它下一个清晰明了的定义。若我们反过来看，目前虽暂时无法有新的定义来阐明什么是博物馆，但这恰恰为博物馆传统的未来唤起了更多生机和活力。[①]

    2021 年，中宣部等九部委联合印发了《关于推进博物馆改革发展的指导意见》[②]（以下简称《意见》），引起了各方的巨大反响。《意见》正式提出：要实施世界一流博物馆创建计划，重点培育一批代表中国特色、中国风格、中国气派，引领行业发展的世界一流博物馆。中国博物馆近年的发展在国际文化遗产界引起了极大的关注，中国博物馆对国际博协的贡献也越来越大。所以，加强博物馆的国际平台建设，打造一批具有中国元素和特色，体现中国风格与气派，并引领国际博物馆行业发展的世界一流博物馆，正是中国作为一个文化遗产大国应该为人类做出的贡献。中国丝绸博物馆在《意见》发布之后马上组织了学习，并结合中国博物馆界的现状和动态，特别是结合国丝自己的定位和特色，提出了做好征藏展陈、保护传承、教育传播三体系和国

---

① 郑奕，安海，陈恬玮，等 . 传承抑或是割裂？试论博物馆学传统的未来——兼论"博物馆定义"的再思考 . 中国博物馆，2019（4）：126-128.

② https://new.qq.com/omn/20210525/20210525A094NM00.html.

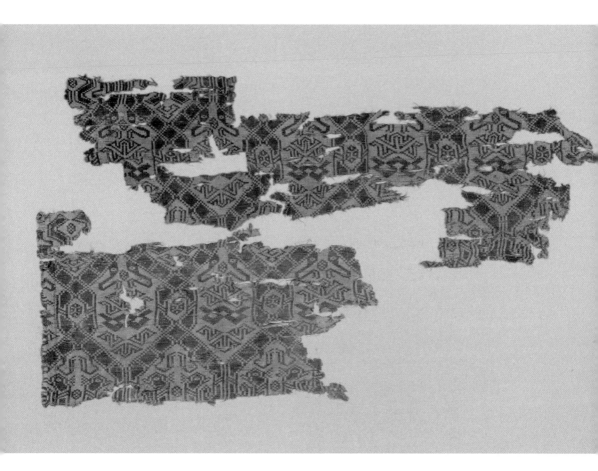

几何纹锦片，战国

际合作一平台的思路。我们认为，这里的三体系，正与《国际博物馆协会博物馆职业道德》第一条提出的"博物馆保护、解释和推广人类的自然和文化遗产"[①] 的最基本职能相吻合，一平台也正与国际博物馆协会的基本功能相吻合。中国的博物馆，应该借《意见》发布的东风，找准中国博物馆改革发展的方向，找准本博物馆改革发展的定位，努力奋斗，有所作为，做出中国博物馆人的贡献。

---

① 国际博协中国国家委员会编印《国际博物馆协会博物馆职业道德》（中英文对照）。

一、以中国为核心、涵盖古今中外的征藏展览体系

1. 征集当代，征集世界

《意见》指出：树立专业化收藏理念，强化党史、新中国史、改革开放史、社会主义发展史相关藏品征集，……鼓励反映世界多元文化的收藏新方向。中国古代丝绸文物出土和传世均少，所以国丝较早形成了以中国丝绸为核心的纺织服饰类专业化收藏的理念。特别是自2000年起，我们加大了新中国成立后社会主义发展过程中丝绸设计与产品的征集，自2010年起举办年度时尚回顾展，同时征集改革开放以来的时装作品，自2013年后又加强了丝绸之路沿线国家传统染织和国际时尚作品的征集。[①] 我们将继续努力，建立古今中外较为完整的纺织服饰文化遗产专业化征藏体系。

延年益寿长葆子孙锦，汉

---

① 迄今为止，中国丝绸博物馆的7万余件收藏中，属1950—1977年的丝绸产品有近2万件，改革开放以来（1978年至今）的时装作品约有5000件，丝路沿线国家传统染织和国际时尚作品约有4万件。

包玉刚夫人的旗袍，1976　红地中国风织锦，法国，18 世纪　　迪奥（Dior）高级定制裙装，1954

2. 中国元素，国际表达

《意见》指出：深入挖掘中华优秀传统文化精髓，弘扬中华文化蕴含的人类共同价值，打造一批中国故事、国际表达的文物外展品牌。中国丝绸是中国文化的重要元素，丝绸之路更是展示中国对人类文明贡献的重要窗口。自 2005 年开始，国丝一直在浙江省委省政府的领导下执行浙江文化"走出去"和中国文化"走出去"的一系列展览展示任务，每年都举办两三项国际展览。今后，我们还将充分利用好中国元素，同时使用国际表达，讲好中国故事，弘扬丝路精神。

3. 展览合作，不拘一格

《意见》指出：支持联合办展、巡回展览、流动展览、网上展示，提高藏品展示利用水平。……通过长期借展、互换展览、多地巡展等方式，共享人类文明发展成果。国丝以中国丝绸为核心，同时用两条腿走路，一条走的是丝绸之路，另一条走的是时尚之路，所以必须和国内外的同行进行合作。我们将贯彻好《意见》精神，在国内通过中国博协服装与设计博物馆专委会和丝绸之路沿线博物馆专委会，在国外则通过丝绸之路国际博物馆联盟和国际博协的时装专委会等平台，增加联合办展场次，提升藏品利用水平，增强宣传效果。

二、从藏品出发的文化遗产全链条保护传承体系

1. 文明起源和文明交流研究

《意见》指出：加强对藏品当代价值、世界意义的挖掘阐发，促进研究成果及时转化为展览、教育资源。国丝研究的对象既有中国特色也有世界意义，所以我们要加强对作为中华文明特质之一的丝绸的源头和传播过程的研究，加强中国丝绸对人类文明产生影响的效果研究，通过染料和工艺、织机与织法等研究，加强丝绸之路上的文化交流互鉴研究[①]，才能真正传播好丝绸及纺织藏品的当代价值和世界意义。

2. 保护修复珍贵文物

《意见》指出：实施馆藏珍贵濒危文物、材质脆弱文物保护修复计划。强化预防性保护，加强文物常见多发病害病理研究。纺织品无疑材质脆弱，而国丝是纺织品文物保护国家文物局重点科研基地的依托单位，在纺织品文物保护方面的基础性研究、技术性应用上都义不容辞。我们将以更高标准和要求办好基地，继续深入进行纤维和染料保护基础理论的研究，建立纺织品文物修复标准和保护体系[②]，并通过已有和新建的 7 家相关工作站，总结经验，逐步推广。

① 赵丰. 丝路之绸：起源、传播与交流. 杭州：浙江大学出版社，2017.
② 赵丰. 中国纺织品科技考古和保护修复的现状与将来. 文物保护与考古科学，2008（S）：27-31.

国丝馆展厅分布，2016

3. 打造研究型博物馆

　　《意见》指出：推动研究型博物馆建设，……深化与高等院校、科研院所合作。国丝一直以来都把研究型博物馆作为核心来建设，要打造一个研究型博物馆，不只是在理念上和实际工作中要体现出来，同时也要在机制上进行提升和创新。目前，国丝已和浙江理工大学共建了国际丝绸学院，制定了国丝五导师与浙理共同培养人才的方案，国际丝绸学院下设纺织考古、染织工艺、传统服饰和丝路之绸等若干方向。[①] 同时，我们也和浙江大学、东华大学以及敦煌研究院、中国科学院自然科学史研究所等紧密合作，开展与纺织文化遗产相关的各项研究合作，以"博学研"协同开展文物保护利用科学研究与成果示范。

---

① 浙江理工大学与中国丝绸博物馆举行共建国际丝绸学院签约仪式 .（2019-04-30）[2022-01-15].
　　https://www.chinasilkmuseum.com/cs/info_164.aspx?itemid=27384.

丝路馆明清展厅，2016

非遗馆织造厅，2016

修复展示馆，2013

三、以让文物活起来、让生活更美好为目的的教育传播体系

1. 女红传习馆和儿童研学馆

《意见》指出：丰富博物馆教育课程体系，……共建教育项目库，……支持博物馆参与学生研学实践活动，促使博物馆成为学生研学实践的重要载体。国丝在 2016 年 G20 杭州峰会起为领导人夫人策划了女红传习馆，推出专业、兴趣和体验等不同层次的纺织服饰主题传统工艺课程，收到了极好的效果，并基于此在博物馆社会教育层面推出了博物工坊。2021 年，我们又在这方面有了进一步加强，在国际博物馆日里推出了 800 平方米以体验和研学为主要目的的儿童馆，加强学生研学和体验实践。

2. 推出传统节庆，引领时尚生活

《意见》指出：培育人民文化生活新风尚。……切实融入内容生产、创意设计和城乡建设，……充分发挥博物馆在文旅融合发展、促进文化消费中的作用。……深化博物馆与社区合作，……自 2017 年起，国丝针对喜欢传统服饰文化如汉服、旗袍、天然染色等的不同人群和不同社区，推出了国丝汉服节、全球旗袍日和天然染料双年展等年度人文活动，吸引了大量粉丝，也收到了很好的效果。我们要坚持以人民为中心，进一步发挥博物馆特点，介入不同社区，服务不同人群，真正做到文物赋能美好生活，在让文物活起来的同时，让生活更美好！

3. 积极生产知识，加强云上传播

《意见》指出：标注、解构和重构藏品蕴含的中华元素和标识，……创新数字文化产品和服务，大力发展博物馆云展览、云教育，构建线上线下相融合的博物馆传播体系。国丝一直注重知识的生产，对于中国丝绸历史文化有着特别的理解和解释，进行过特别的标注和解构。特别是自 2020 年新冠疫情暴发以来，我们进一步加强了这些知识的云展示、云教育和云传播，推出了国丝"五个一"，用"一物""一技""一例""一文"和"一问"来进行教育和传播。同时，我们也在国家文物局的支持下，开始了"丝路文化进校园"项目，构建线上线下相融合的传播体系。

四、丝绸之路文化研究与国际合作平台

《意见》指出：依法依规支持"一带一路"、黄河、大运河、长城、长江、长征、重大科技工程等专题博物馆（纪念馆）建设发展。……实施中华文明展示工程，……实施世界文明展示工程，……共享人类文明发展成果。……造就一批政治过硬、功底扎实、国际接轨的博物馆策展人队伍。支持中国专家学者参加国际博物馆组织，积极参与博物馆国际治理。

由于中国丝绸和丝绸之路的题材和定位所要求，国丝自开馆以来，就特别注重国际化平台的建设。特别是在国家提出"一带一路"倡议和丝绸之路成为世界遗产之后，我们进一步加强了国际化平台建设，包括以下几个方面。

1. 锦秀·世界丝绸互动地图

国丝于 2015 年倡导建立国际丝路之绸研究联盟（IASSRT），目前已有 20 多个国家 30 多家机构参与，每年在不同国家和地区举办会议，进行主题研讨和学术交流。同时，又与联合国教科文组织丝绸之路项目合作，推动由中国学者策划和主导的"锦秀·世界丝绸互动地图"国际合作项目。[①] 我们将继续团结国际上进行丝绸之路纺织服饰方面研究的同行，发挥国丝在丝绸文化遗产领域的主导作用。

2. 丝绸之路数字博物馆

2020 年开始，国丝开始策划丝绸之路数字博物馆（SROM），目前已邀请了国内外 40 余家博物馆参与这一项目，其中包括数字藏品、数字展览、数字知识和云上策展程序等，并在 2021 年丝绸之路周时正式上线。[②] 这将是国际博物馆界第一个可以在建设数字藏品并进行策展时得到三维展览效果的平台，我们会努力把丝绸之路数字博物馆建成一个国际博物馆界认同的策展平台。

3. 丝绸之路文化研究工程

浙江省委书记袁家军在考察国丝之后提出，要依托中国丝绸博物馆，打造丝绸之路文化研究大平台。目前，我们正在筹建丝绸之路文化研究院，加强丝路人文研究，其中一大任务就是收集整理世界各地收藏的中国丝绸藏品并编成"中国丝绸艺术大系"[③]，一方面是对中国丝绸文化进行系统整理，另一方面也是促进丝绸文物的数字化回归和国际共享。

4. 在国际舞台上发出中国声音

自 2020 年起，我们开始邀请国际上的文化遗产专家共同编辑《丝绸之路文化遗产年报》，已评选和发布了 2019 丝绸之路十大文化事件、十大考古发现、十大主题展览、十大学术论著，后续还将继续发布。这也是中国文化遗产界在国际平台上发出的声音。同时，我们也将持续与联合国教科文组织

---

① 在进行"锦秀·世界丝绸互动地图"国际合作项目的同时，另有国家重点研发计划"重大自然灾害监测预警与防范"重点专项（文化遗产保护利用专题任务）"世界丝绸互动地图关键技术研究和示范"项目（项目编号：2019YFC1521300，项目负责人：赵丰）也在实施之中，预计 2023 年结项。

② 赵丰.打造展览精品　攀登文化高地.浙江日报，2020-10-18（7）.

③ 中国丝绸博物馆启动"中国丝绸艺术大系"项目.（2022-01-15）[2022-02-10]. https://www.chinasilkmuseum.com/cs/info_164.aspx?itemid=28534.

时装馆中国部分，2016

时装馆西方部分，2016

开展合作，介入国际博协道德委员会、藏品保护专委会、服装专委会等国际同行组织，继续在国际文物修复中心、国际古代纺织品研究中心等国际组织中，并发挥积极作用。

总之，中国博物馆要在 2025 年显著提升发展质量，在构建公共文化服务体系、服务人民美好生活、推动经济社会发展、促进人类文明交流互鉴中彰显作用，到 2035 年建成有中国特色的博物馆体系，并将中国基本建成世界博物馆强国。中国丝绸博物馆作为一个有着显著中国特色，同时具有行业引领能力的专题博物馆，也将贡献自己的力量。

（原文为《落实改革意见，做出中国特色，打造世界一流专题博物馆》，是对刊于国家文物局 2021 年 8 月 5 日官网的《关于推进博物馆改革发展的指导意见》的解读，并在此基础上改写。）

专一、专注、专业

专题博物馆的特色

2017 年，中国丝绸博物馆修改了章程，明确了国丝是以中国丝绸为核心的纺织服饰类专题博物馆。中国丝绸博物馆的馆名说明了中国丝绸的核心不能变，但它的内涵在拓展，从单一的丝绸拓展到纺织和服饰，此外，空间范围也在拓展，从中国拓展到世界。同时，章程还明确了国丝作为一个专题博物馆的属性，不再称为行业博物馆。

在我的理解中，专题博物馆和一般的博物馆不太一样。一般的博物馆多指综合类的博物馆，是一种区域性的全门类的博物馆，比如市级博物馆、省级博物馆，甚至是国家博物馆，都有着区域空间的概念限定，在一定的空间里面，它什么题材都可以做。但一个专题博物馆，空间不一定要受限制，题材却是有局限的。所以，综合馆是区域的全题材，专题馆是全域的单一题材。我在一个专题博物馆工作，首先就是要做专题，但特别应该做到三个"专"：专一、专注和专业。

一、专一：择一事，终一生

"专一"的概念就是长期坚持只做一项事情。这是一种心态、一个理念。敦煌研究院的莫高精神里面也包含了这点，就是"择一事终一生"，一生就做一件事情。对一座专题馆来说，馆名就决定了这是唯一的选择，要长期坚持。

中国丝绸博物馆的建立，是我的导师、原浙江丝绸工学院老院长朱新予教授的遗愿。朱老终其一生从事对丝绸的研究、教育、发展和推广。改革开

高效液相色谱（纺织品氨基酸成分和含量分析），2022

显微红外光谱仪（成分分析），2022

液质联用技术（染料成分鉴定和产地溯源），2022

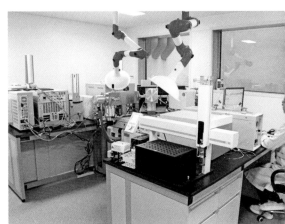

同位素比质谱仪（纺织品产地溯源），2022

放之后，他重新出任浙江丝绸工学院院长，提出要建一个中国丝绸博物馆。1986 年在国家旅游局立项后，他又为馆名、落地等做了很多工作。[1] 国丝在 1992 年开放，是由全国的丝绸系统共同捐资建成的一座行业性博物馆。

国丝建成之后，有很长一段时间资金来源不太稳定。因为丝绸行业不久之后开始民营化，外贸、财税政策也有很多变化。在那段时间里，我们为了国丝的运营和发展做过很多杂事，其中也有一部分甚至与丝绸博物馆的宗旨无关。但到 2000 年，国丝进入文物系统，成为非营利性的公益机构。自此，国丝开始全力为丝绸文化遗产的保护、传承、弘扬这一目标而努力。

我本人从小就与丝绸结缘，出生在丝绸之府，成长于丝绸之家，1982 年来到浙江丝绸工业学院学习丝绸工程和丝绸历史。之后在校任教，最后来到

① 朱新予.关于中国丝绸博物馆的通信 // 赵丰，袁宣萍.朱新予纪念文集.杭州：浙江丝绸工学院校庆办公室，1997：102-104.

国丝，至今都在从事与丝绸文化遗产相关的工作，也是比较"专一"的。

但"专一"并不是说一成不变，工作内容也会随着时代的发展而有所开拓。国丝建馆初期，丝绸产业总体来说还比较热门。但现在科技发展迅速，丝绸产业在整个国民经济中比重加速缩小。与整个纺织、时尚产业相比，丝绸渐渐成为一个象征性的符号，大家接触得越来越少。面对这样一种情况，如果我们一成不变，还是只做丝绸的话，最后我们的社群会变得很小。所以，我们现在要以中国丝绸为核心，拓展到纺织服饰领域。因为每个人都要穿衣，所以纺织不会消亡，服饰不会消亡。随着丝绸之路遗产保护以及"一带一路"建设工作的开展，我们和国际的关联度也越来越大。即便是丝绸，我们也应该从中国做到世界。这样，我们虽然还是以丝绸为核心，但领域越来越大，眼界越来越宽。为了做到专一，我认为有两个方面的工作显得特别重要。

第一就是收藏，因为收藏决定了一个博物馆的基本气质，收藏决定了将来要开展的工作的方向。国丝一开始当然是收藏中国丝绸，但是大家都知道，中国出土的丝绸很少，并且很娇贵，存世量很少。此外，目前丝绸的生产量越来越少，也影响着当代丝绸艺术的收藏。所以，我们就把收藏的范围拓展到纺织与服饰，一下子就把局面打开了。国丝从 2011 年开始启动年度时尚回顾展，不限于丝绸时尚，而是整个服饰时尚。主要对象分两块：一是纺织面料；二是服饰。这样，我们每年征集一批当下的时尚产品，每年做一个展览去梳理它们。到现在，这项工作已经持续了 10 年，这也大大提高了我们的藏品总量，为我们能够"专一"地做好专题馆打下了坚实的基础。当然，我们在征集的过程中也发现，藏品中最漂亮、最艺术、最经典的还是丝绸，因为顶级的服装艺术往往还是用丝绸来表达的。

第二是展览。国丝每年推出 15—20 个展览。除了基本陈列，重大临展分为四个主题：一是传统工艺与服饰，目前是以民族类服饰为主；二是中国时装；三是国际时装；四是丝绸之路。基本上，每个展览都跟丝绸、纺织、服装或者丝绸之路紧密相关，专题性很强。我们的展览基本上都是原创的，没有地方去模仿。这样一来，我们的策展人从事研究的领域非常专，他们基本上就是"从一而终"，一个方向做到退休，他们的研究能力提升很快，研究成果有了展览的体现。但问题是人员很难招聘，很难换岗。

二、专注：全神贯注，全力以赴

专注，就是要摒弃杂念，全神贯注，集中资源，全力以赴。专题博物馆应该将所有的能力对着自己的方向发力，选择一个目标同时推进，就是所谓的集中力量办大事。国丝有五个部门，除了办公室作为综合的部门之外，还有四个专业部门——陈列保管部、技术部、社会教育部和国际交流部，四个部门形成一个链，从收藏、保管到展览，再到科技保护和社会教育推广，最后产生国际合作交流。

丝绸有着自己的产业链，丝绸文化遗产也有着自己的生态链。本来博物馆可能是以文物为主，加上对文物的诠释和研究，大多数综合博物馆都是这样的模式。但国丝是一个专题博物馆，与专题相关的所有事我们都要做。我们不能光是做丝绸文物的研究和保护，还要对传统丝绸的生产工艺、风俗习惯、文化背景都进行了解和研究。2009年，国丝牵头三省五市共同申报"中国蚕桑丝织技艺"进入《人类非物质文化遗产代表作名录》并获得成功。这一非遗项目对我们的"全链条"来说就是其中的一个环节。因此，我们以传统工艺为主、生产技术为辅，对纺织类非遗开展了大量保护和传承工作，同时成立了"中国蚕桑丝织技艺"保护联盟，牵头进行全国的纺织类非遗的保护和传承工作。我们还组织了全国丝绸纺织老人的口述史调查整理，出版近百位老人的回忆录《桑下记忆：纺织丝绸老人口述》①。建立了新猷资料馆，专门收集丝绸纺织行业的大量档案和资料。

对于传统工艺，我们也和做一般的非遗工作不同，我们研究的不只是传承至今的非遗，还包括基于文物研究的工艺复原和文物复制，包括织机和织造技术的复原、天然染色的复原和历代服饰的复原。

国丝的另一个举动就是出版了"中国古代丝绸设计素材图系"②，这原是2016年"中国古代丝绸文物分析与设计素材再造关键技术研究与应用"课题的成果。为了让丝绸文化遗产被更好地传承，为了让国丝的馆藏资源能够被广泛利用，我们联合浙江大学、东华大学、浙江理工大学、浙江工业大学、浙江纺织服装职业技术学院等多所高等院校的学者专家，对中国丝绸文物基

---

① 楼婷，罗铁家.桑下记忆：纺织丝绸老人口述.杭州：浙江大学出版社，2020.
② 赵丰.中国古代丝绸设计素材图系（全10卷）.杭州：浙江大学出版社，2016—2018.

"基于丝肽－氨基酸的脆弱丝织品接枝加固技术研究与示范应用"获"十二五"文物保护科学和技术创新奖，2016

本素材进行搜集与整理，并根据搜集的材料，按照丝绸文物的年代和类型集结成册。图书共分为十卷：汉唐卷、辽宋卷、金元卷、小件绣品卷、装裱锦绫卷、少数民族卷、暗花卷、锦绣卷、绒毯卷、图像卷。丛书的主要目的在于加强高新技术与织造、印染、刺绣等中国传统工艺的有机结合，研究建立文化艺术品知识数据库，促进传统文化产业的优化和升级，在传承民族传统工艺特色的基础上，推陈出新，让古老的丝绸焕发新的生命力。

三、专业：志存高远，重在足下

要做到专业，就要有高远的目标，同时也要有合理的技术路线和精到的技术操作，这就是专业水平，加上刻苦努力，就会有非常好的效果，假以时日，就会在这一领域中做出成绩。当然，在整个链条中，我们不一定是所有环节都能够做到最好，但是在我们自己的专题领域中，我们一定要做到总体最好。

所谓最好，我们有两种目标。一种是跟世界上的纺织服装类专题博物馆对标。譬如一直与国丝有合作的法国里昂纺织博物馆，这家博物馆的收藏极为丰富，同时还与国际古代纺织品研究中心进行合作；还有美国的华盛顿纺织博物馆，现在位于华盛顿大学内，也做得非常好。因为纺织产业在历史上的重要性，基本上每个有过辉煌产业发展历史的国家，都会留下一个纺织类或服装类的博物馆。另一种对标的对象是知名博物馆里的纺织服装部。在西方，有很多大型的综合性博物馆如纽约的大都会艺术博物馆、多伦多的皇家安大略博物馆、伦敦的维多利亚与艾尔伯特博物馆等都有自己的时装部，这些博物馆在纺织服装收藏、研究和展示方面有着特别大的影响力。我们目前的临展合作对象主要还是这类大型综合博物馆的时装部，通过和这些时装部的交流与合作，我们可以慢慢达到顶尖的国际水平，打造一个具有国际水准的时装馆。

为了打造这一专题的全链条，我们还和浙江理工大学联合设立了国际丝绸学院，共同设置专业学科，共同招收硕士和博士，共同进行丝绸之路和世界丝绸的研究，为社会培养更多更好的专业人才。

国丝的专业有着两方面的例子：一方面是鉴定、研究，另一方面是修复、保护。2000 年，国丝经国家文物局批准，建立了第一个中国纺织品鉴定保护中心，是国家文物鉴定委员会里面唯一的织绣文物鉴定成员单位。从 2000 年开始，国丝着手从事纺织品的修复和保护，并出版了与修复相关的教材。[1] 从 2007 年起，国丝加大了在纺织品文物保护方面的科研投入。到 2010 年，经国家文物局批准，国丝建立了全国唯一的纺织品文物保护国家文物局重点科研基地。

国丝在纺织品文物分析检测中已享有国际领先的地位。例如，对于纤维，我们最近研究通过免疫学（即酶联免疫）的方法，在郑州汪沟仰韶文化史前遗址出土文物中鉴别出丝绸的存在。[2] 这种鉴别方法难度高，是我们的一个优势所在。另一个例子是天然染料，有很多国家早在 20 世纪 70 年代已

---

[1] 中国纺织品鉴定保护中心 . 纺织品鉴定保护概论 . 北京：文物出版社，2002；国家文物局博物馆与社会文物司 . 博物馆纺织品文物保护技术手册 . 北京：文物出版社，2009.

[2] Zheng, H. L., Yang, H. L., Zhang, W., et al. Insight of silk relics of mineralized preservation in Maoling Mausoleum using two enzyme-linked immunological methods. *Journal of Archaeological Science*, 2020, 115(1): 105089

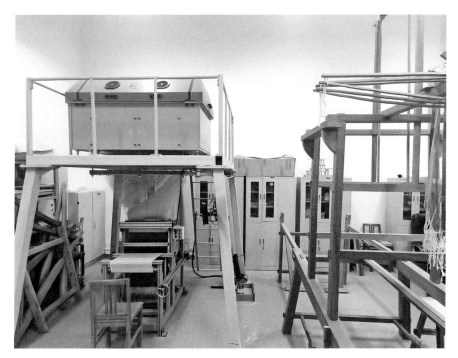

织造实验室，2021

经开展对染料的鉴别，国丝现在也配置了高端的设备，产出了一大批成果，主要对象是中国历史上的传统染料和丝绸之路沿途的染料交流，我们进行染料鉴定的权威地位在国际上也越来越稳定了。

　　纺织品的修复、保护是有相当难度的，因为纺织品是一种有机物，在墓葬中不易保存，出土时也常被严重损毁，所以现在在国内从事这项工作的组织和机构并不多。不过，我们在这方面也进行了很多探索，特别是创造性地用丝蛋白来加固脆弱丝织品的成果，非常引人注目。脆弱丝织品一碰就碎，必须先加固，后进行修复。国丝科研团队成功地研究出用丝素中提取的丝蛋白配置成加固剂，用新丝加固老丝，效果非常好。^①这个项目于 2017 年获得了"十二五"文物保护科学和技术创新奖，这也是一个非常好的成绩。此外，国

---

① 赵丰，胡智文 . 新丝固旧丝，丝丝得长安：糟朽丝织品文物的丝蛋白复合体系加固技术 . 中国文物报，2010-05-21（6）.

丝修复的纺织品类别特别多，几乎全国各地的、各种各样的纺织品，从丝绸到棉麻类。为此，我们还逐步制定了修复的标准，培养了不少人才。

谈专业，我们还有社会教育的女红传习馆。这个社教品牌缘起于 2016 年的 G20 杭州峰会，最初是为了接待领导人夫人团而展示女红传统技艺，最后形成了以"养蚕纺纱、印染织编、刺绣缝纫"为课程主线的模式，开展一系列面向不同群体尤其是手工艺爱好者的教育活动。① 我们设定了不同的课程层级：有兴趣班，两个小时让人学会一门简单的手艺；有体验班，只需要路过时拿出十几分钟便可以参与；也有高级研修班，需要参与者用一个星期的时间静下心来专攻，主要针对相关专业的博士、老师、设计师等专业人员而设计。2019 年 5 月，国丝举办了天然染料双年展，同时女红传习馆也配合展览做了许多期染料工坊，邀请了世界各地的天然染料专家来授课。这样的实践，使得女红传习馆授课内容的结构性、丰富性、深度以及传播的广度，都达到了比较顶级的专业性。这个社教品牌在女红、纺织、服装等相关领域的传习方面可以说是做到了"最专业"。

四、结　语

作为一个专题博物馆，国丝的首要任务应该是专，不仅是做专题，还应该有专一的精神、专注的投入和专业的水准。其实，这三"专"对我个人的学术道路而言也很重要，因为每个人都有自己从事的职业，每个人都应该专一地从事、专注地对待，要有专业的素养，在职业的领域里，尽力把工作做到极致。

（原文刊于《艺术博物馆》2020 年第 1 期。）

---

① 中国丝绸博物馆已出版一系列的女红传习馆织机系列课程作品，如：楼航燕、王冰冰 . 中国女红的编与织 . 上海：东华大学出版社，2020.

社区导向和中枢定位

丝绸传统的传承和创新

2019 年的国际博物馆日聚焦于博物馆作为社区活跃参与者的新角色，主题是"作为文化中枢的博物馆：传统的未来"（Museums as Cultural Hubs: The Future of Tradition），同时还探讨了博物馆的新定义。[①] 很显然，国际博物馆界更加关注博物馆在新时代下所扮演的新角色，它不再只是一个以藏品、保护、展示、社教为主要功能的相对静态和被动的机构，更是希望在社区中成为积极和活跃的文化中枢。近年来，作为专题馆的中国丝绸博物馆面向自己特定的观众和群体，开展以中国丝绸为核心的纺织服饰文化遗产的全方位保护以及创新，我们将其称为遗产链的全链式使命，进行了一些实践和探索，有了一些体会。在此，我们就结合自己的工作，来谈谈 2019 年国际博物馆日提出的主题。

一、社区导向：博物馆为谁服务？

谈论 2019 年国际博物馆日主题，首先遇到的是"社区"。2019 年国际博物馆日对博物馆的定义是：以观众为聚焦，以社区为导向（audience focused and community oriented）。观众是博物馆的主要服务对象，虽然有着很多分类，但总体不难理解，应该是进入博物馆或接触到博物馆某些展览和活动项目的人群。但社区是什么呢？官方发布里还有一句话：博物馆在保持其原始使命——收藏、保护、交流、研究和展览的同时，也在逐步增加新的功能，

---

① http://www.chinamuseum.org.cn/2019.

国际博物馆日主题海报，2019

使自己与所服务的社区保持更加紧密的联系（museums have transformed their practices to remain closer to the communities they serve）。这里明确说的是，社区是博物馆所服务的对象，那么，这个社区又是什么呢?

　　社区的英文是 community，在中国虽然也被译成过"社会"，但目前较为通常的译法有两种：一种是共同体，另一种是社区。

　　community 的词源可能是拉丁语中的 communit（团体）或是 common（公共的）和 communis（共同）的词缀 com- 加上 unity（联合）而成，所以 community 的原意大体是公共团体。1983 年，本尼迪克特·安德森（Benedict Anderson）的名著《想象的共同体：民族主义的起源与散　布　》（*Imagined Community: Reflections on the Origin and Spread of Nationalism*）出版之后，共同体更成为学者们研究的关键词。当然，要成为一个共同体，是需要一些基本条件的，譬如成员的背景是否一致，目标是否集中，特别是成员们能否兼顾他人利益而集中在一起。

社区的译法是 20 世纪 30 年代美国社会学家罗伯特·E. 帕克（Robert E. Park）造访中国时，由当时还是燕京大学学生的费孝通先生等一众学生提出的，此后随着社会人类学在中国的传播和发展，community 与"社区"一词之间的对应关系也相对稳定下来。① 特别是在文化遗产界，较多人已将其译为"社区"。由于中国的行政体系中也有着"社区"一词，因此人们倾向于将社区看作一个地域概念，经常将其解释为街道和邻里。而所有的博物馆都有地理坐标，无论是地标性博物馆，还是邻里博物馆，无论是国家级大博物馆，还是地方性中小博物馆，它们总是代表着一个区域，代表着一方居民。所以，社区也很容易被理解成为一个博物馆所在的空间概念。

在博物馆以前的定义中，社区的概念很少被提及，但近年来讨论社区概念最热闹的可能是在非物质遗产界。联合国教科文组织 2003 年通过的《保护非物质文化遗产公约》（以下简称 2003《公约》）和 2008 年通过的《实施〈保护非物质文化遗产公约〉的操作指南》（以下简称《操作指南》）提出了社区、群体和个人的概念（the communities, groups and individuals），但并未对"社区"进行明确的界定。目前，国内学界也只能从联合国教科文组织出台的相关公约中进行梳理，或通过文本分析乃至 2003《公约》与其他包括宣言和建议案在内的国际标准文书之间的"互文性"（intertextuality）来进一步加以理解。当然在 2003《公约》的起草过程中，联合国教科文组织智库的专家曾经试图对此进行界定。2006 年 3 月，在日本召开的"非遗保护社区介入"专家会议提出：社区是由人们构成的网络，在其共享的历史联系中生发出的认同感或归属感，源于该群体对非物质文化遗产的实践、传承（Communities are networks of people whose sense of identity or connectedness emerges from a shared historical relationship that is rooted in the practice and transmission of, or engagement with, their ICH）。我们认为，在联合国教科文组织及与其关联密切的国际博物馆协会的相同语境下，这里的社区可能是空间，可能是文化，可能是行业。特别是对于今天而言，传统的乡村已经被现代化和城镇化的浪

---

① 朱刚. 从"社会"到"社区"：走向开放的非物质文化遗产主体界定. 民族艺术，2017（5）：42-49.

潮所冲击，被旅游、研学、产业迁徙等所破碎，认同和归属感正在下降；而在新兴的大都市中，居民多是新到不久的移民，一个小区、一幢居民楼，人们互不相识，地理空间已不是最具认同和归属的标志。同时，2003《公约》中的"相关社区、群体和个人"有着明显的阶梯层次，也很容易让我们将社区理解成相关群体以及相关个人更大的一个集合，也就是 community 作为公共团体的共同体概念。对于一个专题博物馆而言，博物馆所在的邻里常常不会有着共享历史的认同和归属，那它所服务的社区更应该是有着行业归属和文化认同的同行了。

二、博物馆：如何开展中枢联动？

在一个地理空间的社区里，文化中枢就是一个区域里的文化综合体，与社会的方方面面产生关联，产生互动。如果这是一个传统的古村落，那么村落里的博物馆就是这个村落的一个窗口，人们可以在这里看到村落的总体介绍。博物馆是这个村落的文化遗产展示中心，是文物及档案的收藏地，也是这个村落里的传统教育基地，可以成为这个村落的文创中心、游客中心，为这个村落提供其所保存的文化基因，并为今天的生活提供各种技术和工艺的元素。如果这是一个现代化的都市，这个博物馆就是当地所出土文物、所传承文化的一个收藏和展示点，也是供当地人们参观并承担教育功能的青少年活动基地，它还为当地的产业、消费提供相关的历史和文化知识。

中国丝绸博物馆位于一个以纺织服饰为主的社区里，作为中枢的我们就会服务于整个行业的产业链或生态圈。2012 年，在国丝举办"时代映像：中国时装艺术 1993—2012"新闻发布会时，我曾经对这一概念表达了我个人对中国丝绸博物馆进入时尚圈的目标：为时装打造一个更高的文化平台，在设计师与教育者之间开辟途径，在产业与文化之间铺设通道，在今天与未来之间架起桥梁，完善时装的产业链和生态圈，从酝酿预测，到设计发布，到生产消费，到博物馆的收藏、展示和推介，再到新设计理念的培育，让设计师和企业家对博物馆的捐赠和支持，以及博物馆对品牌的宣传和引领，形成良性互动，让时装走入博物馆的殿堂，让博物馆进入时尚生态圈。[①]但 2019 年国际博物馆日提出的文化中枢，其实是一个类似的但更为全面、主动的概念。博物馆成为时尚生态圈的一环，只是其中的一环，而文化中枢，则更加强调博物馆在除了原始使命之外所起的基础作用、核心作用和主导作用。

2019 年国际博物馆日主题所说的原始使命包括收藏、保护、交流、研究和展览（primary missions—collecting, conservation, communication, research, exhibition）。博物馆的历史也表明，这些使命经历了一个发展过程，最初只是收藏，以及为了确保收藏持久而进行的保护，相对只是个人的或私下的，后来渐渐成为公众的，所以有了与公众的交流以及为了确保达成交流而必须进行的研究和展示。中国大部分博物馆的内部分工或机构设置也多是这几个方面，藏品部或保管部、科技保护部或修复部、社会教育部、研究室和陈列部。

不过，随着博物馆与公众关联的日益增加、其社会作用的日益扩大和地位的日益提升，博物馆的使命在逐渐延伸拓展。延伸拓展主要有如下方面：一是服务功能，博物馆渐渐成为一个社区的公众空间，人们来到这里不只是为了学习知识，还是为了享受各种服务，享受休闲时光，而博物馆的免费开放无疑助推了这一过程。二是文创功能，博物馆的知识和版权成为新一代设计和生活的重要元素，为今天的产品设计和文化产业提供了支撑。这也就是文化遗产的传承和振兴，特别是创新。党的十九大报告中提出"推动中华优秀传统文化创造性转化、创新性发展"，可见，传统文化的保护和传承其实需要创意、创新、创造。三是生活方式的形成，博物馆不只是物质的和知识的，而是一个整体的文化，这就是博物馆与提高人民群众对美好生活的向往，让生活更美好的关联。这些功能发挥的作用是基础的、核心的和主导的。所谓基础，就是博物馆提供了基本的、真实的、大量的历史文化遗产信息，是人类已有知识的总库；所谓核心，就是博物馆在所有的文化联动中成为中枢，成为学习、传承和创新的必经之途；所谓主导，就是博物馆不再处于被学习、被利用的被动位置，而是主动公布藏品、进行研究、提供信息、吸引公众，并引领传统、倡导创新、走向未来。

---

① 2013 年 3 月 30 日在"时代映像：中国时装艺术 1993—2012"新闻发布会上的致辞。

因此，2019 年国际博物馆日表述的文化中枢，强调的是创意与知识相结合的平台，观众可以在这里创造、分享和互动。博物馆不仅仅是一个知识遗产的宝库，也是提供创新灵感的源泉。这种创新可以是与旧知识相结合的创新，也可是观众间的或群体中的共创、共享，一定是互动的。这样的创新最后会形成新的知识点，形成新的知识体系，最后形成新的文化，并渐渐转变成为一个新的传统，为其所在的社区服务，并对新的一代产生影响。这样，我们也可以得出一个遗产链的概念。这里不只是博物馆对藏品所承担的原始使命，如收藏、保护、交流、研究和展览，而且也包括新的使命，就是对藏品所承载的遗产进行传承（包括传统工艺等非物质遗产）、创新，并倡导新的传统。

三、汉服节的案例

1. 汉服同袍社区

汉服同袍就是这么一个社区，或者是共同体，汉服同袍社区的成员称自己为"同袍"，语出《诗经·秦风·无衣》："岂曰无衣，与子同袍。"他们的共同点是汉族传统服饰爱好者，但其中也有不同的分层，甚至可以说是门派林立。

第一层是汉族传统服饰的民间研究者，其从事的本职工作一般都与服饰无关，但他们是传统服饰的极为核心的爱好者和研究者。其中，有些是百万级的微博大咖，如洛梅笙、撷芳主人、扬眉剑舞、乐浪公、琥璟明；也有部分是专业研究者，喜欢在一起切磋，共同探讨问题，如贾玺增、王业宏。他们以网络为媒介，没有地理的概念，他们自己也并不都穿汉服上街。

第二层是汉服运动的发起者，他们是狂热的爱好者，也是敢为人先的倡导者，他们并不一定最专业，却有领袖气质、组织能力，或是个人魅力，其中也包括一些网红，如最初发起汉服复兴运动的溪山琴况、王乐天、百里奚等，撰写了《汉服归来》的兰芷芳兮，积极向公众宣传汉服的璇玑、秦亚文、摽有梅。在共同体的成员中，必须有领袖人物，否则难以聚合。他们不只是在线上号召和传播，同时也在线下聚会。

　　第三层是汉服商家。任何共同体都是利益共同体,否则这个共同体或是社区都难以为继。大部分汉服爱好者都需要商家来提供汉服,从面料到款式,汉服就形成了一个产业链。汉服商家是汉服社区的中坚力量。他们一方面需要专业的知识,了解汉服的历史和原貌,另一方面,需要用实际的精神把面料的生产和销售落地。据说这样的商家有 2000 家以上,还不包括相关的首饰、配件等供应商。

　　第四层是真正的汉服爱好者。他们从人数上来说具有最大的体量,但也可以根据各自的爱好分成许多门派以及团队。目前,影响力较大的有汉服北京协会、汉服广东、海外英伦汉风、多伦多汉服等社团。其中,礼乐嘉谟传统文化工作室于清明节时在明十三陵举办了大明文化节;福建汉服天下主要承办每年的礼乐大会;方文山、汉服晴空团队,主要承办每年的西塘汉服文化周;还有装束复原团队,主要做汉、晋、唐的服饰复原。还有江湖上盛传的古墓派、仙女派等,而古墓仙女资讯平台基于两者之间,在坚持形制的基础上不排斥现代的审美,主要收集整理文物考据资料,共享在网上,给商家和网友使用。校园的汉服团队也可以归入此列,但他们的时间较短,毕业后就会离开。这些人遍布天南海北,几乎每个城市都有,国外也有。这次国丝汉服节,有人专门从哈尔滨、四川赶来,也有人从上海开车过来,正说明这一社区没有地理的局限。

　　第五层是一般爱好者或是围观者。譬如在汉服节时前来观赏和尝试的人们,他们会在这里试穿,或是在某些特定场合如大婚喜庆、花朝春游等情况下穿着这类服饰。此外,还有一些传统服饰的爱好者,如华服、旗袍甚至是韩服及和服的爱好者们,通常也是汉服的围观者。

　　国丝汉服节概念的提出是在 2018 年年初。1 月 18 日,我们开始检索汉服的相关信息以及礼乐大会和西塘汉服周的情况。我们认为,所有的传统服饰爱好者都是国丝的潜在观众,无论是专家学者、文博同行、院校师生,还是汉服团队、网络大咖和普通游客,更何况这是一批自发的、充满朝气的年轻群体,他们都是我馆的服务对象。既然有受众,我们就行动。

2. 文化中枢:国丝的作用

　　如果我们明白了汉服同袍就是我们的社区,那么国丝在里面应该起到什

国丝汉服节标识（设计者汤琪），2019

么样的作用呢？是否能起到文化中枢作用呢？

2018 年，我们怀着"让文物活起来"的理念和"让生活更美好"的愿景，举办了国丝汉服节。我们的官方态度是：充分发挥博物馆的专业作用，办个不一样的汉服节，介入和引导传统服饰文化在当今的传承。① 虽然 2018 年的主题是"以物证源"，梳理汉、晋、唐、宋、明五个朝代的服饰并加以展示，而 2019 年的主题是"明之华章"，聚焦明代，但国丝在其中的定位并没有改变，还是两大功能，即提供资源和打造平台，这其实就是博物馆作为文化中枢应该发挥的作用。

第一个功能是让文物活起来，提供博物馆的资源，让服饰文物的知识为大家所用。2019 年 4 月 27 日上午，国丝讲解员为观众详细导览了基本陈列"锦程：中国丝绸与丝绸之路"中出土于江西星子明墓的明代官员补服和出土于江苏无锡钱氏墓的明初永乐年间江南流行的女性服饰，以及织造厅中的

① 赵丰.以物证源：2018 国丝汉服节纪实.上海：东华大学出版社，2019.

国丝汉服节，2018

大花楼机、小花楼机、缂丝机等传统织机。然后，我们推出的是两个专题展览。一是"梅里云裳：嘉兴王店明墓出土服饰中韩合作修复与复原成果展"，另一个是"一衣带水：韩国传统服饰与织物展"。前者的项目负责人兼策展人王淑娟为观众带来了专题导览，深入解读了明代女子服饰所用丝绸的种类、服饰的流行和修复复制过程；后者则由相关研究者介绍韩国历史上不同时期的服饰变化，特别是韩国传统文化大学在复原和传承韩国传统纺织品和服饰方面的工作和成果，深得同袍欢迎。

　　27日下午是国内著名专家的专题讲座。国丝邀请了中国国家博物馆研究馆员孙机先生、中国社会科学院文学研究所研究员扬之水先生以及国丝馆馆长赵丰分别做了题为"明代在服装史上的继承和创新""更衣记中的奢华之色""明代丝织品种和设计"的专题讲座。孙机先生从冠饰、巾帽、服饰和纹样等方面讲述了明代服饰在历代服饰基础上的继承和创新变化。赵丰馆长介绍了明代丝织品的相关文献和资料、种类和技法，以及图案和纹样的设计。扬之水先生则着重讲述了明代女性奢华的头面首饰的演变、名称、技法及工

国丝汉服节上的展厅导览，2018

艺。讲座现场座无虚席，三位主讲人深入浅出地与听众分享了他们多年的研究成果，精彩的阐述给大家留下了深刻的印象。

　　然后是真正的文物近距离鉴赏。国丝邀请了参与活动的汉服团队进入鉴赏室近距离观摩明代服饰，其中不仅有与"梅里云裳：嘉兴王店明墓出土服饰中韩合作修复与复原成果展"来自一地的浙江王店李家坟墓的明代服饰云纹绸大袖袍、万字菱格螭虎纹绸对襟上衣、曲水双螭蕉石仕女织金绸裙，还有"一衣带水：韩国传统服饰与织物展"中的米色丝苎交织褡护和藏青色缠枝花卉纹纱贴里两件韩国传统服饰的复原件。王淑娟和徐文跃两位老师为大家详细地讲解了服饰的面料和制作工艺。

　　第二个功能是提供平台，让众多的汉服团队在国丝按一定的专业水准开展相关活动，其中最为重要的环节是"汉服之夜"的明代服饰展示。2018 年的汉服之夜最重要的是服装本身，而 2019 年的"汉服之夜"则以明代服饰为主题，要求分为"燕居""往事""仪礼"三类情景，为大家呈现明代不同时期、不同场合服饰的特点和演变趋势。"燕居"一般指古代士人退朝而处、在

国丝汉服节上的文物鉴赏，2019

家闲适的生活。吉庐、九晏团队为大家展示了明代中晚期士人家族游园赏玩的场景；六羽、非常道、绮罗团队展示了士人在端午节、中秋节赏月游玩的情景。汉客丝路、万宝德团队和古月今人团队为大家讲述了一段发生在明万历年间的后宫秘事和明初燕王朱棣进京、建文帝出逃至苏州的往事。煌煌大明，礼仪端端，踏云馆团队、锦瑟衣庄团队和行之堂、鱼汤团队分别为大家展示了明初永乐帝徐皇后受封前的更衣情景以及明代中晚期的士人婚礼和冠礼。最后，千秋月汉学社、陈诗宇、董进携《国家宝藏》中衍圣公朝服的前世今生故事为"汉服之夜"画上了圆满的句号。

3. 传统的未来：倡导汉服与时尚的融合

作为一个文化中枢，国丝除了提供资源和打造平台，渐渐地还应该倡导一种生活方式，形成一种新的传统，实现让生活更美好的愿景。为此，在2019年的汉服节上，我们推出的银瀚论道主题是"汉服与时尚"，此外，我们还新加了手艺市集和国丝汉服萌娃秀，以培养公众特别是小朋友对传统服饰的爱好。

"汉服之夜"汉服表演，2019

第二届国丝汉服节：明之华章 "汉服之夜"合影，2019

4月28日上午，6位嘉宾受邀在银瀚论道上聚焦该主题展开论述，娓娓道来。首先是徐文跃的"古代文献中所见的汉服"，讲的还是古代汉服的资料和研究；然后是蒋玉秋的"传道重器：中国传统服饰中的设计智慧"，提炼传统服饰中的设计理念和智慧；贾玺增的"历史维度与时尚价值：中国传统服饰文化的继承与发展"就开始讲述传承与发展的关系；徐向珍的"融合之路：旧时之美遇上摩登时尚"、闻弦的"我的汉服现代化实践之路"以及王梦乔的"汉服与时尚"都是讲汉服在当下的创新和应用。

手艺市集是国丝和东家共同推出的一个活动。近20家匠人在锦绣广场搭起帐篷，摆开阵势，一边表演手艺，一边进行相关文创的售卖。其中，约有1/4是直接的汉服商家，但更多的是与传统服饰相关的配饰和配件，如包、伞、胸花、佩剑、香具、摆饰。

"汉服萌娃秀"是2019年国丝汉服节新增的一个亮眼活动。61名小模特经过"潮童星"组织的网络投票，从近500名参赛选手中脱颖而出，于28日下午登上"国丝汉服萌娃秀"的舞台。当传统服饰遇上萌娃，给观众展现了一派天真烂漫的风采。我们相信，无论是家长还是孩子，都在心中种下了一颗传统服饰的种子，将来必定开花结果。

不过，随着博物馆与社区关联度的日益增加，博物馆在社区中扮演的角色也将更为活跃，其使命在逐渐延伸拓展。展望未来，汉服社区与国丝的结合还应该会有：一是文创和汉服设计的开发，博物馆的知识和版权成为新一代设计和生活的重要元素，可以推动中华优秀传统文化创造性转化、创新性发展；二是美好生活方式的形成，博物馆拥有的不只是物质和知识，更是一个整体的文化，这就是博物馆与人民美好生活的结合之处。一个博物馆引领美好生活方式，倡导新的文化传统，这正是博物馆作为文化中枢对社区、对社会做出贡献的愿景。这也是2019年国际博物馆日中所说的：博物馆也在寻找新的方式来展现其收藏品、历史和遗产，创造出对后代具有崭新意义的传统。

值得一提的是，在2019年的"汉服之夜"现场，我们发布了"国丝汉服节"的正式标识，这是在征集了100多件作品后评出的一等奖，基本型来自明代妆花袍服的如意云领。既然博物馆要努力为共享历史、兼具认同感和归属

汉服萌娃秀，2019

感的社区服务，既然博物馆作为文化中枢扮演更为活跃的角色，既然博物馆要为未来创造新的传统，那么中国丝绸博物馆的"国丝汉服节"还会持续办下去。2020 年的"国丝汉服节"主题是"宋之雅韵"，2021 年的"国丝汉服节"主题是"唐之雍容"，我们期待"国丝汉服节"能获得更多的支持。①

（原文刊于《中国博物馆》2019 年第 3 期。）

---

① 2019 年和 2020 年的国丝汉服节主题分别以明代和宋代为主。参见：赵丰 . 明之华章：2019 国丝汉服节纪实 . 上海：东华大学出版社，2020；楼航燕 . 宋之雅韵：2020 国丝汉服节纪实 . 上海：东华大学出版社，2021.

全链条

文化遗产保护的工作模式

一个博物馆有着自己的业务链，一般而言，收藏、研究、陈列、教育是其最基本的业务链。但不同类型的博物馆可以有各具特色的业务链，可以包括考古、检测、保护、收藏、研究、陈列、教育、传播、传承等更长的业务环节。

中国丝绸博物馆是一个纺织服饰类的专题博物馆，也是纺织品文物保护国家文物局重点科研基地。经过近 30 年的实践，我们初步形成了以纤维和染料为核心的无损分析技术、基于丝肽 - 氨基酸的脆弱纺织品接枝加固技术、考古现场纺织品信息提取及微痕检测技术、基于科技史研究和非物质文化遗产保护理念的传统染织工艺复原技术，以及作为专题博物馆而配置的全套展览展示、社会教育、公众活动、出版发表和全媒体传播等业务链。我们将其称为全链条的纺织品文物保护和利用模式，也可以将其看作中国丝绸博物馆作为一个博物馆运营的重要特色。

一、行业里的全链条

博物馆藏品主要是一类可移动文物，它们通常为传世藏品或经考古发掘。所以，藏品保护行业的全链条，应该是从一件文物的生产制作开始，到其再被复制或仿制生产、制作新的文物为止。以一件纺织品服装为例，它被古人们生产制作出来，在生活中使用后，它被主人带入墓中，或是传给后代。较大的风险是被带入墓中后经受墓穴环境的考验。等它被发掘出土后，考古人员和文物保护师就会马上到现场实施抢救性保护，以应对社会活动如

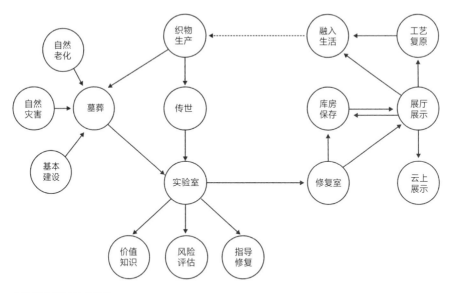

文化遗产保护的全链条

配合基本建设导致的考古发掘；此后，它应该会被带回实验室进行分析测试，以弥补人们对它认知的不足；再是根据需要来修复，让人们更方便学习和理解；为收藏及展示提供预防性保护设施，应对气候等环境变化；将藏品信息数字化或进行复制，以备万一发生灭顶之灾；还原或传承相关传统工艺并用于当下，以造福于广大民众；特别是新冠疫情之后，线上管理和交流显得越来越重要。

二、中国丝绸博物馆的全链条

作为一个专业性的博物馆，中国丝绸博物馆是围绕中国丝绸这一核心，以收藏、保护、研究、传承、弘扬纺织服饰类文化遗产为宗旨。2012 年，我们在展厅和实验室之外进行了基本陈列展线上设计，并建设了纺织品文物修复展示馆。修复展示馆分为上下两层，下层是保护修复空间，上层是陈列展示空间。无论是馆内还是馆外的藏品，我们的一个个修复项目都在这里形成了全链条的保护环：进行藏品调查，编制保护修复方案，进入实验室进行分

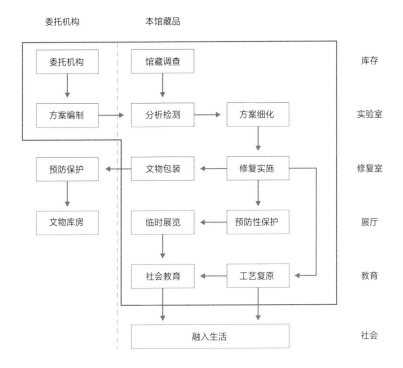

委托机构   本馆藏品

库存

实验室

修复室

展厅

教育

社会

博物馆藏品保护的全链条

析检测，细化方案，实施整个修复过程，深入研究或复制部分纺织品文物，最后策划研究性展览在陈列展示空间展出。同时，我们也开展传统工艺的复原。特别是结合人类非物质文化遗产把蚕桑丝织工艺用于我们的女红传习馆和博物工坊课程，取得了很好的效果。此外，我们还进行了传统工艺和服装的推广，每年 4 月底举办"国丝汉服节"，依据古代服饰来制作现代汉服；每年 9 月举办全球旗袍日；每两年一次举办天然染料双年展。最后，这些生活中的服装又有可能再一次成为我们的藏品，进入一个新的循环。

全链条的特点是一个博物馆或一个保护修复团队尽可能地完成一类藏品的整个保护链的所有环节。它的优越性在于它是一个完整的系统，将藏品保护科技全面融入博物馆专业的所有环节，在一个专业的机构里保证有最专业的人来做最专业的事，并进行无缝合作。

首先，针对不同的材料，我们可以找到最好的文物保护专家，他们有着最完整的知识结构、最丰富的实践经验，由他们来串联所有环节，保证高质量地完成每一个步骤。

其次，科学与艺术总是一件文物的价值的两翼，让最好的科学家和艺术史研究的专家进行充分合作，能使文物价值得到最为全面的认知。

最后，科研团队、策展团队、社教团队和传播团队之间的无缝合作，保证我们保护和研究的成果被博物馆最为高效地运用在陈列展示上，藏品不仅在博物馆里，在社会上也能充分发挥作用。在这里，文物保护科研人员也有可能成为策展人、教师或网红。

三、四个案例

中国丝绸博物馆的藏品以中国丝绸为核心，但包括古今中外藏品，不仅有中国传统服饰，还有当代时装；不仅有西方服饰，还有世界各地的民族纺织品；不仅有织物和服饰，还有生产织物的工具；不仅有正式的文物藏品，还有成系列的有着科学研究价值的标本库。所有这些收藏均围绕一个一致的主题，特别适合进行馆藏文物的全链条科学保护。在这里，我将与大家分享四个案例。

1. 千缕百衲：敦煌纺织品保护项目（2006—2014）

敦煌是古丝绸之路上的交通枢纽，敦煌莫高窟中发现了相当数量的纺织品。最早于 1900 年在藏经洞中发现的丝绸基本流散到了英、法、俄、日等国。1965 年，敦煌文物研究所在维修时发现了 60 余件从北魏到隋唐时期的刺绣品和丝织品。[①] 20 世纪 80 年代后期，敦煌研究院对莫高窟北区的所有洞窟进行了清理发掘，又出土了一批以西夏至元代为主的纺织品。[②]

自 2006 年起，中国丝绸博物馆与大英博物馆、维多利亚与艾尔伯特博物馆、大英图书馆以及东华大学一起合作整理出版了"敦煌丝绸艺术全集"，第一批是收藏于伦敦的 600 余件丝织品。此后，又与法国吉美国立亚洲艺术博物馆和法国国家图书馆等合作，整理了法国收藏的百余件丝绸文物。再后

---

① 敦煌文物研究所 . 新发现的北魏刺绣 . 文物，1972（3）：54-60；樊锦诗，马世长 . 莫高窟发现的唐代丝织品及其他 . 文物，1972（12）：55-68.
② 彭庆章，王建军 . 敦煌莫高窟北区石窟（一、二、三卷）. 北京：文物出版社，2000—2004.

中国丝绸博物馆和东华大学团队在大英博物馆分析研究英藏敦煌丝绸文物，2006

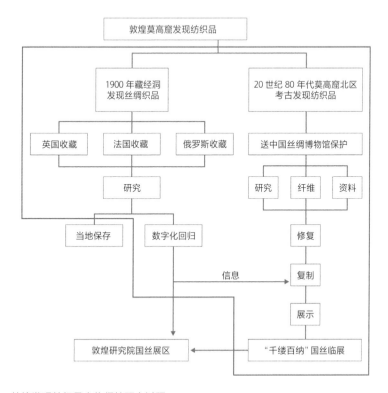

敦煌发现纺织品文物保护研究过程

中国丝绸博物
馆和敦煌研究
院在敦煌艺术
陈列中心推出
"敦煌丝绸"长
期展厅，2021

来就是和俄罗斯艾尔米塔什博物馆合作整理收藏的敦煌丝绸实物。最后两卷
是与旅顺博物馆和敦煌研究院的合作，目前"敦煌丝绸艺术全集"全五卷已
完全出版。[①]

莫高窟北区的石窟是生活和埋葬区，其中出土的织物的特点是时代相对
较晚，且多为残片。所以，我们接到的任务是：对所有新出土纺织品进行保
护和修复。我们对拿到的所有纺织品进行了纤维和染料等材质的分析测试，
然后制定了修复方案，等方案批准后，把所有的纺织品从敦煌运来杭州，在
修复展示馆中进行了修复。经过两年多的时间，我们完成了第一批修复工
作，并对其中的北朝百衲和元代绫袍进行了工艺复原，2014 年年底在纺织品
修复展示馆举办了"千缕百衲：敦煌莫高窟出土纺织品的保护与研究"特别展
览[②]，召开了学术会议并出版了专门的论文集[③]。此后，我们还继续修复了第二
批纺织品。2021 年，我们和敦煌研究院合作，在敦煌艺术陈列中心增加了以
"敦煌丝绸"为名的长期展厅。

2. 丝府宋韵：黄岩南宋赵伯沄墓出土服饰保护和修复（2016—2018）

赵伯沄（1155—1216）是宋太祖的七世孙。2016 年，在他去世整整 800

---

① 赵丰. 敦煌丝绸艺术全集（英藏卷）. 上海：东华大学出版社，2007；（法藏卷），2010；（俄藏卷），
2015；（中国敦煌卷），2021；（中国旅顺卷），2021.

② 赵丰，罗华庆. 千缕百衲：敦煌莫高窟出土纺织品的保护与研究. 杭州：中国丝绸博物馆，2014.

③ 赵丰，罗华庆，许建平，等. 敦煌与丝绸之路：浙江、甘肃两省敦煌学研究会联合研讨会论文集.
杭州：浙江大学出版社，2015.

年后，考古人员在浙江黄岩发现了他的墓葬。墓中出土的 70 余件保存完好的丝绸服饰，这是浙江丝绸考古最为集中和顶级的发现。国丝第一时间派出专家团队奔赴现场主持应急保护，并在现场提取一部分服饰，然后将一部分尸体连同身着服饰一起运至国丝。我们先后采用了便携式高保真扫描仪和 CR 扫描结合三维图像合成技术，全方位记录尸身服饰状况。此后，在装有 24 台摄影机的天眼室揭取了 8 件上衣、8 条裤子。

经过详细的实验室分析与检测，博物馆采用丝蛋白加固、针线法修复和绉丝纱包覆等技术手段对文物进行了修复。2017 年 5 月，"丝府宋韵：黄岩南宋赵伯沄墓出土服饰展"在国丝开幕。2019 年，我们复制了墓中出土的"交领莲花纹亮地纱"和"环编绣鞋子"等服饰。2020 年，我们又在"宋之雅韵"国丝汉服节上推出了"南宋服饰鉴赏"和"南宋服饰新款"等活动，受到了汉服爱好者的极大欢迎。①

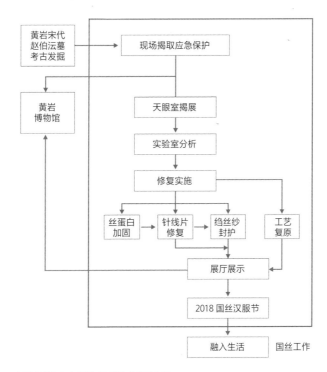

赵伯沄墓出土服饰保护和修复过程

①　楼航燕 . 宋之雅韵：2020 国丝汉服节纪实 . 上海：东华大学出版社，2021.

赵伯沄墓出
土的莲花纹
亮地纱的复
制品

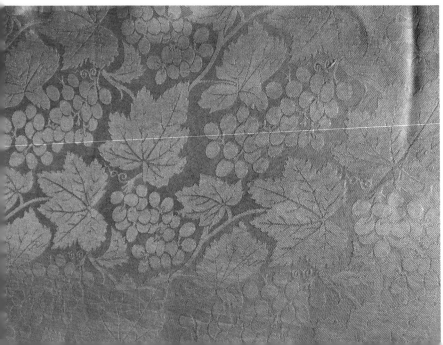

赵伯沄墓出
土的葡萄纹
绫的复制品

3. 梅里云裳：明代服饰中韩合作项目（2012—2019）

2006 年 11 月，浙江嘉兴王店发现一座古墓，后被确认为明代中后期文林郎李湘及其妻妾四人的合葬墓。[①] 四具棺木被移入嘉兴市博物馆，中国丝绸博物馆立即派员承担了开棺揭取及应急保护工作，墓中出土了大量包括丝绸服饰在内的纺织品文物，其中李湘之妾徐氏墓出土的 10 件服饰整体进入国丝馆藏。考虑到韩国对朝鲜王朝时期服饰保护修复的特别研究，国丝和韩国传统文化大学于 2012 年签订协议并开展合作修复。由国丝负责实验室分析检测，双方各选 5 件衣服进行修复，同时再各选 1 件衣服进行工艺复原，进行工艺复原的两件衣服分别是织金双鹤胸背曲水地团凤纹绸圆领袍和环编绣獬豸补

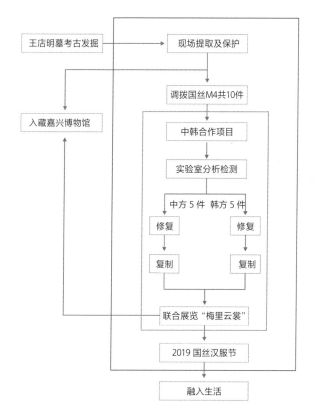

中韩合作明代服饰项目工作过程

---

① 吴海红 . 嘉兴王店李家坟明墓清理报告 . 东南文化，2009(2)：53-62.

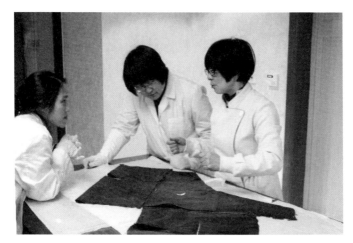

明代服饰中韩合作
项目双方专家商讨
研究，2014

梅里云裳：嘉兴王店
明墓出土服饰中韩
合作修复与复原成
果展，2019

云鹤团寿纹绸圆领袍，这两件衣服是明代服饰中的典型代表。[①] 所有这些成果
最后在 2019 年"梅里云裳：嘉兴王店明墓出土服饰中韩合作修复与复原成果
展"上展出。[②] 展览开幕时恰逢第二届国丝汉服节，复制的明代服饰与现实生
活中的明式汉服相映成趣。[③]

① 蒋玉秋，王淑娟，杨汝林. 嘉兴王店李家坟明墓出土圆领袍复原研究. 丝绸，2020（5）: 53-61.
② 王淑娟. 梅里云裳：嘉兴王店明墓出土服饰中韩合作修复与复原成果展. 杭州：中国丝绸博物馆，
2018.
③ 赵丰. 明之华章：2019 国丝汉服节纪实. 上海：东华大学出版社，2020.

4. 汉机织汉锦：五星经锦的复制（2015—2018）

1995 年，新疆文物考古研究所在塔克拉玛干大沙漠南端的尼雅 1 号墓地发现了五星经锦护膊，引起国内外的轰动。[①] 中国丝绸博物馆曾于 2000 年举办"沙漠王子遗宝：丝绸之路尼雅遗址出土文物展"，展中我们对五星锦的图案进行了初步复原。[②]

2013 年，四川成都老官山汉墓出土了西汉时期的 4 台提花机模型。随后，由中国丝绸博物馆牵头，成都博物院和中国科学院自然科学史研究所等机构共同成功复原了这类一勾多综提花机及其织造技术，成果于 2015 年公布，引起了世界各地考古和科技史同行的关注。[③] 国丝复原了其中两台织机：一台属于滑框式一勾多综提花机，留在国丝；另一台属于连杆式一勾多综提

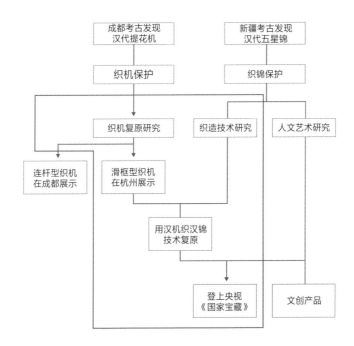

老官山汉机提花织机复原与五星经锦复制工作过程

① 新疆文物考古研究所. 新疆民丰县尼雅遗址 95MNⅠ号墓地 M8 发掘简报. 文物，2000（1）：4-40.
② 赵丰，于志勇. 沙漠王子遗宝：丝绸之路尼雅遗址出土文物. 香港：艺纱堂／服饰出版，2000.
③ Zhao, F., Wang, Y., Luo, Q., et al. The earliest evidence of pattern looms: Han Dynasty tomb models from Chengdu, China. *Antiquity*, 2017, 91(356): 360-374.

用汉代提花织机复原五星经锦，2018

"汉机织汉锦"登上《国家宝藏》节目，2018

花机，送到成都博物馆展出。

2015 年，中国丝绸博物馆正式利用复原成功的滑框式一勾多综提花机开始了对五星经锦的复制。经过此前研究资料及海内外相关出土文物的比对研究，我们最终确定了图案并将所有文字还原为"五星出东方利中国诛南羌四夷服单于降与天无极"，还绘制了意匠图。2017 年 2 月，团队开始进行上机穿综及织造工作。10470 根经线，84 片花综，2 片地综……历经 1 年多的时间，我们完成了错综复杂、丝丝入扣的穿综工作，最后在 2018 年 5 月成功复制了五星经锦。织机和织锦均参加了同年的"神机妙算：世界织机与织造艺术"大展。[①] 此后，这件由汉机所织的汉锦出现在央视《国家宝藏》节目中，得到了更为广泛的传播，而这项织锦技术也应用于今天的生活。

四、结　论

中国丝绸博物馆的全链条运营理念围绕着纺织品文物本体，从考古现场的应急性保护、实验室的科学认知、博物馆内的修复保护、陈列保管的预防性保护、库房的数字化保护，到纺织品文物的复原复制，传承古老而凝聚智慧的染织工艺，均有涵盖。中国丝绸博物馆利用各个领域的专业技术人员，将上述的环节连接起来。面对可能遭遇的自然灾害与人为祸患对文物保护的挑战，全链条保护至少能够通过在各个环节所采集的信息、数据与图片，将文物的历史价值、艺术价值和科学价值完好地保留下来，传承后世。

但我们认为，全链条保护理念也可以在博物馆运营的各个层面推广，小可以在一个博物馆内，大可以到一个国家的同行内，更大可以到国际博物馆的同行中。在全链条的理念下，我们可以打通文科和理工的界限，可以打通科学和艺术的区别，可以打通物质与非物质文化的疆域，可以打通可移动和不可移动的屏障，联合更多的文化遗产相关机构，形成博物馆在全领域内的全链条保护和全链条运营。

（原为第十九届 ICOM-CC 北京会议上的主旨报告，后刊于《中国博物馆》2022 年特刊，再在此基础上改写。）

---

① 赵丰，桑德拉，白克利. 神机妙算：世界织机与织造艺术. 杭州：浙江大学出版社，2019.

研究型

专题博物馆的发展之路

2018 年 11 月 23 日，在第八届"博物馆及相关产品与技术博览会"（简称博博会）期间，国际博物馆协会、中国博物馆协会和福州市人民政府联合主办了主题为"变革中的博物馆青年"的"首届全球博物馆青年论坛"。会上，时任国家文物局局长刘玉珠发表了题为"青年与新时代中国博物馆"的主旨演讲，正式公开提出：要建设一批研究型博物馆。[①] 这是国家文物局领导正式报告中公开发出的信息。

中国丝绸博物馆提出研究型博物馆的概念也相对较早，但对其称呼、定义、指标、途径、意义等一直缺乏较为深入的探讨和思考。本文拟讨论博物馆研究和研究型博物馆的区别，梳理研究型博物馆概念提出和发展的过程，比较研究型大学、研究型医院和研究型博物馆的异同，最后给出研究型博物馆的定义和指标，并探讨一个专题博物馆进行研究型博物馆建设的途径。

一、关于研究型博物馆的讨论

1. 博物馆的研究

研究一直是博物馆的基本功能之一，它的内涵、作用，其实已在不同场合被提出。长期以来，行业内表述的博物馆功能或多或少：有时是三项，即收藏、研究、教育（包括陈列和社教）；有时是四项，即收藏、研究、教育和

---

① 中经文化产业. 新时代聚焦青年博物馆人的探索与实践.（2018-11-27）[2022-02-28]. http://collection.sina.com.cn/yjjj/2018-11-27/doc-ihmutuec4160843.shtml.

休闲；有时是五项，即收藏保存文物标本和其他实物资料、传播科学文化知识、提高公民科学文化素质、进行思想品德教育、科学研究和丰富人民群众的文化生活。每种说法基本上都把研究视作博物馆工作中相对独立的一项功能，所以在故宫博物院里很早就设有研究室，专门为资深的学者提供研究条件。但也有不少人认为，研究是博物馆所有工作的基础，收藏、陈列、教育都需要以研究为基础或引领，所以所有的专业人员都应该花相当比例的时间来从事研究。

在我国，博物馆的主流历来是历史类博物馆和自然类博物馆，所以，来自这两大类博物馆的研究者对此自然也有不少考量。来自历史类博物馆的胡长明认为，科学研究是博物馆的主要职能之一，也是博物馆全部活动的基础。在历史博物馆中开展的研究应注意几个方面的结合：微观研究和宏观研究相结合，史学研究和陈列研究相结合，单学科研究和多学科交叉研究相结合，独立研究和海外协作研究相结合[1]，很显然是指单纯的历史研究要和在历史博物馆中的应用相结合。来自自然博物馆的孟庆金认为，自然博物馆中的研究有两大基本任务，即探索自然奥秘和传播科学知识。[2]这其实与所有博物馆的研究任务相一致，可以概括为对以藏品为主要研究对象的内容研究和对博物馆运行如举办展览、教育、传播等工作为主的博物馆学研究。

2. 研究型博物馆的提出

当然以上的说法都没有错。但是，研究型博物馆的提出，和原有的博物馆的研究在定位、内容、方法、目标上都还是有一定区别的。我们认为，研究型博物馆不应只是把研究作为基本功能之一，或是将其作为工作的基础，而应该把研究作为特色，把研究作为首要目标，这才能称得上研究型博物馆。

研究型博物馆概念的提出最早大约是在 20 世纪 60 年代。1960 年，美国的《典藏管理人》（*Curator*）杂志约请了 4 位生物学、地质学、人类学和科技史方面的专家畅谈"研究型博物馆在科学中的作用"，讨论其所属学科学术

① 胡长明.历史博物馆研究工作之我见.湘西土家族苗族自治州：湖南省博物馆学会第三次代表大会暨第四次学术讨论会，1990.
② 孟庆金.科研是自然类博物馆的核心竞争力.中国博物馆，2013（4）：14-21.

研究与研究型博物馆的关系。其中，威廉·N. 芬顿（William N. Fenton）作为特邀作者撰写了《博物馆与人类学研究》这篇文章，芬顿认为，研究型收藏、学术研究人员和学术成果是研究型博物馆的三大要素[1]。

2018 年 11 月，德国柏林的自然历史博物馆举办了"国际研究型博物馆峰会：研究的变革潜能"（Global Summit of Research Museums—The Transformative Potential of Research），来自 24 个国家的 232 位代表出席了会议。这是第一次专门讨论研究型博物馆的学术会议，会议报告指出："研究型博物馆有周全的基于收藏的研究议程，它们保存了大部分的全球自然和文化遗产，产生和展示科学知识，并阐明科学和知识生产的过程。"[2]

我国博物馆界提出研究型博物馆的概念也不算很晚。2004 年，时任国家文物局副局长马自树可能是最早提出研究型博物馆说法的专家。"研究型博物馆要以收藏展示为中心，以科研创新为前导，研究博物馆自身，研究博物馆在社会生活中的地位作用，研究博物馆与观众的互动关系，发挥博物馆在文化传承、艺术欣赏、科技宣传等方面的积极作用。"[3] 但很明显，马自树提的研究型博物馆中的研究内容基本属于博物馆学的范畴。几乎同时，沈阳故宫博物院院长武斌也将建设研究型博物馆确定为办院方针，与故宫博物院院长郑欣淼提出的"故宫学"相对应，武斌提出了学科、范畴和目标三个问题，要以学术研究为本，建设博物馆[4]，总体是加强"故宫学"的研究。

3. 研究型博物馆的讨论

大约在 2018 年国家文物局领导正式提出研究型博物馆概念后，此后出现了若干篇相关的文章。2020 年，杨瑾讨论了研究型博物馆的特性："研究型博物馆是以至高性、专门性、复杂性的文物藏品为基础，人员接受过系统

[1] 1996 年第 4 期的《典藏管理人》（Curator）专题是"研究型博物馆在科学中的地位"（The Role of the Research Museum in Science）。艾尔伯特·C. 史密斯（Albert C. Smith）为该组专题文章撰写了导读。

[2] The Transformative Potential of Research in Museums.（2021-09-02）[2022-02-28]. https://www.leibniz-forschungsmuseen.de/fileadmin/user_upload/Forschungsmuseen/Report_on_the_1st_Global_Summit_of_Research_Museums.pdf.

[3] 自庶（马自树）. 建设研究型博物馆 . 中国博物馆，2004（1）: 4.

[4] 转引自：邓庆 . 研究型博物院的理论与实践——以沈阳故宫为例 . 沈阳故宫博物院院刊，2010（9）: 165-171.

性、长期性、专门性专业学术或技术训练，能够进行深奥的、前沿的、变革性的、排他性的学术研究，能够始终处于学科前沿与持续变革的前沿，并能够改变象牙塔式的单向知识传递模式，创造出整合型多元互动的网络化全球知识融合机制，并因此带来组织演变与职能重构的潜能，以获得更稳定的、更创新的、可持续的知识以及维持知识活动的能力。"[①]

2021 年，宋向光对研究型博物馆做了更为全面的研究，他的定义是："以学术性收藏为基础，将学术研究及知识传播贯穿于博物馆基本业务及社会服务活动的博物馆。研究型博物馆整合并开放博物馆研究资源，构建博物馆学术研究网络，密切关注影响社会发展的重大科学问题，支持公众参与博物馆科学研究，博物馆教育回应公众关心的现实社会问题所关联的科学现象和科学知识。"[②] 这里，他明显强调研究型博物馆的核心是学术性收藏和贯穿于整个博物馆业务的学术研究，而非应用性研究。为了更好地说明研究型博物馆的定义，他又指出了研究型博物馆的几大特点：

（1）研究型博物馆的收藏具有系统体现学科研究成果、全面支持学术研究、动态更新、资源开放的特点。

（2）研究型博物馆的学术研究具有保持与博物馆收藏源学科学术研究同步的特点。

（3）研究型博物馆具有主动构建良好科研环境的特点。

（4）研究型博物馆的知识创新具有持续的、与社会发展紧密结合的特点。

（5）研究型博物馆的服务对象具有广泛的、多元的知识构建和传播行动者的特点。

二、研究型大学和研究型医院对研究型博物馆的启示

1. 我对研究型博物馆的认识

其实，在中国丝绸博物馆的建设中，我一直在思考研究型博物馆的概

---

① 杨瑾.后疫情时代研究型博物馆建设浅见.中国文物报，2020-06-09（6）.

② 宋向光.研究型博物馆的特点及意义.科学教育与博物馆，2021（6）：499.

《敦煌丝绸艺术全集（英藏卷）》团队，自右往左：赵丰、汪海岚、伍芳思、白海伦、王乐，2017

念。最初的启发来自 2007 年时任国家文物局博物馆司司长宋新潮（现为国家文物局副局长）和我的谈话："专业博物馆的发展方向就应该是研究型博物馆。"2014 年，我在大英博物馆访问时，汪海岚博士又对我说，按她的理解，中国丝绸博物馆可以称作研究型博物馆。2015 年 9 月，我在上海博物馆庆祝文物保护实验室落成的国际学术会议上发表了题为"研究型博物馆：乘着科学的翅膀"（Research Museum: On the Wings of Science）的报告，提出在"满足博物馆收藏、研究、展示教育的前提下，建设以研究为龙头、为特色的博物馆，专业博物馆特别适合于建成研究型博物馆"，这算是正式提出了将中国丝绸博物馆建设为"研究型博物馆"的想法。这一提法被《科技日报》所关注，该报记者游雪晴在会后报道时，直接用了我所提的"研究型博物馆"[1] 的说法。此后，我又在 2016 年 10 月中国丝绸博物馆举办的"展览的国际合作"论坛上邀请汪海岚做关于"研究型博物馆"的报告，同时也开始在不同场合提出把中国丝绸博物馆建设成一个研究型博物馆的设想。

---

① 游雪晴. 研究型博物馆是未来的发展趋势吗. 科技日报，2015-09-13（3）.

那我所理解的研究型博物馆应该是怎样的博物馆呢？我们认为：早期的中国博物馆学者提出的研究型博物馆的概念总体还是属于博物馆研究的范畴，后面宋向光老师的提法与国际上对研究型博物馆的思考比较接近，也和我们对研究型博物馆的想法基本一致。这里的关键问题是：如何区别研究型博物馆和研究很强的博物馆呢？

我们认为，这可以参照科研院所、研究型大学或研究型医院的定义。不过，科研院所不需要被证明是研究型，因为它的宗旨和使命已把它定义为以研究为目的的科研机构。而研究型大学和研究型医院则有所不同，它们都有一定的大学教育或医院治病的基础职能，但又是以研究为重要内容和特色的专业机构。在这一点上，研究型博物馆正与其有共同之处，既有收藏、展示、开放的基础职能，但又欲以研究为重要内容和特色。所以，这两者的定义或许可为研究型博物馆提供借鉴。

2. 研究型大学的定义和指标

研究型大学概念的提出最早当数 1810 年成立的德国柏林大学，它开创了大学"研究与教学结合"之先河。而 1876 年创建的美国约翰斯·霍普金斯大学是现代意义上的研究型大学诞生的里程碑。经过 100 余年的发展，美国现已有 100 多所研究型大学，所取得的成就举世瞩目。而中国的研究型大学理念或是从 1977 年邓小平发出"重点大学既是办教育的中心，又是办科研的中心"这一指示开始的。1987 年年初，天津大学原校长吴咏诗撰文《综合性、研究型、开放式：试论天津大学的办学方向》，从学生结构、师资队伍、科学研究、学科建设和管理水平等方面探讨了研究型大学的主要标志，他应该是国内最早明确提出研究型大学办学方向的学者。[①]

大学是一个高等教学机构，但研究型大学是指在提供全面的学士学位计划的基础上，把研究放在首位的高等教育机构，它致力于（某一领域的）高层次人才培养与科技研发（即在校研究生数量与本科生数量相当，或研究生数量占有较大比重）。由于当前各国大学的分类标准不同，其类型称谓也不尽相同。在中国，大学常分为研究型大学、研究教学型大学、教学研究型大学、教学型大学、应用型大学、高等专科学校等六大类。研究型大

---

① 转引自：王孙禺，孔钢城. 中国研究型大学建设的思考. 北京大学教育评论，2009（1）: 52-62.

中国研究型大学评价指标体系

一级指标 A	二级指标 B	备注
师资队伍 A1	具有博士学位的教师比例（B11）	定量
	两院院士数（B12）	定量
	长江学者数（B13"	定量
	国家杰出青年基金获得者数（B14）	定量
学术声誉 A5	全日制在校研究生与本科生的比例（B21）	定量
	近三年博士学位授予数（B22）	定量
	近五年全国优秀博士学位论文获奖数（B23）	定量
	近两届国家优秀教学成果奖获奖数（B24）	定量
人才培养 A2	近三届国家级三大奖数（B31）	定量
	近三年 SCI 和 SSCI 收录的论文数（B32）	定量
	近三年国家级纵向科研经费占总科研经费的比例（B33）	定量
	近三年发明专利授权数（B34）	定量
科学研究 A3	国家重点实验室数（B41）	定量
	国家级重点学科（B42）	定量
	学科水平（B43）	定量
	学科结构和布局调整情况（B44）	定性
学科建设 A4	学术声誉（B51）	定性

学作为中国最高层次人才培养和最新前沿科技研发的中心，以教书育人和科技研发为根本，拥有较高的人才和学术产出质量。科研领先、校友杰出是判定研究型大学的两个核心标准；培养和造就高层次的研究型人才、产出高水平的学术研究成果并拥有卓越的师资队伍是研究型大学必须满足的两个条件，缺一不可。

　　经过 30 多年的探索和发展，总体来看，师资队伍、人才培养、研究成果、学科建设、学术声誉等已成为研究型大学的基本评价指标。[1]

3. 研究型医院的定义和指标

　　医院是把新知识、新技术应用于现实的公益性机构。研究型医院概念的

---

① 王战军，翟亚军．中国研究型大学评价指标体系的研究．清华大学教育研究，2008（5）：5-8.

提出相对较迟，大约是姜昌斌等于 2003 年提出的。[1] 此后不久，解放军总医院院长秦银河进行了研究型医院的实践与探索，于 2005 年正式发表了相关论文，2007 年给出了研究型医院的准确定义：研究型医院是以新的医学知识和新的医疗技术的产生与传播为使命，坚持临床和科研并举，在自主创新中不断催生高层次人才和高水平成果，推动临床诊疗水平持续提高，为医疗卫生事业和人类健康做出重要贡献的一流医院。[2] 至 2011 年，建设研究型医院的目标被国家多个部门联合确定为国家指导医院未来发展的重大战略，这一定义也在实践中得到了行业的公认。

中国研究型医院学会会长王发强指出：这里的"研究型"是研究型医院崇尚的一种新理念，具有"研究哲学"意味的价值文化，而不是操作层面的所谓研究工作与研究过程，体现的是医院建设的理念、制度、机制、流程、规范等医院上层建筑文化，强调的是一种理念（创新理念、探索理念、质量理念）与精神（学术精神、科学精神、人文精神），以及一系列可以使人、财、物发挥更大效益的制度机制架构的安排。所以，研究型医院的特征包括医院的发展理念、方式、模式、思路、支撑等各个方面的转型和创新。[3]

三、研究型博物馆的定义和国丝的目标

1. 研究型博物馆的定义和要求

参照研究型大学和研究型医院的定义，并结合博物馆的具体情况，我们可以给出的研究型博物馆的定义是：在满足博物馆收藏、研究、展示、教育等基本功能需求的前提下，建设以研究为基础、以研究为龙头、以研究为特色的博物馆。打造坚实的研究基础，在自主创新中不断产生高水平成果，拥有一批高层次人才，成为同领域中的领军团队，同时加强成果转化和人才培养，推动博物馆高质量发展。

[1] 姜昌斌，夏振炜，叶蓓华，等. 科教兴院创办研究型医院. 中华医学科研管理杂志，2003（1）：61-63.
[2] 秦银河. 建设研究型医院的探索与实践. 中国医院，2005（10）：1-4；秦银河，文德功，郭旭恒. 创建研究型医院——301 医院管理与实践. 北京：人民卫生出版社，2007.
[3] 王发强. 研究型医院发展简述. 中国研究型医院，2014（1）：18-26.

为了确保研究在博物馆工作中的龙头地位，研究型博物馆应该有五大方面的基本要求。

（1）研究学科：研究型博物馆的研究应该以学术研究为主，所以要明确博物馆的学术研究学科和领域，要建设方向明确的一流学科，不应该只以博物馆本身作为研究对象。

（2）研究条件：创造学科建设所需要的硬件和相关的学科基础条件，为全行业提供研究的基础条件，如强大的有着学术价值的文物库、标本库和数据库，以及强大的学术研究必备的实验室和资料室。

（3）研究团队：组建以本馆力量为核心的、在国内外有着一定影响力的学术领军团队，并在馆里达到一定比重，形成梯队，从而打造省部级甚至国家级的重点科研基地或科研中心。

（4）研究成果：形成一批在国内外同行中有影响的、可比较的、高水平的原创性成果，并使其成为博物馆的核心技术和标志成果。

（5）学术地位：要成为行业发展的引领者，为行业贡献新的成果，进行转化，培养人才，成为行业的成果推广者、标准制定者、学术引领者。

2. 国丝的研究型指标体系

对照研究型博物馆的这五个方面的要求，中国丝绸博物馆正在加强这些方面的谋划和布局，并积极努力，希望能够做出一些自己应该做出的成绩。

（1）研究学科和方法

国丝的研究领域应是古今中外的丝绸纺织文物，我们应从大学科的角度出发，以全国或全世界所发掘或所藏同类文物为主要对象，不能只是以馆藏文物为研究对象。我们的研究应该包括几个角度：一是科技史角度，二是考古学角度，三是艺术史角度，四是文物保护角度。我们作为研究型博物馆，就是要发挥收藏实物的长处，在这几个方面的研究中，做到国内外第一；要能解决难题，产生新的科学认知和新的技术方法，完成其他科研院所、高等院校所无法完成的学术研究。

（2）研究条件和资源

我们曾以丝绸之路发现的纺织文物作为主要研究对象，提出了丝路之绸的学术领域，并加大研究基础的建设。一是加大学术性收藏，国丝的收藏

《中国丝绸艺术》（Chinese Silks）英文版，美国　《中国丝绸艺术》中文版，中国外文出版社，
耶鲁大学出版社，2012　　　　　　　　　　　　2012

虽然不是最贵重的，却是体系最为完整的，几乎包含古今中外的所有纺织材料。特别是我们还有大量体系完整的纤维、皮毛、染料、无机物等标本（包括文物标本和自然标本），以及相应的数据库，这些都是丝路之绸领域里极为重要的学术资源。二是加大设备建设的投入，包括对这一领域的专题图书馆和资料室的建设，以及对相关实验室和研究空间的建设等。目前，我们已建成了配备价值 4000 多万人民币的设备的、世界上最为强大的纺织品分析检测实验室，并向同行开放。

（3）研究团队和人才

国丝的研究团队人数不是很多，但高端人才的比例较高，高层次人才不少，人才梯队结构也相对完善。在全馆陈列保管部、技术部、社会教育部、国际交流部和办公室五大部门中，前四个都属于业务部门，特别是有一个专门从事科学研究的技术部。目前实际在岗的 47 人中，有高级职称人员 17 人，特别是有国家万人计划领军人才 1 人，浙江省特级专家 1 人，博士生导师 2 人，博士与在读博士 5 人，硕士生导师 3 人。有在国际同行学术界具有较大

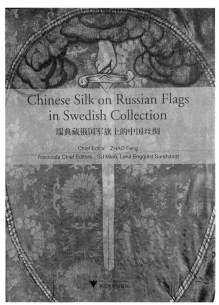

《神机妙算——世界织机与织造艺术》英文版，
浙江大学出版社，2019

《瑞典藏俄国军旗上的中国丝绸》英文版，浙江
大学出版社，2020

知名度和一定影响力的专家，同时还有若干个相互呼应、支撑的创新团队。

（4）研究成果

国丝的研究以纺织纤维、染料、织造几大板块为核心，要争取每年都有
相当数量和质量的研究项目或课题立项、结项或出版。研究成果特别要体现
在国家级和省部级的重大项目的主持和参与，重要成果的完成和发表，重点
成果的获奖，等等。目前来看，我馆历年来承担国家重大科研专项 2 项、国
家级课题 8 项（包括自然科学、社科基金各 1 项）、省部级重大项目 1 项、省
部级课题近 30 项，其他类研究项目 40 余项。与联合国教科文组织签署合作
项目 1 项，主导或参与国际重大合作项目近 10 项；2 次获得国家文化遗产创
新奖二等奖，获得国家出版基金 5 项；出版专著近 50 部，发表专业学术论文
更多（据统计，2013—2021 年的知网收入量为 132 篇）。

（5）学术地位和影响力

在国内，国丝的学术地位和影响力体现在：在文物保护方面拥有纺织品

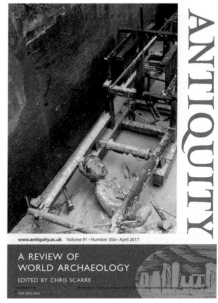

《美国费城艺术博物馆藏丝绸经面研究》，东华大学出版社，2019

《成都汉墓出土世界最早提花织机模型研究》荣登《古物》（*Antiquity*）封面文章，2017

文物保护国家文物局重点科研基地，下设遍布中外的 7 家工作站。在科技史、艺术史研究方面，我们与浙江理工大学联合建有国际丝绸学院，培养博士、硕士、学士；与东华大学有长期合作，培养博士、硕士。在丝绸之路考古与研究方面，我们即将建成丝绸之路文化研究院，在国内与浙江大学、中国美术学院、东华大学、北京大学、上海大学以及中国科学院、中国社会科学院等专业机构开展各类合作。此外，我们的国际合作十分广泛，我们担任国际古代纺织品研究中心理事，和国际文化财产保护与修复研究中心合作开展纺织品文物修复培训，组织国际丝路之绸研究联盟，开展学术交流活动。平台越建越大，并发挥了领军作用。

3. 研究型博物馆与博物馆研究的区别

尽管如此，我们还是要对博物馆的研究进行评估，以判断我们在做的究竟是研究型博物馆还是博物馆研究。我们认为，研究型博物馆与博物馆研究的区别在于以下几个方面。

成都老官山汉墓出土世界最早提花织机复原模型，2015

在研究领域方面：区别主要在于后者围绕博物馆业务或常规工作开展研究或应用性研究，不能列入正规学科，不具备普遍性，只在博物馆界适用，甚至只在本博物馆适用。

在研究阶段方面：研究可分为基础性研究、学术性研究和应用性研究，研究型博物馆的学术性研究应有相当比例，增加纯研究的比重。

在研究比重方面：在研究型博物馆的整个工作体系如收藏、展示、研究、教育中，研究这一环节应该具有突出的比重。

在研究地位方面：科学研究既是各项工作的基础，也是各项工作的引领。在研究型博物馆里这应该形成一种理念，深入人心，形成一种文化，逐渐潜移默化。这才是真正的研究型博物馆应该有的面貌。我们平时提倡的宽厚专精，其实也是研究型博物馆所倡导的一种理念和文化。

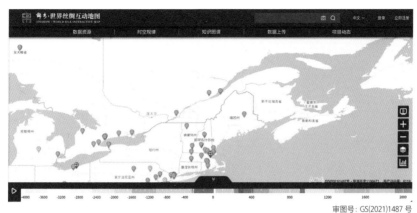

锦秀·世界丝绸互动地图平台

审图号: GS(2021)1487 号

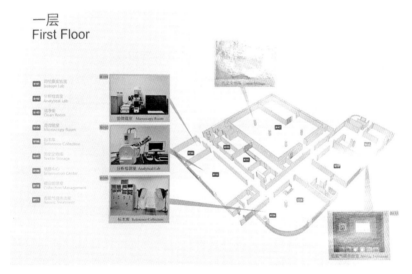

纺织品文物保护国家文物局重点科研基地各实验室分布

四、结　语

　　由于综合性大学和研究型医院规模庞大、学科丰富、资金雄厚、教研结合、综合实力较强，无疑具备较为优越的建设研究型大学和研究型医院的条件，但某些拥有一流学科的大学或是一流的专科医院，也可以在某一领域深耕发展，建成专题型的研究型大学或研究型医院。

博物馆也是如此：一些超强的综合性博物馆当然有实力建成研究型博物馆，但一些专题性的博物馆或自然科学类的博物馆也特别适合于建成研究型博物馆。

附："建立研究型博物馆的全球知识和收藏网络"宣言[①]（节选）

研究型博物馆是全球知识、生物多样性和遗产的管理者。它们的物质和非物质收藏超越文化或地理边界，为研究、教学、社会和科学参与的全球基础设施做出了贡献。研究型博物馆是科学和社会不可分割的一部分。它们的研究聚焦现代世界的全球性挑战，这些挑战在于自然科学、人文科学、艺术和应用科学等广泛的学科，以及广泛的方法。这些博物馆里的研究人员开展学术、合作和跨学科研究，丰富收藏，为了传播知识，与广大多元的公众进行对话和共同创造。博物馆研究旨在保护、记录和增加我们的自然和文化遗产，这些遗产是知识和认同的来源及全球科学和文化的基础设施。研究型博物馆以独特的方式将科学、人文、文化和社会联系起来，是支持民主、人权和全球知识社会的召集人、斡旋者和创新者。他们的创新传播、公共项目和展览触达广大民众。同时，研究型博物馆充满活力，博物馆员工积极对自身行为和文化背景持续进行自我反思。为了实现这些雄心勃勃的目标，我们致力于建设研究型博物馆全球知识和收藏网络，加强跨域连通和协作。观察世界视角的多样性，体现了我们将知识和遗产全球化的共同责任。我们切实承担责任，致力于创建和维护具有包容性、多样性和强健的知识社区和基础设施。未来需要加强科学、人文、文化和社会之间的对话，以便利用尖端科学和国际数字化基础设施，制定应对现代世界挑战的创新解决方案。我们持续推动这些发展，增强我们的机构，更加深入科学、文化和社会，履行创造更美好未来的全球责任，支持人类和地球的可持续发展。

（根据 2019 年 10 月 16 日在宁波中国港口博物馆上的演讲改写，演讲原题为"研究型博物馆的实践与思考：专题博物馆的发展之路"。）

[①]　该宣言于 2018 年 11 月由在德国柏林召开的国际研究型博物馆峰会上通过并发布。

国际化

概念、目标与评估

　　《关于推进博物馆改革发展的指导意见》（以下简称《意见》）发布以来，引起了各方面的巨大反响。《意见》多处指出，要配合"一带一路"倡议，依法依规支持"一带一路"博物馆建设，增进国际合作，加强国际表达，支持国际接轨，参与国际治理，实施世界一流博物馆创建计划，引领博物馆行业发展。虽然中国的博物馆以传承和弘扬中华优秀传统文化为己任，但如果缺少国际化的平台和话语体系，则传承之路和弘扬范围会大大受到局限。所以，"十四五"期间，博物馆的国际化平台建设应该是中国博物馆的一个考虑，应包括藏品国际化、研究国际化、展览国际化、活动国际化、团队国际化，传播国际化和标准国际化等多项内容。本文拟结合中国博物馆界的现状和动态，特别是结合中国丝绸博物馆近年来的部分实践，来谈谈几点思考。

一、国际化概念和博物馆的国际化进程

1. 国际化的概念

　　"国际化"是一个我们经常能见到的词。有多少种国际化？大致罗列一下就可以发现有产品国际化、品牌国际化、企业国际化、人才国际化、城市国际化等。

　　产品国际化是设计和制造容易适应不同区域要求的产品的一种方式，但其实质是企业的品牌国际化（global or international branding），是在国际市场

尤其是在国际主流市场建立品牌资产的过程。[①] 而品牌国际化是将某一品牌的产品通过相同的名称、商标、包装、广告策略等手段向不同国家与区域进行扩张的品牌拓展策略。它的目的就是通过品牌的标准化经营来取得规模效应，进行低成本的运营，以提高企业的经济效益。[②]

企业国际化与品牌国际化密切相关。企业国际化是品牌国际化的基础，品牌国际化是企业国际化的目的。所以企业国际化除了其产品国际化或品牌国际化之外，应该还会有销售国际化、管理国际化、融资国际化、投资国际化，这是一个联系紧密的有机整体。[③]

国际化人才是指具有国际化意识和胸怀以及国际一流的知识结构、视野和能力，在全球化竞争中善于把握机遇和争取主动的高层次人才。人才国际化包含两个层面，即不断地使用国际化人才和培养现有人才并使其达到国际化人才基本素质的要求，其核心内容是有着相当数量的国际化人才。国际化人才的基本要求应该包括六个方面：（1）具有全球视野及全球性思维模式；（2）掌握国际最新、最先进的知识、技术与信息动态；（3）具有较强的创新能力及国际竞争能力；（4）熟悉国际规则，具有较高的国际化运作能力及管理水平；（5）熟悉中外多元文化，具有良好的跨文化沟通能力及国际交流与合作能力；（6）一般具有在海外学习、培训进修及在跨国公司多年工作的经历。[④]

人才国际化也是城市国际化的重要指标。城市国际化的表述形式有很多，有国际化城市、国际大都市等多种说法。这一理论研究最早可追溯到1915年，英格兰格迪斯最早提出了"世界城市"的理论构想。1966年，英国地理学家、规划师彼得·霍尔又对这一概念做了经典解释，他认为，国际化城市专指已对全世界或大多数国家产生深远的经济、政治、文化影响且拥有巨大人口规模的国际第一流大都市。20世纪80年代中期，对国际化城市的研究在欧美、日本和东南亚地区进一步展开。其代表人物有美国地理学家沃尔夫和弗里德曼，他们分别于1982年和1986年对世界城市做了新的假说和

---

① 韩中和 . 品牌国际化研究述评 . 外国经济与管理，2008（12）：32-38.
② 陆宇莺 . 中国企业产品国际化的品牌营销策略研究 . 中国商贸，2012（6）：58-59.
③ 肖德，王玉华 . 中小企业国际化战略分析 . 理论月刊，2004（11）：144-147.
④ 徐国祥，马俊玲，于颖 . 人才国际化指标体系及其比较研究 . 上海财经大学学报，2006（3）：85-90.

理论上的全面概括：世界城市指在全球范围内，起到世界或世界某一大区域经济枢纽作用的人口规模巨大的城市；它是世界经济活动越来越向国际化推进的产物。①

当然，目前的国际化，我们主要还是指亚非等国家与欧美等发达国家的交流，随着"一带一路"的发展，国际化的概念也有可能被改写。从欧美的角度看，国际化也许可以用全球化（globalization）来替代，除了欧美就是非欧美。但美国也有国际化，早在 1966 年美国就制定了《国际教育法》，后《美国 2000 年教育目标法》又强调教育国际化，指的是要使受教育者"都能达到知识的世界级标准"。

2. 中国博物馆的国际化进程

我们在这里要讨论的是博物馆的国际化，属于某一机构的国际化，与上面讨论的企业国际化或城市国际化相对较为接近。2006 年，时任国家文物局局长、中国博协理事长的张文彬回顾了中国博物馆国际化的过程，其中提到了几个方面的工作，也可以看作几个方面的指标。中国博物馆的国际化进程表现在四个方面。一是"走出去"，在国外举办各类文物展览，展示悠久璀璨的中华文明，让世界了解中国，这是中国博物馆走向国际化的先行步骤。二是"请进来"，举办国际著名博物馆藏品展。三是加强国际合作，开展文物科技保护和培训专业人才。四是恢复中国博协与国际博协的联系，积极参加国际博协的各项重要事务，在主要大城市积极组织和开展 5·18 国际博物馆日活动。② 国际博协副主席安来顺在 2019 年接受《东南文化》主编毛颖采访时指出：国际化、高质量、可持续是今后中国博物馆事业发展的方向与战略。特别是博物馆的国际化，交流互进、借鉴融合的国际化进程，使中国博物馆成为整个世界博物馆体系中的一支重要力量；与此同时，全球化下的特色化发展将使中国博物馆更具活力，并在国际对话中形成自己的话语体系。③

① 熊世伟. 国际化城市的界定及上海的定位. 现代城市研究，2001（4）: 4-7.
② 张文彬. 中国博物馆国际化的进程回顾与展望. 中国博物馆，2006（3）: 3-10.
③ 安来顺，毛颖. 国际化、高质量、可持续：中国博物馆事业发展的方向与战略——国际博物馆协会（ICOM）副主席安来顺先生专访. 东南文化，2019（2）: 6-15.

二、中国丝绸博物馆的国际化目标

1. 国丝国际化的起步

由于丝绸自古以来就是一种国际商品，同时也是中国的国家形象或标识，丝绸之路也成为国际交流的代名词，因此，中国丝绸博物馆一直注重自身的国际化建设。除了在博物馆的日常工作如陈列展览中开展国际交流外，国丝还在科学研究方面形成了自己的特色。自 2008 年起，国丝就在积极申报联合国教科文组织的人类非遗项目"中国蚕桑丝织技艺"并获得成功；2015年又设定了申报联合国教科文组织二类中心"丝绸之路跨文化交流研究中心"的目标；2019 年，国丝先在馆里正式加设国际交流部，同时加挂"丝绸之路跨文化交流研究中心"牌子。

对于一个只有五个部门的博物馆来说，其中有一个部门定位是国际合作交流，已算是国际化比重很大了。当时，浙江省委宣传部在批件中对这一中心的国际化任务具体可归纳为"八个一"：

一个国际平台：我们的官方网站，特别是网上的丝绸之路数字博物馆；

一支国际化的队伍：国丝国际交流部及全馆的团队和以丝路之名组织的各种联盟；

一个国际化的活动：丝绸之路周，也包括丝绸之路周期间组织的相关学术活动；

一个国际大展：丝绸之路主题或是国际时尚主题的大展均可；

一个国际合作项目：目前已在实施的世界丝绸互动地图项目，也可以包括与联合国教科文组织合作的丝绸之路互动地图下的纺织服饰专卷；

一份国际性的出版物：目前是《丝绸之路文化遗产年报》，将来可以是一种丝路文化研究的出版物；

一项国际层面的培训：目前，我们和国际文物保护与修复研究中心合作举办国际纺织品保护培训；

一项国际标准：希望是一项文物保护方面的国际标准。

IASSRT 论文集，韩国，2018   IASSRT 论文集，俄罗斯，2019

2. 国丝的国际化目标

上文阐述了上级领导对丝绸之路跨文化交流研究中心提出的工作任务。但对于整个中国丝绸博物馆来说，特别是在结合了对《意见》的学习之后，要面向世界进行一流博物馆建设，我馆的国际化工作应该进行更为全面和系统的筹划，包括以下七个方面。

（1）藏品国际化

博物馆以藏品为基础，但通常博物馆的馆名或主题也会与藏品相关。《意见》第一次明确提出："要鼓励世界多元文化的收藏新方向。"所以，藏品国际化明显成了国际化平台建设的一个重要内容。这是物的国际化，是题材的国际化，也是品牌的国际化。这也很正常，藏品越是国际化，题材越是受到大家关注，国际化也越容易实现。如果藏品只是本地的，少有国外的，那么国际化的难度肯定也会大一些。除非这些地方的藏品有着唯一性，又有突出的人类文明价值，否则，藏品较难引起共鸣，博物馆也就较难国际化。中国的

"天上人间：中国浙江丝绸文化展"，法国尼斯亚洲艺术博物馆，2005

博物馆总体而言在这方面比较弱，收藏的国外藏品相对较少，但故宫博物院在历史上还藏有不少外来贡品，丝绸之路沿线博物馆也有来自丝路沿线的贸易商品，题材和藏品有着先天的优势。近年来，中国丝绸博物馆和中国国际设计博物馆收藏了大量国际时尚和设计作品，也是在开拓世界多元文化的收藏新方向。我们在收藏题材上有了一定的突破，有利于藏品国际化的推进。

"衣锦环绣：5000 年中国丝绸精品展"，布拉格捷克国家博物馆，2006

（2）研究国际化

　　有了藏品，就会有研究。博物馆本身的研究主要还是基于藏品价值认知和修复保护的研究，如果藏品本身具有国际化特征，那么自然会产生研究方面的国际合作。敦煌研究院和陕西兵马俑博物馆由于其考古和藏品的特殊性，是国内较早开展国际合作的博物馆，产生了一大批国际认同的学术成果，得到了国际文化遗产界的极大关注。中国丝绸博物馆也于 2013 年推出了国际客座研究岗位，接待国际同行前来我馆针对我馆藏品进行研究。但由于我馆倡导的是研究型博物馆，研究对象不只是本馆的收藏，还拓展到馆外。所以，我们在 2015 年提出了丝路之绸的概念，联合 20 个国家约 30 多家机构成立了国际丝路之绸研究联盟，一方面开展双边合作，如在俄罗斯北高加索地区开设了纺织品考古与保护工作站，又如与大英博物馆开展了敦煌染料的共同研究，另一方面还联合联合国教科文组织丝绸之路项目以及联盟成员，发起了"世界丝绸互动地图"国际合作项目，这是国际文化遗产领域首个由中国学者设计、主导的大型合作项目，不仅体现了研究的国际化，还体现了中国学者从跟跑到并跑到领跑的趋势。此后，我们在 2020 年启动的丝绸之路数字博物馆和 2021 年立项的"中国丝绸艺术大系"都是国际化的重大合作项目。

（3）展览国际化

展览更是任何博物馆的主打产品。《意见》说，"打造一批中国故事、国际表达的文物外展品牌"，同时，也要"实施世界文明展示工程，通过长期借展、互换展览、多地巡展等方式，共享人类文明发展成果"。这就说明，我们的展览不只是在国内，更要去国外，而且要去有影响力的场馆进行展示，同时也应该引进世界文明的展览。在这一方面，中国文物交流中心长期协调全国博物馆，向世界推出了大量的中国文明展览，具有实力的中国国家博物馆、故宫博物院、上海博物馆等大馆，也在多年以前已和大英博物馆、大都会艺术博物馆等世界一流博物馆签订了展览互换协议，每年都会推出和引进展览。每年举办的全国博物馆十大陈列展览精品评选自 2015 年起设置了海外引进和推出海外展览的评选，也说明了这一方面的推广。中国丝绸博物馆等极具中国元素、中国特色的博物馆每年都推出 2—3 个不同类型和层次的境外展览，如 2018 年阿曼国家博物馆进行的"丝、茶、瓷：丝绸之路上的跨文化交流"。同时，我们每年还会举办 2—3 次的大型引进展览，内容从世界各民族服饰到当代时尚展览，还有联合策展的丝绸之路主题展，效果显著。

（4）活动国际化

除了展览，博物馆的国际化平台还应该开展大量的活动，其中包括学术研究和展览的延伸交流。其实，中国博物馆界近年来召开的国际学术会议很多，每年全国的此类会议估计在 100 场次以上，一些大型的博物馆每年也会举办 2—3 次国际会议。即使是在新冠疫情期间，中国国家博物馆、上海博物馆和我们也策划和主办了许多国际博物馆领域的线上会议，为疫情期间的文博交流带来了光明。当然，目前的活动不只是国际会议一种，更多的是把展览、学术交流、考察、研究等放在一起进行。从 2016 年开始，中国丝绸博物馆在世界范围内巡回召开国际丝路之绸研究联盟年会，在中国杭州、法国里昂、韩国釜山、俄罗斯矿水城先后举办及计划在意大利特伦多等地举办的活动正是采用了这样的模式。2019 年起推出的天然染料双年展结合了文物展、艺术展、学术会、工作坊、体验、集市等多种形式，2020 年起则在联合国教科文组织和国家文物局的支持下推出了规模更大、形式别样的丝绸之路周活动，传播和弘扬丝绸之路精神，产生了很大的国际影响力。

2020 年丝绸之路周海报

2021 年丝绸之路周海报

希腊之夜，由希腊驻沪总领事习落实讲座，2018

（5）团队国际化

《意见》指出："要加强青年策展人培养，造就一批政治过硬、功底扎实、国际接轨的博物馆策展人队伍。"《意见》又指出："支持中国专家学者参加国际博物馆组织，积极参与博物馆国际治理。"这里很明显指的就是前面所说的人才国际化或团队国际化。

人才国际化指标体系的设立，应考虑体现人才国际化的内在要素和影响人才国际化的外在要素两大类指标。内在要素主要体现现状，包括人才数量、人才质量、人才创新能力，其中人才创新能力是一类核心要素。外在要素体现未来竞争力，包括人才使用效益、人才状态和人才环境，其中人才环境是一类核心要素。[①] 上海人才国际化的十大核心指标包括：研发人员数占从业人员的比例；在校大专及以上受教育人数占在校学生比例；大专及以上文化程度占 15 岁及以上人口比例；熟练使用两种语言以上人口占 5 岁以上人口

---

① 徐国祥，马俊玲，于颖.人才国际化指标体系及其比较研究.上海财经大学学报，2006（3）：85-90.

比例；常住外籍人口占总人口比例；研发支出占地区生产总值比例；（7）国际组织数；海外企业数；人均公共教育经费；人均卫生费用支出。

应该说，经过40多年的改革开放，我国已经积累了一大批受过国际教育和训练有素的年轻专业人员，在国际上也有了一大批同行和朋友，团队国际化已有了较好的基础。国际博协培训中心落户故宫博物院，国际博协国际博物馆研究中心落户上海大学，安来顺担任国际博协副主席，这些都说明中国在国际博物馆界的地位已大大提高。中国丝绸博物馆也在竭力打造国际化平台：一方面长期在国际古代纺织品研究中心担任理事，新近在国际博协道德委员会中担任常委；另一方面接连主导或参与创办了国际丝路之绸研究联盟、丝绸之路国际博物馆联盟、国际丝绸联盟等，并担任主席、副主席等重要职位，加大了我们在国际专业平台上的话语权和影响力。

（6）传播国际化

其实，传播都发生在各种项目和活动之中，但国际传播还需要依赖国际传播的途径和策划。根据《瞭望智库》于2020年5月18日在国际博物馆日发布的中国博物馆海外影响力2019年数据，在综合类博物馆中，故宫博物院、中国国家博物馆和上海博物馆等馆排名居前；而在专题类博物馆中，则以中国丝绸博物馆领先。总体来看，故宫博物院各项指标发展均衡，在品牌知名度、受众吸引力、行业声誉度方面遥遥领先，中国国家博物馆总体排名靠前，上海博物馆也表现优异。中国丝绸博物馆虽然总量不如前面三家，但在国际传播上由于若干题材的特色吸引了大量深度报道，在专业领域研究、历史挖掘方面呈现出较高的学术价值，同时大力开辟官方社交媒体矩阵，也取得了较好的成绩。

（7）标准国际化

中国博物馆国际化平台建设的重要内容是标准的国际化。说白了，国际化不是由自己命名的，而应该由国际同行来评判。目前来看，一个国际化的中国博物馆要得到国际同行的认同，应该有一个国际同行普遍认可的第三方评估。《意见》指出："实施世界一流博物馆创建计划，重点培育10—15家代表中国特色、中国风格、中国气派，引领行业发展的世界一流博物馆。"那么，这些世界一流博物馆的标准是什么？我认为，这里虽然可以有一个中国建议，但要得到国际标准的认可。由于博物馆类别很多，因此这个标准同时也应该是一个分类制定的标准。从总体来看，博物馆可以分成综合和专题两个大类，而专题博物馆又可以分成许多不同的类型。世界一流博物馆起码也应该分为综合和专题两个大类，就像目前高校中的双一流大学建设，包含世界一流大学和世界一流学科建设，所以，中国的世界一流博物馆建设也应该包括世界一流综合博物馆和世界一流专题博物馆建设。两个不同类型的博物馆可能会有不同的标准，而这些标准的确立应该有着不同的指标体系。其中的指标包括基础设施如藏品、展厅等硬件指标，机构设置和人员布局等资源指标，也会有合作项目及人员交流等内容，更有具体的成果，如展览、活动、研究项目、会议、培训。其他还应该包括国际综合影响力的评估指标，如学术影响力、社会影响力、公众影响力和业内影响力等多个方面。

三、国际影响力评估及我们的对策

1. 专业机构的评估

早在 2014 年，潘守永教授就组织国内专家学者对中国博物馆（展览）的社会关注度进行了专门研究。所谓社会关注度，是指在现有的文化环境下，社会对博物馆展览和传播行为的回应和反馈。他们通过对博物馆及其展览在社会上各类媒体上的呈现频率进行量化统计，计算出博物馆影响力的相对大小，进行排名通过国内主流搜索引擎百度，常用的新浪微博（关键词搜索）、微信（关键词搜索）等网络媒体，按照电视、报刊、网页、微博、论坛等关键词统计出与某一种博物馆相关的条目，此条目的总量称为"曝光率"，排行榜就据此"曝光率"加以排序。[①] 这是国内关于博物馆影响力的较早评估，却局限于在国内的影响力。

我们很早就关注到了对博物馆国际化程度的评估，曾试图以博物馆的国际影响力指数作为这一评估的指标。2017 年，浙江大学传媒学院韦路团队和中国丝绸博物馆合作申报了一个浙江省文物保护科技项目"专题博物馆国际传播影响力评估体系与提升策略研究"（项目编号：2017012）。其中提出了中

---

① 博物馆（展览）关注度研究项目组 . 博物馆（展览）关注度排行榜——2014 年第 3 季度 . 国际博物馆，2014（Z1）：132-138.

国博物馆国际传播影响力指标体系[①]，主要包括以下几个方面。

媒体报道影响力 20%：国内外文媒体 5%，国外外文媒体 15%，包括英、法、西、俄、阿五种语言。

社交媒体影响力 20%：推特词频 15%，脸书词频 5%，包括英、法、西、俄、阿五种语言。

搜索引擎影响力 20%：包括英 16%、法 1%、西 1%、俄 1%、阿 1% 五种语言的搜索指数。

国际访客影响力 20%：包括英、法、西、俄、阿五种语言的评论数量 15% 和评分均值 1%。

国际科研影响力 20%：所有论文著作总量 5%，第一单位论文著作总量 5%，所有论文著作总被引次数 5%，第一单位成果总被引次数 5%。

从 2020 年开始，国家文物交流中心联合新华社《瞭望智库》一起开始了博物馆（展览）国际影响力的发布，其中关于博物馆的评估指标如下。[②]

全国博物馆（展览）海外影响力评估指标体系

一级指标	二级指标	指标内涵说明
品牌知名度 (30%)	传播力度（15%）	海外媒体报道声量以及报道辐射国家、地区数量。
	传播效果 (15%)	海外主流媒体报道数量以及报道正向倾向占比。
受众吸引力 (30%)	话题设置力 (15%)	海外主要社交平台上相关话题曝光以及引发网民参与互动情况。
	网民认可度（15%）	海外主要社交平台帖文网民参与率以及正向情感占比。
公众服务力 (20%)	智慧服务力 (10%)	官网导览服务支持的语种数量以及是否提供线上观展服务。
	贴近公众能力 (10%)	2019 年度举办出境展览力度以及在维基百科平台上的推广丰富度。
行业声誉度 (20%)	国际学术声誉度 (10%)	谷歌学术相关文献量以及最相关文献被引用次数。
	访客声誉度 (10%)	国际知名旅行平台访客评分以及正向评论分布。

---

① 韦路，李佳瑞，左蒙 . 中国博物馆国际传播影响力评估与提升策略 . 对外传播，2019（5）：48-51.
② 文物交流智库 . 2019 年度全国博物馆（展览）海外影响力评估报告 .（2020-05-18）[2022-02-01].
　　http://www.aec1971.org.cn/art/2020/5/18/art_430_36263.html.

续表

一级指标	二级指标	指标内涵说明
展览传播力（20%）	传播力度（10%）	海外媒体报道声量以及报道辐射国家、地区数量
	传播效果（10%）	海外主流媒体报道数量以及报道正向倾向占比
受众吸引力（20%）	话题设置力（10%）	海外主要社交平台上相关话题曝光以及引发网民参与互动情况
	网民认可度（10%）	海外主要社交平台帖文网民参与率以及正向情感占比
文化服务力（20%）	智慧服务力（10%）	官网导览服务支持的语种数量以及是否提供线上观展服务
	社会推广力（10%）	2020年度举办出境展览力度以及在维基百科平台上的推广丰富度
行业声誉度（20%）	学术声誉度（10%）	谷歌学术相关文献量以及最相关文献被引用次数
	访客声誉度（10%）	国际知名旅行平台访客评分以及正向评论分布
"云展览"影响力（20%）	媒体报道度（10%）	海外媒体对于博物馆"云展览"的报道声量以及报道辐射国家、地区数量
	社交互动度（10%）	海外主要社交平台上关于博物馆"云展览"话题曝光以及引发网民参与互动情况

2. 博物馆自身进行的评估

在国内，也有许多博物馆十分关注博物馆的国际影响力，进行了自我评估及分析应对。例如，故宫博物院是在国际上影响力最大的中国博物馆，在了解到近来在国际重要公众测评机构发布的各类博物馆排行榜中故宫博物院未能入列的情况后，也开始了自我检讨。[1] 国丝也非常重视博物馆国际影响力的评估，希望从博物馆的真实需求出发来选择评估指标，特别是通过新闻和社交媒体监测了解本馆的全球媒体影响力，量化其国际知名度、美誉度和忠诚度三大指标。最后，我们通过向专业机构咨询，提出了以下三方面的指标：

（1）知名度：媒体总声量·媒体声量国家；语言分布；媒体类型分布，包括一线主流媒体、学术/行业媒体、社交媒体分布·报道话题和重点媒体。

（2）美誉度：正负面声量占比情况细分。

（3）忠诚度：正面报道的不同渠道报道量超过 2 次的媒体及社交媒体账号数量统计。

3. 国丝的应对

由此，我们采取的中国丝绸博物馆国际影响力建设的主要措施包括以下方面：

（1）提升公众影响力：针对所有公众的、跨界或无界别影响

a. 提升馆内展览的国际化水平（英文说明、英文讲解和相关资料）；

b. 增加赴国外举办或联合举办以丝绸之路或时尚为主题的临时交换展览；

c. 增办具国际影响力的大型活动、政府活动和社会教育活动，邀请在华外籍人士参加；

d. 开发各种文创商品，以文创的形式进入国际视野；

e. 招募更多的海外志愿者，吸引公众的支持；

f. 建好英文网站和虚拟数字博物馆，增加访问量，寻找海外媒体和新媒体的报道。

（2）提升行业影响力：在文化遗产界的影响

a. 馆舍特别是博物馆展厅、库房设备的国际化，或成为国际文物保护示范点；

b. 国际化藏品的交流，相互借展、共同策展、合作研究；

c. 与国际知名博物馆合作举办在国内的临时展览；

d. 建好国际丝路之绸研究中心，使其成为专业权威、设备共享的实验室；

e. 积极在国际专业领域发表成果，主办和合办国际学术会议；

f. 继续输送人员出国培训，同时打造国际客座研究员、实习生的交流平台；

g. 办好国际丝路之绸研究联盟，成立国际丝绸工业遗产联盟，积极参与其他国际专业组织及其主办的各类专业活动；

h. 法人治理机制的国际化，建立以国际人士为主的咨询委员会。

（3）提升社会影响力：经济、生活、社会的方方面面

a. 丝绸行业：积极参与丝绸主题园区或丝绸文化景区建设，推动丝绸经典产业国际化；

b. 传统技艺：加大文化创意产品研发，办成国际化的丝绸技艺培训传承中心；

c. 时尚产业：建设中国丝绸博物馆非遗分馆和时装分馆，与国际非遗项目和时尚机构进行合作，举办中国非遗和时尚的国际巡展。

（4）提升学术影响力：主要是指出版和发表的英文专著和学术论文

a. 发表英文期刊论文；

b. 出版英文或其他语言的学术专著和图录等；

c. 发表英文学术会议论文；

d. 发表英文学术报告。

时尚范

博物馆赋能美好生活

2022 年 2 月 26 日下午，我们终于在中国丝绸博物馆 30 周年的纪念日当天，在杭州时尚人气极旺的杭州大厦开出了国丝·时尚博物馆。

从 1992 年建立中国丝绸博物馆，到 2016 年改扩建时建成时装馆，再到 2022 年在杭州大厦开出国丝·时尚博物馆，中国丝绸博物馆四大特色之一的

国丝·时尚博物馆，杭州大厦，2022

杭州大厦国丝·时尚博物馆　展厅内部

时尚范，其宗旨是让文物活起来、让生活更美好，具体来说就是以专题博物馆的收藏和研究为基础，推出展览、社教等博物馆产品，发挥博物馆文化枢纽的作用，服务社区，服务大众，融入时尚圈，培养时尚审美，倡导时尚生活方式，赋能人民美好生活。

一、杭州大厦里的国丝·时尚博物馆

国丝·时尚博物馆就是中国丝绸博物馆的一个时尚专题馆，它的定位是开在城市地标里的国丝展厅。

为什么选择在杭州大厦开？创意虽然来自时任杭州市文化和旅游形象推广中心主任及国丝学术委员会委员叶虹女士，是她牵线让国丝和杭州大厦合作，但这一项目其实也符合国丝长期以来的设想和努力，到此时是水到渠成。

我们都在说，一切要以人民为中心。一类公益性事业单位的主要职能是提供公共文化服务，观众自然就是我们工作的中心。具体到博物馆，国际博协一直倡导要融入社区，服务社区。社区是一群带有一定共同特性的观众，国丝虽然有着不同的社区归属，但其中之一就是与丝绸、纺织、服饰有着关联的社区，或者说热爱服饰文化的社区，包括传统服饰或时尚服饰等多种类别。服务的方式，一是吸引社区的人们来到博物馆，二是让博物馆主动走向社区，走进社区。所以我一直说，哪里有热爱服饰文化的人群，哪里就是我们的社区，就是我们应该为之服务的对象。杭州大厦是杭州时尚品牌最为集中的地方之一，也是时尚文化人群最为集中的地方之一，是杭州时尚的标志性地点，当然可以成为我们打造时尚范的一个重地。按浙江省文物局局长杨建武的话说，国丝的时尚和杭厦的时尚，是门当户对的。

其实，博物馆走进主流商业空间的做法在国际上并不是一件新鲜事。1995年，中国丝绸博物馆在加拿大蒙特利尔举办展览时，就把一台织机放到了市中心的商场橱窗里，在那里吸引观众去参观展览。在2017—2018年，世界上顶级的时尚博物馆维多利亚与艾尔伯特博物馆把展览办到了太古广场的购物城里，在上海兴业太古汇、成都远洋太古里、广州太古汇、北京三里屯太古里和香港太古广场，举办了名为"鞋履：乐与苦"的主题展，主要展出历史上的各种鞋。[1] 当时还邀请国丝的纺织品修复师进行配合，给我带来了强烈的冲击。

再看著名的上海K11，也在商场的底层开出了艺术博物馆。虽然它是私立的文化机构，还不是博物馆的藏品，但K11的理念是新颖的，也是成功的，一方面得到了观众的喜爱，每天都有大量观众来到这里参观，另一方面大大提升了商场的文化属性，成为K11的重要标识。[2]

那我们为什么不呢？

在杭州市文旅局的牵线下，在浙江省文物局的支持和指导下，我们迅速和杭州大厦高层达成了共识，由杭州大厦拿出新B座5层的500多平方米的

[1]　"鞋履：乐与苦展览"亚洲首展 | 探讨鞋履带来的苦与乐 .（2017-09-14）[2022-02-02]. https://www.sohu.com/a/191972040_501135.

[2]　现象级项目K11，十年屹立的底层逻辑?.（2020-07-20）[2022-02-03]. https://www.sohu.com/a/408597142_100131249.

"桑蚕蛾：了不起的丝绸" 在加拿大蒙特利尔植物园展，海报及商场橱窗里的织机，1995

2 个空间，引入中国丝绸博物馆时装板块内容，在这里办国丝·时尚博物馆。而国丝则将其当作自己的一个小型分馆，设立了中外时装、国丝之窗和时尚教室 3 个区域，在保证安全的前提下，每年举办 4 个时装展览、4 个图片展览，每周推出不少于 1 期的以互动为主的时尚课程。开幕时推出的首期展览是"时尚的轮廓"，这是一个关于西方时装简史的展览，有 80 余件 / 套 18—20 世纪的中外时装藏品参展。[①] 同时，还有"锦地开光：国丝 30 年展览系列海报展"。在时尚教室里，我们将和浙江理工大学服装学院联手推出首月 4 次课程——时尚的秘密、迪奥的腰与褶、女神气质、高跟鞋的前生今世，以及银饰手工等体验课程。

---

① "国丝·时尚博物馆" 在杭州大厦开幕 .（2022-02-27）[2022-03-04]. https://www.chinasilkmuseum. com/cs/info_164.aspx?itemid=28562kmuseum.com.

国丝·时尚博物馆里的时尚教室，2022

二、国丝的时尚之路

其实，我们一直想成为中国的时尚博物馆，这个梦，已经做了很多年。实现的方式当然不是简单地改个名，而是要让人们知道，中国丝绸博物馆就是中国的时尚博物馆。为了这个目标，我们走过了几个阶段：先是从时尚收藏做起，到时尚展览，到时尚艺术展，再到国际时尚展。

其实，我们在建馆的时候，就有过一个现代的名优产品展厅，过了大约10 年之后，我们开始做了几个体现近现代服饰的展览。

1. 近现代织品和服装展

第一个展览是 2004 年推出的"时尚百年——20 世纪中国服装艺术回顾

展"①，展览由"皇朝背影"（1900—1911 年）、"缤纷世象"（1912—1949 年）、"红旗飘飘"（1949—1976 年）和"狂欢季节"（1976—2000 年）4 个部分组成，回顾 1900—2000 年中国流行时尚的变迁，展示中国百年服饰艺术的演变。此外，相关时期的流行音乐、电影、交通工具、书籍等时尚实物也作为背景同时得到反映。第二个展览是 2009 年推出的"革命 & 浪漫：1957—1978 年中国丝绸设计回顾展"。当时我馆刚好收藏了一批江浙沪生产的丝绸样本，还得到了当时丝绸试样厂里一批丝绸设计师的手稿，于是，我们策划了这个展览。整个展览着力表现了 20 世纪 50—70 年代社会主义革命和建设时期，我国（尤其是江浙沪地区）丝绸纹样设计的发展历程，展示了红色与美是怎么样在丝绸设计上进行结合的。

"时尚百年——20 世纪中国服装艺术回顾展"开幕式，2004

---

① 薛雁.时尚百年——20 世纪中国服装.杭州：中国美术学院出版社，2004.

革命＆浪漫：1957—1978 年中国丝绸设
计回顾展，2009

2. 时尚回顾展

对于资源和藏品比较紧缺的博物馆来说，我们很难获取大量考古性文物，所以我们要拓宽思路，从收集丝绸拓宽到收集所有的纺织品。我查看了世界各大博物馆里的纺织跟时装类部门，发现大家都非常关注现代板块，而且没有局限于丝绸这样的材质，所以展览才能越做越好。受到这个启发，我们认为可以从收藏开始，每年打造一个类似于"年度时尚"的主题展，通过一个展览来梳理一段历史，并且将其打造成一个品牌性的平台，能够让企业、设计师得到展示和交流，最后与中国丝绸博物馆建立友好合作关系。

也是在 2009 年，我们开始较为系统地谋划时尚收藏和展览。最后决定，从 2011 年起，每年都举办一个时尚回顾展，前面 5 期邀请浙江理工大学冯荟组成团队负责策展，每个展览都有主题，比如 2012 年的"穿越"主题，目的是寻找中国传统跟当下之间的关系；又如 2013 年的"新生"主题与 2014 年的"筑梦"主题，而"筑梦"其实与我馆的改扩建相关。2016 年，G20 杭州峰会在杭州召开，国丝也完成了改扩建，在 9 月重新开放，所以当年的主题就成了"化蝶"。这个系列的展览一直做到现在，在 2020 年第 10 个展览时，我们给的主题是"云荟"，把 10 年来所征集的时尚收藏精选后进行展览，取的是云集荟萃之意。2021 年是时尚回顾展新一个 10 年的开始，我们推出了"时尚+"系列，首个展览邀请中国美术学院吴海燕教授领衔，主题是"刺绣：当艺术走入生活"。

3. 时尚艺术展

在策划这些主题展览的过程中，我们遇到了一个问题：当展品门类要求比较全面时，很难做到每一个门类都是精品。时装类博物馆的活动策划一般有两个方向：一个是精品类，另一个是百科全书类。在推出时尚回顾展的同时，设计师表达出与我们不完全相同的愿望，我们觉得不能单纯聚焦在服饰的社会变迁上，也要反映时装艺术的变迁。于是，我们联合了时尚传媒集团和中国服装设计师协会，计划联合主办一个反映改革开放之后中国时尚艺术的大展。因为 2012 年至 2013 年刚好是中国丝绸博物馆、时尚传媒集团和中国服装设计师协会走过的第 20 个年头，所以这个展览也是为了庆祝各自的

发现·Fashion：2011 年度时尚回顾展，2017

云荟: 中国时尚回顾大展 2011—2020，2021

时间的艺术: 当刺绣穿越时尚，2022

20 周年。我们邀请了深圳职业技术学院刘君教授担任策展人，题目定为"时代映像：中国时装艺术（1992—2012）"，分为源起、交融、构筑三大板块，展示了 20 年间中国时装设计的艺术成就，代表和反映了当代中国时装设计的整体水平，宣传中国从"中国制造"到"中国设计"的转型和实力，这实际上也是对中国当代时装在全球背景下发展 20 年的一次回顾 [1]。

4. 国际时尚

除了中国的时装之外，我们同样也关注国际上的其他时尚文化，多方收集资料和藏品。从 2010 年到 2015 年，我们收集了大量的中国和西方时装，西方时装达 4 万件之多，中国织品和时装也近 2 万件。2016 年，新建成的时装馆的展陈条件得到较大改善，有临展厅和多功能厅，可以举办较大的国际时尚展览，国丝正逐步发展成一个国际化的时装类博物馆。

于是，我们在新的基本陈列中设置了"从田园到城市：西方 400 年时装展"，2017 年推出了"荣归锦上：1700 年以来的法国丝绸""绽放：蕾丝的前世今生"，2018 推出了"了不起的时代：20 世纪 20 年代的时尚"，2019 年推出了"一衣带水：韩国传统纺织品与服饰展"（与韩国传统文化大学合作）和"迪奥的迪奥（Dior by Dior）（1947—1957）"（与加拿大皇家安大略博物馆合作），2020 年推出了"巴黎世家：型风塑尚"（与英国维多利亚与艾尔伯特博物馆合作）和"燕尔柔白：19—20 世纪西方婚纱展"，2021 年则推出了"衣尚自然：服饰的美和责任"大展。

三、面向世界的时尚博物馆

我们的时尚博物馆，当然是面向公众、面向未来、面向世界的时尚博物馆。时尚从来不是在一个国家独立发生的事情，它是全球化的一个侧面。早在 20 世纪 20 年代，中国虽然有自己的海派旗袍，但大上海的时尚已开始与巴黎和伦敦的时尚同步。世界各地的著名博物馆，如大都会艺术博物馆，洛杉矶郡立博物馆、皇家安大略博物馆、日本京都服饰文化研究所（KCI），维

---

[1] 中国丝绸博物馆，等 . 时代映像：中国时装艺术（1992—2012）. 北京：中国社会科学出版社，2012.

多利亚与艾尔伯特博物馆以及巴黎时装博物馆等，都有着极为强大的时装部或本身就是时装博物馆。

英国的维多利亚与艾尔伯特博物馆可以算是其中的引领者，也是我们做时尚博物馆的一个标杆。多年来，国丝和维多利亚与艾尔伯特博物馆进行了大量的合作。最早的合作虽在 2006 年就已经开始，但当时合作的内容主要是关于敦煌丝绸研究的。到 2013 年 7 月，我们收藏了大量西方时装，所以我就和周旸前去维多利亚与艾尔伯特博物馆学习纺织品和时装的保护修复。2014 年 4 月，我又特意去往维多利亚与艾尔伯特博物馆的时装库房参观、考察、学习，为我们进行西方时装收藏做好库房准备。2014 年 12 月，我们再次派出了张国伟和徐姗禾前去维多利亚与艾尔伯特博物馆学习了两个月，学习内容涉及西方时装的各个方面，包括分类、定名、登录、系统、存放、管理等，因为这和中国服装文物的管理和研究，可以说就是两个体系，必须重新学习。

荣归锦上：1700 年以来的法国丝绸，2017

迪奥的迪奥（Dior by Dior）（1947—1957），2019

　　等到新馆启用后，国丝的时尚范特色就更加明确了。于是我们进一步推动这一方面的工作。2016 年 10 月，我们邀请了维多利亚与艾尔伯特博物馆技术部主任桑德拉·史密斯（Sandra Smith）来我馆做讲座，传授用粘胶剂进行西方时装修复的方法。同时，我们积极洽谈时装展览的引进，终于在 2019 年谈成引进巴黎世家大展"型风塑尚"，但展览刚好遇到新冠疫情，直到 2020 年秋天才得以呈现。2021 年，我们又和维多利亚与艾尔伯特博物馆的工作人员在深圳相遇并进行合作，深圳的设计互联引进了"源于自然的时尚"，我们则应邀策划了一个平行展"衣从万物：中国今昔时尚"。

衣尚自然：服饰的美和责任，2021

　　与此同时，我们也积极深度参与中国博协和国际博协的服装专委会的活动。早在 2010 年，国丝就积极参与在中国举办的国际博协大会，并邀请与会的服装专委会代表考察了国丝，此后又多次拜访专委会主席丹麦罗森堡的卡蒂亚·约翰逊（Katia Johnson）。在 2019 年国际博协京都大会上，我参加了国际博物馆协会服装专业委员会并在会上做了发言，介绍了中国丝绸博物馆在时尚方面的行动，与来自世界各地的服装类和时尚类博物馆进行互动，特别是来自日本、美国、英国、新加坡、澳大利亚和法国等地的博物馆。

　　2021 年，国丝正式成为中国博协服装专委会主任单位之后，我们一方面

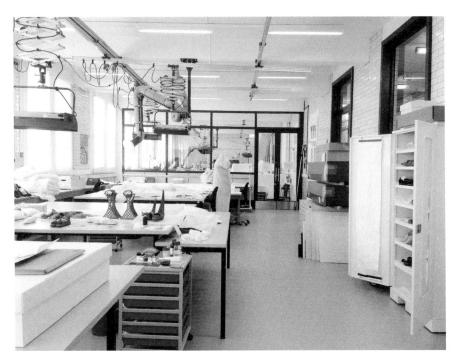

维多利亚与艾尔伯特博物馆的 Blythe House 内的纺织品修复区，2014

联合国内 100 多家同类博物馆推进各项工作，并把服装专委会扩大到所有设计类的博物馆，成立服装与设计博物馆专委会，基本可以涵盖全国的时尚类博物馆；另一方面也更为积极地代表中国同行与国际博协的服装专委会开展对话。目前，国际博协服装专委会现任主席、法国凡尔赛宫的科琳娜·蒂帕特 - 卡巴塞特（Corinne Thepaut-Cabasset）女士已向我们表达了在中国丝绸博物馆举办年会的意向。

四、面向社会的时尚影响力

　　像国际上许多纺织服饰类博物馆一样，国丝如要成为一个体系完整的纺织服饰类专题博物馆，肯定不能只有纺织服饰的古代文物，而应该包括近代、现代和当代，要连接过去、现在和未来，为纺织服饰行业做好相关工

巴黎世家：型风塑尚，2020

衣从万物：中国今昔时尚，深圳，2020

从田园到城市：四百年的西方时装，2016

作。所以，我们也据此重新修订了章程，确定了以中国丝绸为核心的纺织服饰文化遗产的收藏、保护、研究、展示、传承和创新的全链条使命。

在 2016 年中国丝绸博物馆新馆启用之前，我曾经接受过一个媒体采访，题目叫"指向时尚影响力"①，讨论博物馆在时尚圈里面到底扮演什么角色。我觉得，中国丝绸博物馆应该是一个时尚的收藏者，一个时尚的殿堂和时尚的启迪处，还应是一个对公众进行审美教育的场所，就是让观众理解什么服装是好的，什么服装是不好的。最后，国丝还应提倡对服装文化的继承跟创新，所以我们就提出了"时尚范"和"时尚影响力"的概念。

我们的愿景是将国丝打造成一座时尚的博物馆，这其实也是南京博物院龚良院长对我提出的建议。他评审我们的方案时说："你们博物馆应该做成中国最时尚的博物馆，当然中国最时尚的博物馆，不只是收藏时尚，本身这个馆也要做得比较时尚。"所以，我们馆里面也有一些活动是比较时尚的，比如

---

① 马黎.中国丝绸博物馆将重新开放，丝博之欲指向时尚影响力.（2016-08-28）[2022-03-08]. https://zj.zjol.com.cn/news/431789.html.

国际博协服装专委会成员合影，京都，2019

说在湖面上走秀；推出了"国丝之夜"，给杭州市民提供夜生活的场地，这个本身就是比较时尚的；还有一个比较时尚的锦廓咖啡，引入了晓风书屋；用我们博物馆的图案设计了很多时尚展品；我们在晚上举办多场"丝路之夜"时尚活动，有"阿拉伯之夜""波斯之夜""法兰西之夜""意大利之夜"等。这是博物馆的"时尚范"概念。浙江省博物馆陈水华馆长也说，"时尚范"其实就是与时俱进，每个博物馆都应该有这样的理念。

当然，国丝的"时尚范"还在于其本身专题就与时尚相关，所以还应该有"时尚影响力"。国丝应该是一个"时装殿堂"，是收藏、保护、研究、展示时尚最为神圣的地点，它是一个教学基地。我觉得所有学习服装、学习纺织设计的人，一生当中或者求学当中，至少要来一趟国丝。在服装类学校教程里面，西方时装是必修课，而中国服装不是，因为我们现在的服装设计和工程的主要理论和技术来源于西方，在不同地方再加上自己的文化元素。目前，国内没有其他博物馆能够提供这样的收藏来让学生学习，但国丝可以。所以，我们也在传承方面设计了很多教学活动，创建了女红传习馆，其中层次最高的是女红研修班，它是一个以成人设计师为主要对象的课程，学习的内容都可以运用到他们的设计中去。通过这些课程，我们为设计师提供信息、工艺和设计的元素，产生"时尚影响力"。

当然，"时尚影响力"更为重要的是能影响广大消费者。我们的时尚展览、时尚教室、时尚活动，想要赋能美好生活，赋能城市品质，就必须真正地融入整个时尚圈。作为中国顶级的时尚博物馆，我们在时尚圈里的定位就是经典时尚作品的收藏者、时尚史论的研究者、时尚文化的展示地，从而为时尚设计师和生产厂家提供基础教育、设计素材和灵感启示，为时尚消费者提供文化知识和提升审美品位，最后达到倡导时尚生活方式和赋能人民美好生活的目标。这就是一个时尚类专题博物馆在时尚圈里的定位和作用。

丝绸之路数字博物馆

开放共享的博物馆数字融合

2021 年，中宣部等九部委发布的《关于推进博物馆改革发展的指导意见》（以下简称《意见》）中提出了四大基本原则：坚持正确方向，坚持改革创新，坚持统筹协调，坚持开放共享。特别是在最后一条坚持开放共享原则中，《意见》要求营造开放包容的发展环境，通过区域协同创新、社会参与、跨界合作、互联网传播等方式，促进资源要素有序流动，优化资源配置，多措并举盘活博物馆藏品资源。所以，《意见》还具体提出了两个大力发展：大力发展智慧博物馆，逐步实现智慧服务、智慧保护、智慧管理；大力发展博物馆云展览、云教育，构建线上线下相融合的博物馆传播体系。这些内容，引起了各方人士的极大关注和详细解读。[①]

其实，无论是智慧博物馆还是云展览和云教育，其基础都是博物馆的数字化。智慧博物馆可以被看作数字博物馆的升级版，云展览和云教育可以被看作数字化内容的传播平台。目前，全国各级政府都在大力推进数字化改革，但对一个具体博物馆而言，究竟应如何以智慧博物馆为总体目标，以云展览和云教育为具体项目，来布置、实施和推动数字化改革？博物馆应结合自身的特点，做出自己的思考。

一、数字博物馆和数字化博物馆

要讨论博物馆的数字合作或数字融合，先要简单讨论一下博物馆数字

---

① 段勇，梅海涛．以智慧博物馆建设为抓手推动博物馆强国建设．中国博物馆，2021（4）：89-93.

化、数字化博物馆、数字博物馆、智慧博物馆等概念，以及这些概念与实体
博物馆、虚拟博物馆之间的关系。

1. 博物馆的数字化建设

一个实体博物馆能够给观众提供的基础资源主要有藏品、展览和知识三
个方面，博物馆的数字化建设其实就是把这三方面的资源数字化并进行管理
和提供服务的过程。它大致经历了信息化、数字化和智慧化（或称智能化）
三个阶段。信息化是在实体博物馆的基础上对实体的藏品、展览和知识等利
用计算机和通信技术进行管理和服务，数字化是在藏品、展览和知识等资源
数字化的基础上通过互联网对其进行管理和服务，智慧化是在博物馆数字化
的基础上通过更为先进的物联网、云计算及人工智能等提供智慧决策的一套
管理体系。

博物馆的数字化建设首先是对博物馆资源的数字化，当然这是以藏品为
中心的数字化，但其目标是以观众为中心的服务数字化，必不可少的是管理
数字化。这样就渐渐形成了博物馆的数字保护（以藏品为中心）、数字服务
（以观众为中心）、数字管理（以人员为中心）三大板块的工作。

美国博物馆的数字化建设起步较早。1998 年 1 月 31 日，时任美国副总
统戈尔提出数字地球的概念，此后世界各地开始大量出现数字城市、数字校
园、数字故宫等说法，数字博物馆概念也应运而生。甘肃省博物馆曾于 2013
年 1 月组成考察团，赴美考察调研博物馆数字化建设，他们在访问旧金山、
洛杉矶、华盛顿三地 20 余家博物馆、图书馆、艺术馆和纪念馆后形成了调
查报告[①]，其中谈到美国博物馆数字化建设的六大内容：藏品数据库系统、讲
解导览及模拟系统、博物馆网站、数字化博物馆、数字化图书馆和办公自动
化系统。同时，他们还谈到博物馆数字化建设的四大目标：馆藏资源数字化、
文物管理和信息传播网络化、办公决策现代化和科学化、高水平专业人才队
伍建设。这里可以清晰地看到，美国博物馆数字化建设的基本工作内容和目
标大多是基于各实体博物馆自身资源进行的数字化建设。通过其数字化而建
成的网上虚拟博物馆，其实就是将自身的数字资源在网上进行展示和服务的
一个平台。

---

① 王裕昌，廖元珉，赵天英 . 美国博物馆及其数字化建设的启示 . 中国博物馆，2013（3）：82-88.

2. 智慧博物馆的目标

在博物馆数字化发展到一定程度之后，人们又提出了建设智慧博物馆的概念，但这个概念也一直没有标准的定义。

贺琳、杨晓飞在分析我国智慧博物馆建设现状时这样描述：智慧博物馆突破传统博物馆建设发展模式，有效融合先进成熟技术优势，以博物馆建筑为平台，以文物及观众为中心，采用系统集成的方式，将普适通信技术、实时控制技术、人工智能技术与博物馆各元素有机结合，形成一个集建筑结构、信息系统、业务服务、资源管理于一体的最优组合，从而为文物及观众提供随时、随地、随身的数据智能融合服务。[①] 很明显，这里的智慧博物馆建设是以博物馆建筑为平台，即针对某一实体博物馆而言的。

针对智慧博物馆建设的众多尝试，张小朋力图在明确智慧系统的基础上，梳理人们在博物馆中建立智慧系统的条件。理想的智慧博物馆就是不需要人工干预而由信息系统控制运行的博物馆，管理者只是这套系统中按指令运行的一个重要部件。[②] 说白了，智慧博物馆的实质是一个管理模式，是一个加载了智慧管理系统的实体博物馆。

但王春法认为，这样的模式在很大程度上低估了新一代信息网络技术对博物馆的影响与改造能力，所以智慧博物馆应该是在融合博物馆信息化建设和数字博物馆建设成果的基础上，利用最新信息网络技术而形成的博物馆运维新模式，其重点是解决最新信息网络技术下"人—物—空间"数据融合共享与智慧应用的问题，其功能需求应该包括智慧库房、智慧文保、智慧展示、智慧导览、智慧传播、智慧楼宇、智慧管理、智慧大脑等。[③] 从上述八个需求中提到的库房、楼宇等来看，这还是一种针对实体博物馆的智能运维。

3. 数字化博物馆和数字博物馆

我们回头再来看数字博物馆的概念。前面所说的博物馆数字化建设和智慧博物馆建设实则上都是针对实体博物馆而言的数字化和智能化，当然这

---

① 贺琳，杨晓飞. 浅析我国智慧博物馆建设现状. 中国博物馆，2018（3）：116-126.
② 张小朋. 论智慧博物馆的建设条件和方法. 中国博物馆，2018（3）：110-115.
③ 王春法. 关于智慧博物馆建设的若干思考. 博物馆管理，2020（3）：4-15.

也是博物馆人对自身所做的博物馆工作的本能思考。按我们的理解，这样的博物馆数字化，只是把一个实体博物馆的藏品、展览和知识等各种资源进行数字化，再通过互联网在云上进行传播和提供服务，虽然其中也会涉及保护和管理方面的事务，但本质上是实体博物馆在"云"上形成的一个数字镜像，或可以称为数字孪生，郑霞称其为数字化博物馆，这是指博物馆数字化完成之后的一个结果，但不是真正的数字博物馆。[①]

真正的数字博物馆概念应该与数字化博物馆不同。陈刚指出，数字博物馆就是建立在数字空间（cyberspace）中的一个虚拟博物馆。既然叫博物馆，它也应该具有实体博物馆的收藏、展示、研究和教育功能，只不过它收藏、展出和研究的是以数字形式保存的藏品信息。所以，一个真正的数字博物馆应该有属于自己的数字藏品、存储空间、策展工具和展示平台。数字化博物馆其实是一个实体博物馆利用数字技术改进藏品征集、保护、研究、传播和展示以及博物馆内部管理过程的一个结果，与建立于数字空间之上、以数字形态存在的数字博物馆相比，二者根本就是不同类型的两个概念。[②]

实体博物馆和数字博物馆的比较 [③]

	实体博物馆	数字博物馆
藏品征集	发掘、采集、收购、捐赠、交换、调拨等	数字藏品采集、模拟信息转换、信息交换等
藏品保管	需要库房、文物柜架。易损，毁损原因复杂，保存与修复困难	需要计算机，磁带、磁盘、光盘等存储设备。利用数据冗余和编码技术，可做到数据无损保存
展示传播	展柜陈列，方式单一，互动性差。采用巡展方式，速度慢，影响范围小	采用多媒体、虚拟现实和三维技术，生动形象，可实现高度互动。采用网络传输，速度快，影响范围大
研究	直观，易发现藏品细节，但相互比对困难，相关性研究不易	检索、比对、统计方便，容易在文物相关性研究中获得突破
开放性	差	好

---

① 郑霞 . 数字博物馆研究 . 杭州 : 浙江大学出版社，2016 : 27.

② 陈刚 . 数字博物馆概念、特征及其发展模式探析 . 中国博物馆，2007（3）: 88-93.

③ 陈刚 .

从数字博物馆的这一概念出发，陈刚认为，从数字博物馆到智慧博物馆的发展是以人为本理念在博物馆领域深入实践和物联网等新技术在博物馆领域应用普及的必然结果。他还提出了"智慧博物馆＝数字博物馆＋物联网＋云计算"这一模式，从数字博物馆到智慧博物馆的发展，其实是以数字为中心的数字博物馆向以人为中心的智慧博物馆的转化。[①] 很显然，这里的智慧博物馆是一个不以实体博物馆为基础的数字博物馆，是一个建立在虚拟博物馆基础上的智慧博物馆。

宋新潮关于智慧博物馆体系建设的文章也许最能代表行业高层对智慧博物馆的解释，也是一个最为完整全面的阐述。文章通过比较分析博物馆"物—人—数据"基本要素及其信息传递模式，揭示了实体博物馆、数字博物馆和智慧博物馆的基本内涵，给出了智慧博物馆的基本概念，提出了智慧博物馆的特征分析模型，最后结合云计算、物联网、大数据、移动互联等新一代信息技术的发展，从智慧服务、智慧保护、智慧管理三个方面阐述了智慧博物馆发展的基本模式。特别值得注意的是，宋新潮在文中把智慧博物馆的定义分成狭义和广义两种：狭义地说，智慧博物馆是基于博物馆核心业务需求的智能化系统，其实就是一个实体博物馆的智能化系统；但广义地讲，智慧博物馆是基于一个或多个实体博物馆（博物馆群），在文物尺度、建筑尺度、遗址尺度、城市尺度和无限尺度等不同尺度范围内搭建的一个完整的博物馆智能生态系统。[②] 所以，广义的智慧博物馆可以包括基于实体的和虚拟的数字博物馆的智慧博物馆。

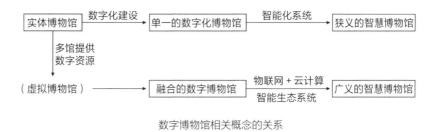

数字博物馆相关概念的关系

---

① 陈刚. 智慧博物馆：数字博物馆发展新趋势. 中国博物馆，2013（4）: 2-9.
② 宋新潮. 关于智慧博物馆体系建设的思考. 中国博物馆，2015（2）: 12-15，41.

二、数字融合和丝路数博的提出

1. 数字博物馆的融合模式

陈刚在比较中外数字博物馆的建设时，从其数字藏品信息来源和互动展示内容组合方式出发，把数字博物馆分为三种模式：单馆模式、群馆模式、组合模式。单馆模式以本馆资源为数字化信息组织单位，主要是将本馆藏品进行数字化及网上展示，这是数字博物馆发展的初级阶段。国内大部分博物馆自行发起的数字博物馆建设基本处在这个阶段，实质是博物馆的数字化平台或数字化博物馆。群馆模式是指一些大型的、中心的博物馆将其辐射范围内或相同类别博物馆的网站链接在一起，形成大型的网站群，扩大影响，增加浏览量，但这种数字博物馆并未将其包容的各博物馆的数字内容进行整合和重新布局，只是一个信息化整合的方式，亚洲的日本、中国等国家的数字博物馆目前主要采用这种模式，所以这一模式也被称为"亚洲模式"，我国的大学数字博物馆建设是其中的典型代表。组合模式是现阶段数字博物馆发展的最高水平，它以博物馆群资源为数字化信息组织单位，欧洲、北美发达国家目前的数字博物馆主要提倡这种模式，所以这一模式也被称为"欧美模式"。[①] 但我所了解的北欧博物馆的数字系统并没有博物馆的空间展示形式，它更像是一个数据库或平台，或者说更像是一个数字图书馆，把同类的书都放在网上，同时标出该书收藏地的方位。

在我看来，群馆模式只是把拼合了若干实体博物馆的资源放到一个网上，谈不上是一种模式。所以，真正的模式只有两种：一种是基于单个实体博物馆资源独立、门户独立的数字化博物馆的独立模式（即单馆模式）；另一种是基于多个实体博物馆在云上进行合作而产生数字博物馆的融合模式（即组合模式）。一种是各自为战，另一种是打散重构。我认为，只有后一种，才是在坚持统筹协调和开放共享原则下的改革创新之举，是共商、共建、共享的博物馆数字融合或数字合作模式。

茅艳曾探讨"互联网＋博物馆"业态的三种融合特征：第一种是单个博物馆内部的跨专业融合，其实是一种博物馆内数字化管理的业态；第二种是博

---

① 　陈刚. 数字博物馆概念、特征及其发展模式探析. 中国博物馆，2007（3）：88-93.

物馆与公众的知识融合，可以被看作单个博物馆进行数字化服务的业态；第三种特别重要的业态是博物馆之间的共享融合，茅艳称其为"地域文化博物馆群"，它在管理和观念上与传统的博物馆会有极大的冲突。但"互联网＋博物馆"依托数字化技术，可以在数字空间里实时地沟通，融合不同门类、不同位置的各种博物馆，共享文化遗产数据，构成虚拟的地域文化体系。[①]这种文化体系，与陈刚所说的组合模式或是我所说的融合模式相同，才是真正的数字博物馆。

2. 数字融合模式下的丝路数博

如前所述，一般实体博物馆的数字化建设都是在各个独立博物馆的内部进行的，特别是围绕藏品进行数字化建设。而我们的想法是，当每个博物馆都进行了数字化建设之后，更应该打开思路，在博物馆之间进行数字合作，进行数字融合，让各个博物馆不再是资源与数字的孤岛，而成为相互联系的整体。

2019 年 6 月，中国丝绸博物馆正式成立了国际丝绸之路与跨文化交流研究中心。中心有八项主要任务，其中第一项就是以"丝绸之路网上博物馆"为主的网络平台。根据当时的设想，其主要内容包括：丝绸之路博物馆珍贵文物数据库、作为基本陈列的丝绸之路百物展、丝绸之路数字临展等。这其实就是我们对丝绸之路数字博物馆的总体构思，要集合丝绸之路沿线或相关博物馆的藏品资源，搭建一个有数字库房，有基本陈列，并可以推出临时展览的平台。

2020 年年底，我在上海大学成立国际博物馆研究中心时提出了"共建丝绸之路数字博物馆"的想法[②]，之后又于 2021 年年初在泉州海上丝绸之路博物馆开馆时正式发出了"共建丝绸之路数字博物馆"的倡议[③]，博物馆正式定名为丝绸之路数字博物馆，简称丝路数博，英文名为 Silk Road Online Museum，缩写 SROM（中文可以谐音称为"数融"或"数融博物馆"），并正式设计了标识。整个标识外形如同带有东方情调的建筑，同时也是一个 M，但此 M 两

①　茅艳，祝敬国 ."互联网＋博物馆"业态探讨 . 中国博物馆，2018（4）：109-113.
②　赵丰 . 在国际博物馆研究中心成立大会上的自由发言 . 上海：上海大学，2020.
③　赵丰 . 博物馆传播丝绸之路精神：丝绸之路博物馆联盟—丝绸之路周—丝绸之路数字博物馆 ."博物馆与海上丝绸之路"主题论坛演讲 . 泉州：泉州海上丝绸之路博物馆，2021.

侧由 R 和 S 的造型形成，中间是 O 的造型，合起来就是 S-R-O-M。2021 年 4 月，我又在香港北山堂举办的一次会议上向国际博物馆同行发出了倡议。其起因和目标也正是追求全球博物馆之间的数字合作与融合。

首先，共建丝路数博是为了更好地开展丝绸之路沿线及相关博物馆之间的交流与合作，打破实体博物馆之间藏品资源与线下空间的限制，实现线上互通和共享。从目前来看，丝绸之路绵亘万里，经沙漠、绿洲、草原、海洋等线路，交通多有不便，语言常有不通，学术亦易阻隔。所以，使用藏品的数字信息进行多种线上合作，如展览或是出版物，就会变得较为容易。

其次，丝路数博为策划国际合作展览提供方便，可优化借展流程，降低运输成本和风险，创造更多数字展览，让平时不易示人的藏品资源通过数字呈现出来。特别是在近年新冠疫情的情况下，博物馆之间的人员交流、展览交换更为不便。所以，利用数字平台进行数字策展，可以举办较多的线上展览，展示不同博物馆的藏品，用多家博物馆的藏品来讲述丝绸之路的故事，传播丝绸之路精神。

最后，由于这个数字博物馆是一个真正意义上的数字博物馆，有着自己的数字藏品，有着自己的策展工具，有着自己的展示平台，因此，它可以为高等院校的博物馆教学和各博物馆的人才培训提供学习和实习的策展平台，锻炼和提高相关人员的展览策划与设计能力。

我们认为，通过设立丝绸之路数字博物馆，我们不只是为了倡议共建一个数字博物馆，更为重要的是要提出一个从数字合作到数字融合的理念。我们提出的是共商、共建、共享的三共模式：共商丝路发展，共建丝路数博，共享丝路资源。这里其实是利用各博物馆已有的数字化成果，在一个虚拟的数字空间建设一个真正的数字博物馆，实现数字融合，贯彻开放共享的理念。

3. 丝绸之路数字博物馆的架构

丝绸之路数字博物馆是由中国丝绸博物馆发起，国内外多家丝绸之路相关博物馆参与合作，在云上构建的一个虚拟博物馆，它的使命是集合国际丝绸之路沿线及相关博物馆的数字藏品资源和丝绸之路相关数字知识，构建具有策展和设计功能的数字平台，在云上直接生成丝绸之路相关展览，传播丝绸之路文化，弘扬丝绸之路精神。同时，这一数字博物馆的平台还可以从丝绸之路沿线拓展到所有博物馆，从而推动国际博物馆界的数字合作和融合。

在这一目标下，我们的丝路数博的总体架构分为四大板块：一有收藏，即"数字藏品"资源库；二有展示，即"数字展览"资源库；三有教育，即"数字知识"资源库；但最为重要的是有策展，即"云上策展"平台。策展人可以用此平台在资源库中选取数字藏品信息，依据资源库中的相关数字知识，实施即时内容策展和形式设计，形成后的展览可以纳入数字展览的资源库。凡利用 SROM 平台策展形成的展览，我们都将其称为 SROM 三维展或数融三维展。

（1）数字藏品。第一批向 41 家国内外丝绸之路相关博物馆征集的数字文物，构成了体现不同时间、不同空间、不同材质、不同题材的丝绸之路文物资源库。每件文物有若干不同角度的清晰图片，最为理想的是三维影像扫描或影像，同时附有中文或英文详细说明。

（2）数字展览。我们将其分成三个类型：一是平面展览，以图文介绍为主，也有图片翻页式展览，可插入辅助音频与视频；二是虚拟展览，数字化存档全球博物馆过往的丝绸之路相关实体展览；三是三维展览，即没有线下实体的三维展览，可以用专门软件进行建模和设计，或者用 SROM 平台策展形成，均可在线上进行展示。

（3）数字知识。收集汇总与丝绸之路相关的各种专著、文物研究、报告、出版图录等，也可以是音频、视频、课件等各种形式的数字作品，供一般观众或是策展人阅读和使用，有利于博物馆学术资源的社会性传播与推广。

（4）云上策展。以任何形状的虚拟空间为对象，将参与共建的博物馆的实体临展厅转成虚拟展厅。使用者可在数字博物馆的数字藏品系统内选择藏品进行设计、策展和呈现。

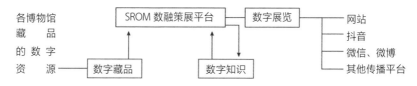

丝绸之路数字博物馆总体构架

黄洋曾归纳云展览的三种类型：图文在线展、实景三维展、三维虚拟展。其中，三维虚拟展的定义是：基于文物的数字化信息，一个博物馆或多个博物馆跨馆合作，选取某一主题对信息进行组合加工，供观众浏览。这类展览并没有对应的线下实体展览，而是按类别或主题汇集了较为丰富而原本又十分零散的博物馆藏品信息。这类展览通常适用于线下没有足够空间，或者线下较难实现的实体展示，通过线上空间建模、场景再现，让更多观众看到一个主演绎式的展览。从最终呈现方式上又可以分为两种不同形态：一类是通过建模等方式在线上模拟一个展厅空间，另一类是没有模拟展厅。[①] 对照他的分类，我们的 SROM 策展属于有模拟展厅的三维虚拟展，但 SROM 是在云平台上直接建模，不需要安装专门的软件，方式大大简化，成本也会降低。

三、丝绸之路数字博物馆的建设

丝路数博虽有数字藏品、数字展览、数字知识和云上策展四大板块，但其中最为重要的是数字藏品和云上策展两大块，策展人可以用此平台选取藏品实施即时内容策展和形式设计，最后渲染成三维的展览实景。

1. 博物馆合作下的数字藏品征集

和传统的实体博物馆一样，数字博物馆的基础就是数字藏品，所以我们首先就得征集数字藏品。通过不同途径发出共建丝路数博的倡议后，我们得到了热烈的反响。到目前为止，我们的数字藏品板块已集合了 41 家国内外丝绸之路博物馆等机构，其中国外 22 家，国内 19 家，收集了涵盖不同时间、不同空间、不同材质、不同题材的近 2000 件丝绸之路珍选数字藏品。这些机构中有英国的大英博物馆、大英图书馆，法国罗阿讷约瑟夫·德切莱特博物馆，丹麦国立博物馆，俄罗斯国家历史博物馆，希腊塞萨洛尼基考古博物馆，保加利亚普罗夫迪夫地区民族志博物馆，塞尔维亚贝尔格莱德国家博物馆，美国芝加哥艺术博物馆、克利夫兰艺术博物馆、旧金山美术馆，阿根廷国家东方艺术博物馆，日本平山郁夫丝绸之路美术馆，韩国国立庆州博物馆，泰国诗丽吉王后纺织博物馆，印尼雅加达海事博物馆、万隆巴杜加博

---

① 黄洋. 博物馆"云展览"的传播模式与构建路径. 中国博物馆，2020（3）：27-31.

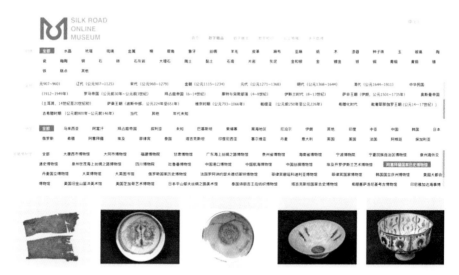

SROM 数字藏品板块

物馆，菲律宾国家博物馆，碧瑶科迪利亚博物馆，塔吉克斯坦国家古史博物馆，阿塞拜疆国家历史博物馆，埃及开罗伊斯兰艺术博物馆等；国内博物馆则有大唐西市博物馆、大同市博物馆、敦煌研究院、福建博物院、甘肃博物馆、广东海上丝绸之路博物馆、贵州省博物馆、海南省博物馆、宁波博物院、宁夏回族自治区博物馆、泉州海上交通史博物馆、泉州世茂海上丝绸之路博物馆、上海博物馆、四川博物院、吐鲁番博物馆、云冈研究院、浙江省博物馆、宁波中国港口博物馆、中国航海博物馆等。所有博物馆的藏品资源由参与丝路数博项目的合作博物馆授权，仅用于数字博物馆。

2. 与技术团队合作打造的云上策展平台

丝路数博的另一个重点就是搭建云上策展平台。在平台建设的初期，我们虽有云上策展的概念，却没有想到目前云上策展的平台还是很不成熟。在调研了 10 多个国内外已有的策展平台后，我们没有找到一个现成的可以直接用于丝绸之路数字博物馆的平台。因此，从 2021 年 2 月开始，我们与杭州群核信息技术有限公司进行合作。杭州群核信息技术有限公司是全球领先的云设计软件平台和"软件即服务"（SaaS）提供商，专注云设计系统及三维内容制作的技术研发和应用，面向家居、房产、公装、展厅、博物馆等全空间领域。我们合作在酷家乐设计平台文旅赛道上推出了"数字展览云设计工具"，为数字博物馆搭建了一个以博物馆为对象的云上策展平台，我们将其称为 SROM 平台或数融平台。它支持三维虚拟场景随心设计、场景快速专业打光、一键渲染漫游视频、数字展览全景漫游。这个平台不仅与丝绸之路数字藏品库相连，还有提供大量展柜和展台的展具素材库，以及包括地毯、墙布、灯光和玻璃等在内的装饰素材库，策展人和设计师可以随意调用这些素材，使得云上策展更为简单，效果更佳。

与此同时，中国丝绸博物馆王伊岚应用 SROM 平台策划了丝绸之路数字博物馆的揭幕展"霞庄云集：来自丝绸之路的珍品"。中国古诗中有"霞庄列宝卫，云集动和声"之句①，霞庄是指云汉，霞庄云集也就是云展览的意思。这是第一个用 SROM 平台进行策展和设计的虚拟三维云展览，于 2021 年 6 月 18 日第二届丝绸之路周开幕式时正式上线②。虚拟展厅约 2000 平方米，展览分为草原丝绸之路、沙漠绿洲丝绸之路、海上丝绸之路和佛教丝绸之路四个单元，展出来自 17 个国家、47 家博物馆的 79 件 / 套藏品，每件文物都有背景简介、细节详述、名词释义，并辅以故事趣闻。在这个三维展览中，观众可以在云上三维展厅中漫游、查看三维展品、阅读展品介绍、观看相关视频、学习丝路知识、增进丝路认知，体会东西文明交流之密切与生生不息。其文物材质多达 30 余种，不乏需要海关重重检视的国宝级珍贵文物、难以运输的壁画、易碎器皿，但在网上的三维虚拟展里，文物们得以相聚云端。③

展览开幕之后的 6 月 20—21 日，在由中国丝绸博物馆主办的"丝绸之路与数字化策展"策展人研修班中，我们特别安插了"策展平台"的培训环节，对来自丝绸之路沿线合作博物馆的同行进行了策展培训。到 2022 年年初，上海大学的安来顺教授也在研究生实习课程中专门加入了两周的丝路数博策展实习，这是丝路数博第一次进入大学的博物馆策展课程。约 20 位同学两两

① 《乐府诗集·郊庙歌辞七·唐享先蚕乐章》。
② 丝绸之路数字博物馆的官网网址：https://iidos.cn/museum.
③ 童笑雨. 丝绸之路数字博物馆开馆，系全球 40 余家博物馆共建.（2021-06-18）[2022-03-02]. https://new.qq.com/omn/20210619/20210619A03G3000.html.

结对，完成了多个小型展览的策划。学生可以通过 SROM 平台进行策展的学习和实践操作，并生成展览作品，教师也可以直接点评与指导学生的策展思路与策展手法，从而帮助教师解决高校中的策展教学缺少实践的难题。

SROM 数字藏品板块

首个在 SROM 平台上完成的丝路数博揭幕展"霞庄云集：来自丝绸之路的珍品"，2021

SROM 丝绸之路云上策展大赛海报，2022

3. 丝绸之路数字博物馆的特点和意义

我们认为，丝绸之路数字博物馆的特点和意义表现在：

其一，丝路数博第一次在实践中打破了世界各地博物馆的空间阻隔，构建了一个有收藏、展览、教育以及策展功能的丝绸之路数字博物馆。

其二，丝路数博第一次搭建了云上策展 SROM 平台，学习者可以在虚拟博物馆中实现从设计展厅空间、挑选藏品，到最终呈现展览的整个过程，提高策展能力，使得策展难度大、运输费用高、展厅设计精美的国际展或大型展在线上成为可能。

其三，丝路数博在理念上突破了常规性的博物馆数字化建设的思路，把重点放到数字合作和数字融合上来。这有助于打通各博物馆间的资源壁垒，促进资源要素的有序流动，优化资源配置，多措并举盘活博物馆藏品资源，使跨界、跨领域、跨空间的合作更为便利。

四、数字丝路文化：国丝数字合作的重要项目

目前，中国丝绸博物馆的数字化建设还在继续推进。除了本馆的数字化和智慧化之外，我们特别注重以数字融合为理念的数字化改革，希望能推进博物馆发展的理念、技术、手段、业态创新。所以，我们在浙江省人民政府的数字化改革清单中加上了"数字丝路文化"一项，这是唯一一个列入浙江省政府数字化改单清单的数字融合项目，跨出省界并跨出国界。

在"数字丝路文化"这一项目之中，我们以数字融合作为基本理念，又主推三种形式。第一种是以 SROM 平台为技术支撑、以博物馆合作的数字藏品为基础的丝绸之路数字博物馆项目，上面已有很大篇幅的介绍。第二种是以地理信息为平台的数字化项目，这个项目以科技部"十三五"重点研发项目"世界丝绸互动地图关键技术研发和示范"为基础，立足全球视野，在全面调查和科学认知的基础上，构建世界丝绸知识模型，研制世界丝绸互动地图时空信息云平台"锦秀·世界丝绸互动地图"，从中可以探寻世界丝绸起源、传播与交流的时空规律，并传播世界丝绸知识。这一项目将于 2022 年年底完成，现在也时有示范，在 2023 年会正式上线。第三种是较为传统的数据库形式，我们在实施和计划实施的项目也有若干。一是与联合国教科文组织世界遗产中心合作的丝绸之路数字档案项目（Digital Archive of Silk Roads，DAS），以联合国教科文组织为主导进行了五次丝绸之路考察，并以丝绸之路世界遗产申报为主收集其数字档案。二是"中国丝绸艺术大系"数据库，拟收集全世界所藏的中国丝绸文物的数字信息归于一库。无疑，我们会继续沿着丝绸之路与丝绸之路相关学术机构包括博物馆、考古所、大学、研究中心等进行各种合作，以凸显博物馆和文化遗产的数字融合。

（感谢中国丝绸博物馆王伊岚、杭州群核信息技术有限公司洪珊珊在策划、实施项目以及论文写作过程中提供的资料和帮助。）

博物馆的品牌建设

博物馆品牌是其综合品质的体现和代表，是人们对博物馆的综合评价和认知。博物馆的陈列展览、社会教育、科学研究、文创服务等均可以形成品牌，各种品牌的有机集合可以成为博物馆品牌。

中国丝绸博物馆一直有着强烈的品牌意识，也在展览、研究、教育、合作、服务和传播方面创立、推广、管理、运营着一批自身的品牌。如展览方面的丝绸之路主题展、年度时尚回顾展，教育方面的女红传习馆、丝路之夜、丝绸之路周、国丝汉服节、全球旗袍日，科研品牌中的酶联免疫蚕丝检测、高效液相色谱鉴定染料、丝蛋白加固技术，国际合作中的国际丝绸之绸研究联盟、世界丝绸互动地图、丝绸之路数字博物馆、丝绸之路数字档案。

所有这些品牌都是国丝品牌的重要组成部分。

一、品牌的特点和博物馆品牌

1. 品牌的定义

品牌通常指商业品牌，可分为狭义和综合两种。

狭义的品牌是"用以识别一个或一群产品或服务的名称、术语、象征、符号或设计及其组合，使其与其他竞争产品或服务相区别"[①]。品牌是一种商业用语，品牌注册后形成商标，企业即获得法律保护并拥有其专用权。

综合的品牌是一种错综复杂的象征，它是品牌属性、名称、包装、价

---

① American Marketing Association Dictionary, retrieved 2011-06-29.

格、历史、声誉、广告方式的无形总和。品牌同时也因消费者对其使用者的印象以及自身的经验而有所界定。甚至有人说：品牌是消费者对于产品属性的感知、感情的总和，包括品牌名称的内涵及品牌相关的公司联想。①

目前，总体上人们对品牌的定义有越来越大的延伸。例如：从根本上来说，品牌是一种承诺和信任；品牌是消费者对产品属性的感知、感情的总和；品牌是基于物质产品（或服务）、消费者的体验感知、符号体系及象征意义等要素的系统生产、互动沟通、利益消费而形成的，独特的利益载体、价值系统与信用体系。②

2. 品牌的要素

品牌的价值和要素，其实都可以从两个角度出发来考虑：一是从外部的用户出发，二是从内部的自我出发。

外部品牌要素理论以凯文·莱恩·凯勒（Kevin Lane Keller）为代表。他认为，品牌要素指的是那些用以标记和区分品牌的商标设计。主要的品牌要素应包括：品牌名称、统一资源定位系统（URL）、标识、图标、形象代表、广告语、广告曲、包装和标志符号。而内部品牌要素理论则以莱斯利·德·彻纳东尼（Leslie de Chernatony）为代表，他用品牌金字塔模型将品牌的要求由低到高的层次概括为：特性、利益、感情回报、价值观、个性品质。还有一种理论称为全面品牌要素理论，它将品牌要素分为基础要素（包括产品自身、产品形象、产品延伸）、核心要素（品牌发展、品牌功效、品牌行为、市场指标）、延伸要素（横向延伸、纵向延伸、社会延伸、定位延伸）、传播要素（广告传播、公关活动、营业推广、人际沟通）、个性要素（文化特征、企业机制、品牌决策、支持能力）。以上所有品牌要素构成了品牌运行的价值链。③

3. 博物馆的品牌

目前，学界对博物馆讨论较多的是具体的文创等产品品牌，对其综合品牌却讨论不多。其实，博物馆品牌（museum brand）是社会大众对博物馆感

---

① Achenbaum, A. A. The mismanagement of brand equity. ARF Fifth Annual Advertising and Promotion Workshop, 1993.
② 胡晓云. "品牌"定义新论. 品牌研究, 2016（2）: 26-32, 78.
③ 田云彦, 郭正卫, 宋永高. 品牌要素构成理论综述. 现代商业, 2010（29）: 45-46.

知（感觉、感情和口碑）的汇总，是博物馆客观存在的形象、知名度、良好信誉，也包括博物馆的一系列有形或无形的产品，这些在观众心目中构成了博物馆的个性特征和整体形象。^①具体来说，博物馆品牌包括有形的产品和无形的产品：有形产品具有物质形态，包括文创产品、印刷品或出版物等；无形产品不一定有具体的物质形态，主要包括展览和教育活动，如展览是其最大的产品，讲解、讲座、体验、娱乐休闲也都可以算是无形产品。博物馆产品是博物馆产品品牌的载体，而博物馆的产品品牌又为建立博物馆品牌的最终目标奠定基础。^②

博物馆的整体品牌基本可以等同于我们所说的 IP。由于博物馆的使命在创建初期已经过反复论证，已十分明确，因此我们所面对的博物馆品牌，并非要创建品牌，只要维护和运营品牌。但是，博物馆的相关产品如展览、教育活动、文创品牌，无论是无形的还是有形的，都是现在的博物馆人正在创建的新的产品品牌，所以它应该有以下特征：（1）精确的定位（功能、形象认识）；（2）鲜明的特色（个性、品质认知）；（3）优异的业绩（成果、绩效）；（4）持久的好评（知名度、美誉度和忠诚度）。

二、国丝品牌墙

自 1992 年中国丝绸博物馆开馆以来，除了国家级的馆名之外，我们还打造了一系列有形或无形的产品品牌，其中有相当一部分品牌，我们专门为其设计了标识，并将其作为品牌建设的一个方面。30 年馆庆之时，我们做了一面品牌墙，凡是有标识的品牌都被挂在墙上。

1. 中国丝绸博物馆

中国丝绸博物馆的品牌最重要的就是馆名。当年，在国家旅游局立项建设"丝绸博物馆"时，前面并没有"中国"两字。但朱新予和王庄穆两位先生的眼光十分敏锐，在他们的努力下，中国丝绸公司批复了"中国丝绸博物馆"

① 阿姆布罗斯，佩恩.博物馆基础.郭卉，译.南京：译林出版社，2016：444.
② 管晓锐.博物馆品牌营销的理念与实践——以新西兰国家博物馆为例.长江文明，2022（2）：83-89.

国丝品牌墙，2022

中国丝绸博物馆的第一款标识，沈弘彬设计，1992

中国丝绸博物馆（NSM）

的馆名，使得国丝出身一下子"高贵"了许多。当时，中国丝绸公司经理陈诚中先生又托赵朴初先生题写了馆名。国丝两次自主设计了标识。现在的标识选取了"帛"字进行造型演绎，以双线印章字作为表现形式，字形同时也是 CSM，即 China National Silk Museum 的缩写，象征着中国丝绸发展的历史印记。这是一个标识度较好也较好看的品牌形象。

　　除了标准的名称和标识，我们还专门规定了自己的简称。简称也很重要，平时有许多人称我们为丝博、丝博馆、中丝博、丝绸馆等，有时也会和别的地方混起来，所以我们就把中国丝绸博物馆简称定为国丝馆或国丝，英文也简称 NSM（National Silk Museum），并请中国美术学院许江院长为我们题写了简称。

　　除了馆名，我们还细分了博物馆的产品品牌，可以分成机构品牌、平台（合作）品牌、活动品牌、展览品牌、科研品牌、服务品牌等几个系列的品牌。有些品牌不一定有标识，如展览、科研，但其中如机构、平台、社教和大型活动等，由于长期会以同一名称重复举行，因此我们都尽量设计标识。下面做一介绍。

2. 机构品牌

（1）中国纺织品鉴定保护中心（Chinese Center for Textile Identification & Conservation，CCTIC）：2000 年 4 月成立，其主要职能是针对全国各地出土及传世纺织品文物进行鉴定和保护工作的研究和实施。这是我馆最早推出的一个挂牌机构，其标识以英文缩写"CCTIC"字母为主体，以盘长结的形式组合而成。

中国纺织品鉴定保护中心
（CCTIC）

（2）纺织品文物保护国家文物局重点科研基地（Key Scientific Research Base of Textile Conservation, NCHA）：2010 年 10 月成立，集纺织品文物保护的科学研究、技术开发与转化、标准与规范研究、服务咨询、信息、培训教育为一体。其标识以英文名称缩写 TCB 为主体，外形近"印"字，与中国丝绸博物馆标识"帛"字呼应。

纺织品文物保护国家文物局
重点科研基地（TCB）

（3）国际丝绸之路与跨文化交流研究中心（Institute for Intercultural Dialogue on the Silk Roads，IIDOS）：2019 年 6 月正式成立。该中心以丝绸之路文化遗产为核心，开展研究、保护、传承、弘扬等工作，为国内外同行特别是丝绸之路沿线国家和地区提供合作和交流平台。

国际丝绸之路与跨文化交流
研究中心（IIDOS）

（4）国丝时尚博物馆：中国丝绸博物馆携手杭州大厦，于 2022 年 2 月 26 日即馆庆 30 周年纪念日共同打造了国丝时尚博物馆。其标识整体造型采用女士礼服形式，同时也象征汉字的"衣"字。上衣和裙摆一起形成 F 和 M，是时尚博物馆（Fashion Museum）的英文首字母缩写。

国丝·时尚博物馆

3. 平台品牌或合作品牌

（1）国际丝路之绸研究联盟（International Association for the Study of Silk Roads Textiles，IASSRT）：由中国丝绸博物馆发起，于 2015 年 10 月 12 日成立，全球 16 个国家 40 余家机构和著名学者参与，是主要针对丝路上的丝绸纺织服饰进行合作研究的国际合作专业网络。其标识直接用一根丝带连起 IASSRT 六个字母，简洁明了。

国际丝路之绸研究联盟（IASSRT）

（2）手艺传习博物工坊：由中国丝绸博物馆发起，协同全国 64 家文博机构于 2019 年 4 月在杭州共同倡议，成立"手艺传习博物工坊"，利用博物馆社教平台，加强交流互鉴，推动博物馆在传统手工艺传习、教育方面的持续发展。其标识邀请著名学者孙机先生题名，以王㐨先生研究的八角星纹（织机经轴侧面形象）为主要形象设计而成。

手艺传习博物工坊

（3）中国博物馆协会服装与设计博物馆专业委员会（China Museum Association-Costume and Design，简称 CMA-CAD）：中国博物馆协会下属的一个专委会，2021 年起其秘书处设在中国丝绸博物馆。其标识外形如同一顶中国古代的冠帽，同时也隐含"CAD+M"的字母。

中国博物馆协会服装与设计博物馆专业委员会（CMA-CAD）

（4）丝绸之路数字博物馆（Silk Road Online Museum，SROM）：2021 年由中国丝绸博物馆发起、18 个国家的 41 家博物馆参与合作在云上构建的一个虚拟博物馆。整个标识外形如同带有东方情调的建筑，同时也是一个 M，但此 M 两侧由 R 和 S 的造型形成，中间是 O 的造型，合起来就是 SROM。

丝绸之路数字博物馆（SROM）

4. 社教活动品牌

（1）女红传习馆：于 2016 年 G20 杭州峰会期间为接待各国领导人夫人而设立，开设以纺织服饰相关传统工艺为特色的课程。分为编织、印染、刺绣、缝纫、服装五大主题，采用分众化设计，面向少儿、成人、纺织服饰和手工艺从业者开设不同程度的传习课程。女红传习馆请工艺美术设计大师、原中央工艺美术学院院长常沙娜先生题写，其标识为线板形状，是传统女红使用的工具，正与女红主题相吻合。

女红传习馆

（2）丝路之夜：自 2016 年 10 月起，国丝策划推出"丝路之夜"主题活动，打造文化讲座、音乐、舞蹈、美食等多元文化融合的主题性夜间活动，向公众展示丝绸之路沿线各国、各地区、城市、遗址点的丝绸历史、纺织技艺和时尚文化。标识上可见"丝路"两字的正反呈现。

丝路之夜

（3）经纶讲堂：2018 年起开始，我们邀请国内外专家做客经纶讲堂，为普通观众、博物馆同行、专业技术人员等带来各类主题系列讲座，常配合重要展览与大型活动举办，是辅助展览等的重要社教形式。其标识以繁体的"经纶"两字做基础进行变化：一是经纶犹在，二是"纶"字更像一个讲堂式的建筑。

经纶讲堂

5. 活动品牌

（1）国丝汉服节（Chinese Costume Festival）：自 2018 年开始举办，每年一次，活动为期两天，由展厅导览、专家讲座、文物鉴赏、汉服之夜、银瀚论道、萌娃走秀、手工艺集市等环节组成，为广大传统服饰爱好者搭建互动平台，共享文物资源。标识采用女性传统服饰中的云肩为外形，文字为颜真卿字体。

国丝汉服节

（2）天然染料双年展（Biennale of Natural Dyes, BoND）：中国丝绸博物馆于 2019 年开始举办第一届天然染料双年展，吸引了来自 22 个国家和地区的近 200 位相关领域的学者、艺术家、工匠、企业家、爱好者，是国内外以天然染料为主题的最大型的集展览、研讨会、工作坊、市集于一体的活动。

天然染料双年展

（3）丝绸之路周（Silk Road Week）：2020 年 6 月，我们举办了首届"丝绸之路周"，已连续举办两届。其标识主体为生有双翼的飞马珀加索斯（Pegasus），翅上的五色来自平山郁夫有关丝绸之路的绘画中的彩色系统，以呼应东西方文化交流的丝路主题。

丝绸之路周

三、打造博物馆品牌的若干思考

1. 全面建设博物馆整体品牌

博物馆的整体品牌如馆名和定位一般都已早早定了，关键就是运营好这个品牌，包括品牌建设、运行和营销。从一个博物馆馆名到做大做强名称背后的无形资产和价值体系，这是一个系统工程，涉及方方面面。在这一方面，新西兰国家博物馆已成为全球博物馆界机构运营管理的一个经典案例，其博物馆品牌运营可包括以下四个方面：品牌定位、品牌管理、品牌销售和品牌传播。[①]

在这四个方面中，品牌定位也许是最为核心的一步，这一步必须由博物馆建设者本身来做。品牌建设的第一步就是明确定义博物馆的身份，要说明的问题是："我是谁？"对博物馆身份的文字描述要准确、清晰又规范，要有清晰的博物馆使命陈述。视觉设计要醒目、显个性、有美感，使其在世界博物馆同行中拥有较高的认知度、美誉度和品牌价值。

相比之下，另外三个方面则可以委托品牌经营团队来实施。例如，品牌管理中可以设置相应部门，发布品牌手册；品牌销售中要进行市场调研，开

---

① 管晓锐. 博物馆品牌营销的理念与实践——以新西兰国家博物馆为例. 长江文明，2022（2）: 83-89.

新西兰国家博物馆的博物馆品牌内容

博物馆产品类型	产品内容	销售部门 / 岗位	品牌
有形产品	咖啡餐饮	零售部	有形产品品牌
	文创产品	零售部	
无形产品：文化服务活动	藏品和文献资料查询和使用授权	藏品部	无形产品品牌
	社教公共课程、讲解导赏、展演活动	教育部 / 项目协调员	
无形产品：设备设施服务	馆内会议室等会场租赁、"故事屋"等儿童体验室租赁、停车场场地使用	会展部 / 项目协调员	
无形产品：展览	巡展项目	市场营销推广部 / 巡展项目经理	

发文创产品；品牌传播中可以借助旅游市场的传播，也可以借助员工本身进行传播。

2. 以创新意识创建博物馆产品品牌

除了整个博物馆的大 IP，其实在博物馆内部，都可以创建许多小的新品牌。把一件工作做成一个品牌，把一个展览做成一个品牌，虽然需要机会，但更需要激情、智慧与信念。这里的激情是要设定目标，创造一件新生事物，它是有特色的，不同于以往的和别人的。智慧是要有规划，有设计，有预谋，有平衡。而信念是长期的，是重复的，如果没有 10 年的准备，就不要做博物馆品牌。

如天然染料双年展的创意，就源于我和法国国家科学院多米尼克·卡登（Dominique Cardon）教授于 2017 年冬在法国里昂的一次早餐对话。卡登教授是世界上最为有名的天然染料和染色史的专家，多部著作已奠定她在这一领域的绝对地位。她同时又是这一领域的引领者和组织者。我就向她提出要一起打造一个天然染料的双年展，集研究、展览、交流、推广于一体。她欣然接受，并对简称 BOND 大加赞赏。于是，我们就作为联合主席一起策划了这一活动，世界绞缬组织主席和田良子又建议把 O 改成小写，变成 BoND，中国美术学院郑巨欣教授设计了标识。目前，这一活动已举办了两届，成为全世界最大的天然染料活动。

3. 品牌要有形象设计

品牌需要对比，是人们在接触展览等博物馆服务以及进行相关宣传时，通过和心目中已经熟悉的同类博物馆展览和服务对比形成的，对展览和服务的识别印象和对比感受。因此，没有对比就没有品牌。在这个时候，就需要有整体的形象设计，特别是标识的设计。每一个标识都能代表不同的产品特性、不同的文化背景、不同的设计理念、不同的心理目标。

如我们在 2018 年推出的国丝汉服节，目的是打造一个不一样的汉服节，所以在 2019 年就进行了一次标识征集。我们发出了征集令，要求这个标识在体现汉服特色、汉服节宗旨的同时，也和国丝本身的标识有所呼应。征集得到了热烈的反响，我们收到了 70 多份设计稿。最后，我们在一等奖获得者汤簌簌的作品基础上，吸收了国丝馆方和专家的意见，最后得到了定稿：以柿蒂如意云为基本结构，中间是汉服的右衽交领，加上颜体的"国丝汉服节"文字。

4. 品牌需长期而稳定的运营

品牌必须稳定至上，适度创新，因为核心价值是品牌资产的主体部分，品牌运营的中心工作就是清晰地彰显这一核心价值，并始终不渝地坚持和加强这一核心价值，让博物馆的每一个展览、每一场活动、每一次传播都为品牌做加法，向观众和参与者传达我们的核心价值。只有在长期而稳定的运营和建设之下，品牌才能达到目标，形成效果。

如我们于 2000 年开始推出的时尚回顾展，目标是通过一个展览，梳理一段历史，积累一批藏品，打造一个平台，锻炼一支队伍。我们一开始就表明起码要做 10 年。这样，每年岁末，国内时尚界的大咖和爱好者，都在同一个时间参加年度时尚回顾大展，畅谈一年成就，展望来年趋势，国丝时尚的盛宴，就渐渐这样形成了。

四、结　语

博物馆品牌建设的效果，必须进行评估。而评估的最重要方面，一是对内，二是对外。对内要看品牌是否能提升和完善其功能，是否能长期坚持或改善其质量，是否能保持和提升其核心价值。对外则要看观众和社会对博物馆品牌的知晓度、美誉度和忠诚度。

　　培养品牌的目的是希望此品牌能变为名牌，一个博物馆的品牌建设最终目的是让其成为名牌博物馆，所以必须借助于高质量发展、创新性发展，同时在数字化管理和智慧化服务上努力，成为真正的名牌博物馆，创造更多的博物馆名牌产品，助力人类社会的可持续发展。

　　（根据 2021 年 7 月 27 日在新疆、西藏的博物馆培训班上的讲座改写，讲座原题为"博物馆的品牌建设与社会影响力：以中国丝绸博物馆为例"。）

弄 机

迢迢牵牛星，皎皎河汉女。

纤纤擢素手，札札弄机杼。

——古诗《迢迢牵牛星》

百衲收寸锦

国丝 30 年收藏之路

　　百衲是指用许多小片的碎布料拼缝成的一件大的衣物，如包裹布，或袈裟，或水田衣，在今天可以被称为拼布。敦煌文书中有关于"百衲经巾"的记载，所谓"百衲经巾"其实就是用于包佛经的包袱布 。苏轼《监试呈诸试官》诗云："千金碎全璧，百衲收寸锦。"[①]完璧一碎，可成千金，百片寸锦，方为一衲。

　　藏品是博物馆的基础，这对于任何博物馆都一样，中国丝绸博物馆也不例外。但国丝的收藏品主要与丝绸、纺织和服饰相关，正如一件百衲，由千百片碎布或寸锦拼合，形成一个完整的收藏体系。

　　从 1987 年筹建处起，国丝馆藏完全是从零开始。中国丝绸博物馆 0001 号藏品是一件民国北方绣红绣花裙，腰 44 厘米，长 83.6 厘米，下摆 84.3 厘米，丝质，基本完好。1988 年 6 月，该裙由张志鸿和沈国庆从嘉兴高振业处收购，价格为 120 元整，后定为三级文物。到 2021 年年末，最新的一件藏品是金家虹的作品《绣》（2021.128.1）。就这样，国丝馆藏从无到有、从少到多、从残到好，迄今已超过 7 万件 / 套。回头看，一丝一缕，恒念物力维艰；一布一绸，常思来之不易。

---

① 苏轼《监试呈诸试官》：缅怀嘉祐初，文格变已甚。千金碎全璧，百衲收寸锦。调和椒桂酽，咀嚼沙砾碜。广眉成半额，学步归踸踔……此外，杨万里《胡季亨赠集句古风，效其体奉酬》：秋气集南涧，清风来故人。遗我一端绮，桃李不成春。大句干元造，高词媲皇坟。百衲收寸锦，一字买堪贫。苦恨中国丝绸博物馆 0001 号藏品：民国北方绣红绣花裙邻里间，良觌渺无因。今日是何朝，始闻扣柴荆。黄菊有佳色，寒水各依痕。且共欢此饮，重与细论文。何以报佳惠，山中有白云。

中国丝绸博物馆 0001 号藏品：民国北方绣红　中国丝绸博物馆 2021.128.1 号藏品：金家虹
红缎地绣花裙，1988　　　　　　　　　　作品《绣》，2021

一、古代文物

　　最初，国丝最为重要的目标是收藏文物。中国 5000 多年的丝绸历史，总得有一些古物打底作证。

　　1988 年，中国丝绸博物馆筹建处刚成立后，国家文物局和纺织工业部就分别以〔88〕纺丝字第 2 号文件和〔88〕文物字第 149 号文件的形式发文通知各地纺织工业局和丝绸公司以及相关单位，支持中国丝绸博物馆征集丝绸历史文物和藏品。1989 年 5 月，国务院又以国办通〔1989〕29 号文件批复国家文物局和纺织工业部的联合发文，同意中国丝绸博物馆在全国征集丝绸文物。

　　记得有一次我在省文物局开会，当时的浙江省文物局博物馆处傅传仁处长（后来成为主持国丝工作的常务副馆长）为国丝开出了一份清单，要走遍全国的博物馆去寻求支持。有了国务院的批文，总是名正言顺一些，但真的要文物，谈何容易。"上穷碧落下黄泉，动手动脚找东西。"在我馆初期的征

国丝筹建处成员赴江西征集文物，1989

集文物清单里，有来自内蒙古集宁路元代窖藏出土的 3 小片丝绸，还有兰州市博物馆的 2 小片丝绸残片，极为珍贵。1990 年 2 月，通过福建省文化厅的帮助，我们获得了福建省博物馆（现福建博物院）和福州市博物馆的支持，得到了福州黄昇墓和茶园山墓出土的 18 件南宋丝绸服装和残片，极为珍贵。此外，1991 年，江西德安县博物馆（现德安博物馆）捐赠了南宋时期的 22 件丝织品。我馆终于有了第一批藏品，这为国丝的收藏奠定了扎实的基础。

　　我当时在浙江丝绸工学院（现浙江理工大学）丝绸史研究室工作，中国丝绸博物馆是我的导师朱新予先生极为关注的项目，所以我从筹建处建立之初就参与了相关的工作，特别是陈列文本和文物征集的工作。有一次，小朋友们在参观我馆后留下了感想："在中国丝绸博物馆看到的除了破布，还是破布。"但这些"破布"，都是极为珍贵的残片。回顾我们早期的收藏之路，真是一条残片之路，但这也是我馆的成长之路，路上有几个重要节点特别值得回忆。

傅传仁（左三）、赵丰等赴新疆
征集文物工作照，1989

1. 新疆之行：批文 + 友情

　　地处大西北的新疆位于丝绸之路的要道，当年遗留的文物很多，且当地气候干旱，文物保存较好，学术价值也比较大，所以新疆成为我们征集的一个重点地区。1989 年夏天，中国丝绸博物馆筹建处的李善庆和张敬华凭借国务院的批文，请曾在新疆工作过的老领导周铁农带队，奔赴新疆联系文物征集事宜。当时，我们坐了三天三夜的火车来到乌鲁木齐，又跑去了吐鲁番、和田等地的博物馆和文化遗产保护研究所（文保所），以及新疆维吾尔族生产丝绸的一些村落。

　　我馆的文物征集工作得到了新疆维吾尔自治区有关领导的大力支持。1990 年，新疆维吾尔自治区文物考古研究所、新疆维吾尔自治区博物馆和新

对耶律羽之墓出土丝绸文物进行鉴定，
1993

疆吐鲁番地区文保所的相关工作人员回访尚未建成的国丝，带来了 35 件楼兰及阿斯塔那等地出土的汉唐时期丝织物。这是我馆第一批数量较多的、有明确考古信息的丝绸文物，十分珍贵。

2. 与内蒙古的合作：技术换资源

与新疆相比，内蒙古属于草原丝绸之路，也是出土丝绸极为丰富的地方。我馆较早地得到了出自集宁路窖藏的 3 片元代丝织品，以及通辽墓地出土的 16 件辽代丝绸的馈赠。

1992 年开馆之后，我们接到了来自庆州白塔考古队的邀请，希望我们鉴定白塔天宫发现的辽代丝绸文物。正在鉴定回访之时，我们刚好遇到耶律羽之墓被盗，清理出大量丝绸文物，于是我们又开始进行耶律羽之墓出土丝绸文物的鉴定、保护、研究工作，这项工作我们做了好几年，经手文物量达到 600 余个编号。[1] 为了答谢我们的技术服务，内蒙古文化厅于 1996 年正式同意赠予我馆一批珍贵的丝绸文物，数量达到 50 件。

3. 梦蝶轩

梦蝶轩向我馆赠送的丝绸文物也可以算是一种技术换资源的实例。梦蝶轩的卢茵茵和朱基伟是香港知名的文物收藏家，以收藏金银器为主。2004 年，为举办"松漠风华：契丹艺术与文化"展览，他们邀请我馆修复师前去香港中

---

① 赵丰.辽耶律羽之墓出土丝绸鉴定报告.杭州：中国丝绸博物馆鉴定报告，1996.

辽盘金绣团窠卷草对雁罗袍残片

梦蝶轩辽代文物捐赠仪式，2010

文大学进行相关丝织品的修复。^① 当展览举办完成之后，梦蝶轩将相关的丝
绸文物 75 件／套全部捐赠给了我们。2010 年秋，我馆专门举办了"金冠玉饰
锦绣衣：契丹人的生活和艺术"展览，当时也举办了接受捐赠的仪式。后来，
这一展览还去北京大学赛克勒考古与艺术博物馆展出过。

二、近现代传世品

当然，地下出土的文物总是有限的，而且我们得到文物的过程也越来越
难。于是，我们把关注点放到了近现代传世品上。这里的"近现代"其实不
是一个严格意义上的历史概念，而是从收藏的角度所说的能在一般环境里保
存下来的生活或生产用品所处的年代。近现代传世品既不是对耶律羽之墓出
土丝绸文物进行鉴定保护研究，1993 年梦蝶轩辽代文物捐赠仪式，2010 年革
命与浪漫：1957—1978 年中国丝绸设计回顾，2009 年作为古董保存下来的文

①　香港中文大学文物馆．松漠风华：契丹艺术与文化．香港：香港中文大学出版社，2004.

物，也不是新购置的用品，其年代范围大约是从民国到改革开放之前。

1. 百年箱底之物

其实我们刚开始建馆的时候，就开始征集现代名优丝绸产品，但这些产品大多是面料，为生丝白坯，品质虽好，但观赏性不强。

刚过了千禧年，我们觉得应该做一场体现 20 世纪时尚变迁的展览。以

民国蓝灰色印花卉纹平纱短袖旗袍，杭州市民梁一香   俞尔秉捐赠《真丝印花图案》内页
捐赠，2004

此为契机，我们开始从民间征集这一时期的服装。因为这些服装很有可能还压在人们家中的箱底，所以我们在 2004 年年初发布了展览通告，并号召大家在家里面寻找自己收藏的宝贝，捐给国丝。

在杭州这样一个有着极重丝绸特色的城市里，自然有许多市民有这样的收藏。经过《钱江晚报》上《翻开你的老箱底》一文的宣传，许多杭州市民从家里面翻出了压在箱底多年的衣物，向我馆咨询、反馈，形成了一波小小的捐赠高潮。有些人家里还有一箱子甚至两箱子的东西，我们就去市民家里查看。其中有一位是 80 多岁的梁一香大妈，她丈夫是从南洋回来的，家境比较殷实，还藏着两大樟木箱的西装和旗袍，保存得也很好，全部捐给了我馆，共 45 件 / 套。等到展览开幕的时候，我们已经收到来自 20 多户人家的400 多件实物。另有一位黄政先生，他在这次展览之后，又从家里找出衣物，前后一共给我馆捐赠了 3 次，总数达 177 件 / 套之多。[①]

2. 革命年代里的浪漫设计

对于近现代丝绸文物，也就是从中华人民共和国成立后到改革开放前的实物，大家的关注度一直不够。我先是在香港的地摊上看到了一组丝绸样本，后来又追寻这条线索，了解到在上海还有一批丝绸样本，最终找到了上万件 20 世纪 50—70 年代前后的丝绸样本。

正在此时，曾是杭州胜利试样厂丝绸品种设计师的俞尔秉告诉我，他收集了不少与丝绸设计相关的小样稿，他把它们贴在一起，形成了 20 多册。大家可能不知道，在新中国成立后的丝绸生产过程中有一个流程叫打样，比如在中国进出口商品交易会上，丝绸要出口，首先就需要给客人打样，拿出一个范本，顾客满意后才能下单生产。当时，江浙沪每个城市都有一个国营的试样厂，集中了最优秀的一批丝绸设计师，为国家的丝绸贸易从事工作。俞尔秉拿来的是设计师们自己留用的样本册，保存的样稿主要是"文革"时期的设计稿，和试样厂里存藏或是上报的样本册不一样。他当时就把这些样本捐给了我馆，后来我们就从这些设计师的手稿出发，结合当年的丝绸实物，做了一个展览，题目就叫"革命与浪漫：1957—1978 年中国丝绸设计回

---

① 薛雁. 时尚百年：20 世纪中国服装. 杭州：中国美术学院出版社，2004.

顾"①。因为当时可以说是一个革命的年代，但对于丝绸设计师来说，他们需要呈现美，所以要把革命的题材和浪漫的形式结合在一起，这是那个年代的丝绸设计的特色，非常珍贵。

最终，这批藏品的数量几乎数以万计，藏品囊括了杭州胜利试样厂、杭州丝绸联合印染厂、都锦生丝织厂、上海第七印染厂、苏州丝绸科学研究所等当时主要丝绸设计厂家或机构的资料。

3. 常沙娜和她的同事

常莎娜是常书鸿的女儿，长期担任中央工艺美术学院（现清华大学美术学院）院长，她当然也是染织美术的设计师和教育家。1959 年，她带着两位同事黄能馥和李绵璐一起去了常书鸿担任所长的敦煌研究所，在那里她们一起临摹了大量敦煌壁画上的丝绸图案，大约共有 400 幅，整理后出版了专著《中国敦煌历代服饰图案》②。这批图案的手稿非常珍贵。大概是在 2010 年的

常沙娜敦煌历代服饰图案临摹原稿作品捐赠仪式，2012

---

① 徐铮 . 革命与浪漫：1957—1978 年中国丝绸设计回顾 . 香港：艺纱堂 / 服饰出版，2009.
② 常沙娜 . 中国敦煌历代服饰图案。北京：中国轻工业出版社，2001.

某一天，我突然接到常沙娜老师的电话，常沙娜老师说想把这批手稿捐给我馆。我们非常欣喜，觉得很是难得，尽管这批手稿只是今人对古代丝绸图案的一些临摹，但还是对今天的丝绸设计起到了很大的作用。

后来，我们在接收常老师的捐赠之后专门举办了一个展览，名称就叫"沙鸣花开——敦煌历代服饰图案临摹原稿展"。之后，常老师又办了很多类似的展览，名称多为"花开敦煌"。

三、当代作品

当代作品是当下由企业、厂家、设计师、工艺师、艺术家等设计和生产出来、用于日常生活或艺术展示的产品和作品，甚至是专为博物馆定制的收藏品，其年代大约在改革开放之后。对于丝绸纺织服饰行业而言，如果今天不去收藏的话，明天再去收藏就相当困难，有很多东西可能就找不到了。所以，征集当代作品也非常重要，这正是国际博物馆协会所提倡的"为明天收藏今天"的理念。

1. 名优产品：计划经济体制下的收藏渠道

如何收藏当下生产的实物，我们也进行过一些尝试。

早在我馆筹建时，纺织工业部和中国丝绸公司就发文给全国的丝绸和丝绸相关企业，要求提供丝绸实物，但是当时大家收藏较多的是名优产品，就是各地品质比较好的产品。这些产品大多是由当时的体制评选出来的，通常是原材料半成品。比如，中国的生丝当时是世界上最好的，都冠以"梅花牌"，品质为 5A 级甚至 6A 级，每个厂提供的都差不多，一般人看过去基本没有什么差别；再如很多白坯面料，如双绉、桑波缎、素绉缎，这些都是我国出口国际市场最常见的丝绸面料，但因为都是白坯，收藏虽多，展示性不强。当收藏达到一定的数量和规模之后，再继续收藏意义就不是很大了。再后来，整个丝绸生产和管理体制迎来改革开放，民营企业大量出现，连这样的收藏渠道也变得困难起来，所以我们就基本停止了名优产品的收藏。

2. 年度时尚回顾：年度时尚收藏

真正启动对当代实物的收藏，特别是大量的多品种、多色彩的时尚面料以及各式各样的服装收藏，是 2010 年前后。当时，整个丝绸行业规模慢慢地缩小，我们认识到，中国丝绸博物馆如要继续服务当下、融入当下，必须拓展我们的收藏主体。

当时，我已参观了世界上的许多博物馆，不仅有大型的百科全书式博物馆，还有大量专题博物馆，特别是纺织服饰类博物馆。我发现，单一的丝绸博物馆基本上以某个企业为场地，并以这一地区的行业协会为支撑，做成一个具有纪念性的博物馆。由于整个周边纺织服饰产业的业态改变，加之大量居民的迁出，它就会渐渐缺乏活力。而位于城市中心的大型博物馆，周边的社区往往是纺织服饰的消费者，所以博物馆里的服装时尚板块还是非常重要的，而且这类博物馆每年都在收藏当下的服装。

经过反复思考和论证，我们觉得必须拓展中国丝绸博物馆的内涵，要向外延展。这个延展就是从丝绸延展到所有的纺织品，从丝绸的面料延伸到所有的服饰。如果有了这样的突破，我们对当代的收藏就会变得比较广泛。

从 2010 年开始，我们开始筹划举办一年一度的时尚回顾展。我们与时任中国服装设计师协会（以下简称协会）主席李当岐达成了共识，要收藏所有的中国著名服装设计师的作品。凡是进入北京时装周年度时尚大奖，包括金顶奖和最佳男装以及最佳女装等奖项的作品，我们都要收藏。协会要求当年新获奖的设计师捐赠一套获奖作品给我们收藏，同时帮我们联络往届已经获奖的设计师，征集已获奖作品。通过这一合作，我们形成了一种机制，获得了当下几乎所有知名服装设计师的作品。同时，我们还和生产服装面料的企业进行合作，这得到了国家纺织面料开发中心李斌红主任的大力支持。此后，全国优秀服装面料的生产企业每年也有作品进入我馆的收藏。

除了设计师和企业，我们还和学校等机构合作，凡是他们最新的作品，我们都有机会选择收藏，包括一些与重大事件有关的服装和纪念品，如重要的运动会、外交活动，甚至是重要的学生大赛的服装和纪念品。这些我们都会适当选择。同时，我们和浙江理工大学一起建立了一支团队，把每年收藏的实物办一次回顾展，通过展览把当年的时尚主流、实物内容、与设计过程相关的人和事都记录下来。通过每年一个展览，梳理一段历史，收藏一批作品，同时建立一个平台，即博物馆和企业、设计师的合作平台，最后还要培

"初·新：2019 年度时尚回顾展"，设计师捐赠仪式，2019

育一支团队，即一支从事当代时尚收藏、研究和展示的策展团队。[①]

3. 艺术家的定制作品

　　对于时尚作品的收藏，国丝还有一个途径——艺术展览，这类展览一般是国际性的。与服装直接相关的展览是 2018 年启动的全球旗袍邀请展，其契机是配合杭州市文化和旅游局举办的"杭州全球旗袍日"活动。我们主动邀请全球各地的设计师以中国旗袍为主题来设计服装进行展出。迄今为止，全球旗袍邀请展已做了"山水""庆典""如诗""视界"四场，征集来的旗袍也有了百余件之多。

　　当然我们要求的旗袍展品总体来说，必须有旗袍的基本型，符合大家对旗袍的基本共识。在此之外，设计师可以创新。一是面料的创新，设计师可以应用各个地方的特色面料，如韩国、印尼、乌兹别克斯坦等地的设计师作品，都采用了各自的传统或特色面料。二是款式的创新。

　　除了旗袍，我们还有很多纤维染织的艺术展。如国际绞缬联盟 2018 年

在我馆举办了绞缬大展，展览结束，我们就可以选择收藏其中的代表性作品。再如纤维艺术三年展，我们也选择了一些作品入藏。同时我们自己也主办了一些展览，如东欧十六国的丝绸艺术展，再如 2019 年开始的天然染料双年展，借助这些展，我们也征集了其中优秀的染织艺术作品。

四、西方时尚

1. 西方时尚大宗征集

当我们计划拓展国丝收藏主体时，目标已经不只是中国的时尚，因为所有的国际博物馆对时尚的收藏并不只是本国的藏品，他们的收藏肯定是全球的。在全球化的时代背景下，我们已经很难分清时尚的国别，中国的时尚和国际的时尚往往融合在一起。所以，我们既然要做时尚，要做时装，就必须有西方的时装，必须有国际的纺织品，中国需要这样一座国际性的时尚博物馆。从 2012 年开始，也就是我们的中国时尚刚刚起步的时候，我们就把目光

赴美国调研、评估、征集西方时装工作照，2013

转向了国际时尚。

2013 年，我们有了一个机会，当时美国有一批较大的以欧美时尚服饰为主的藏品准备转让。了解到这个情况之后，我们给出了较为积极的响应，派出了专门的考察组，带着专家和律师，对这批服装进行了调研，一方面查看收藏的情况，另一方面也邀请了国外著名博物馆的同行开展评估，其中包括大都会艺术博物馆时装部、洛杉矶县立博物馆纺织服装部、纽约时装技术学院（FIT）博物馆的同行，征求他们的意见。在经过大量论证后，我们启动了整个征集程序，最后花了一年多的时间，完成了这批近 4 万件 / 套藏品的征集。款式品种多样，包括男装、女装、外衣、内衣，还包括帽子、皮鞋、手套、箱包，甚至是各种时尚的饰品，应有尽有；其年代也相当完整，从 18 世纪到 20 世纪上半叶都有。通过这批时装的收藏，我们基本上就形成了中国最为完整的西方时装的收藏体系。有了这个体系，我馆就在真正意义上成了中国最时尚的一个博物馆，我们虽然还叫中国丝绸博物馆，但也是中国时装博物馆。①

2. 区域丝绸与服饰征集

大约在 13 世纪，世界的丝绸生产开始在西方，特别是意大利，形成了一个中心，能生产出非常精美、非常有特色的丝绸产品，如天鹅绒、织金锦，还有大量提花织物。大约在 17—18 世纪，精美的丝绸生产中心又从意大利移到了法国，法国的里昂成了 18—19 世纪丝绸特别是提花织物的生产中心。

这一段历史对于以收藏世界丝绸历史为主体的国丝来说也非常重要，所以在西方时装征集之后，我们又启动了世界各地丝绸实物的征集。在 2016 年，我们就开始了对法国实物的专题征集，在法国的很多地方，包括古董市场、古董商店，还有私人收藏，甚至是在法国某些丝绸厂家的后人手里，我们设法征集到了较大数量的与法国丝绸和服装相关的实物，如面料、服装、丝绸样本、丝线，还有机具，包括法国最为有名的贾卡提花机。这样，我馆藏品在整个世界丝绸史的框架下，建立了一个较为全面的体系。②

---

① 包铭新．一瞥惊艳：19—20 世纪西方服饰精品．北京：中国科技大学出版社，2015.
② 赵丰．荣归锦上：十七世纪以来的法国丝绸展．上海：东华大学出版社，2015.

3. 田野调查

对于当代的实物，除了从私人收藏、艺术家和古董商处购买外，当然还可以从田野调查中获得。其实，整个丝绸之路沿途，无论是陆上丝绸之路还是海上丝绸之路，都有非常丰富的丝绸或传统服饰的生产。在欧美之外，国际纺织服饰类博物馆通常把亚洲、大洋洲、非洲或南美洲等地纺织品都归入民族性纺织品，它们之中有许多还在各地进行生产，有许多生产技艺被列入非物质文化遗产得到保护，所以我们可以通过田野调查征集有着准确来源的实物。这样的征集有点像调研课题，我们也是结合展览和研究进行调查和征集的。

2016 年，G20 杭州峰会期间，我们策划了"锦绣世界：国际丝绸艺术精品展"，展示了来自世界各地的丝绸精品，其中一部分是我们向国外的博物

赴印度调研并征集织机工作照，2018

馆借的，另一部分我们是通过征集而获取的。展品来自印度、乌兹别克斯坦、东南亚各国，甚至还有非洲的马达加斯加，他们有各种野蚕丝的生产。①

2018 年，我馆又举办了"神机妙算：织机世界与纺织艺术"大展，这个展览是迄今为止全世界最大的织机展。展览开始前，我们计划展出世界五大洲所有类型的织机，所以我们开始了结合田野调查的征集。我馆的研究人员去印度、印尼、泰国、以色列、伊朗等很多国家采访和调查。同时，我们又邀请了联合策展人和展览的合作者，在非洲加纳和马达加斯加，南美秘鲁，还有欧洲丹麦、法国，亚洲韩国等地，征集了许多不同类型的织机，这样我馆收集的世界各地织机有近 30 种之多，基本包括了世界织机的各种类型以及由这些机具生产的产品。在展览开幕时，我们又邀请了织工来我馆进行现场织造和表演，展示了织造工艺的主要环节，这也是我们收藏国外纺织藏品的一个方法。② 经过了 30 年的收藏之路，中国丝绸博物馆从单一的、集中在古代丝绸织物和服装的藏品起步，转向近代、现代，甚至当代的藏品；从中国境内开始，延伸至西方时尚和丝路沿线所有国家的纺织品和服饰。我们以中国丝绸为核心，纺织服装为大类，古今中外为时空，针对不同的内容，通过不同的方法，以不同的形式进行征集和收藏。经过这样大规模的收藏，我们一方面践行了"为明天收藏今天"的理念，充实了库房；另一方面实现了博物馆的保护、研究、展示等功能。

没有藏品作为基础，一切无从谈起。

（本文是《中国丝绸博物馆藏品精选》一书的序，浙江大学出版社 2022 年版。）

---

① 赵丰.锦绣世界：国际丝绸艺术精品集.上海：东华大学出版社，2019.
② 赵丰，桑德拉，白克利.神机妙算：世界织机与织造艺术.杭州：浙江大学出版社，2019.

经纬纵横

构建基本陈列和临时展览体系

　　中国丝绸博物馆陈列体系的雏形在 1986 年建设设想中就已基本形成，序厅、蚕桑厅、制丝厅、丝织厅、印染厅、综合厅的六厅格局就反映了朱新予先生对陈列体系的考虑。① 总的来说，它有经纬纵横两条主线：一条纵线是历史，一条横线是工艺。由于倡建者知道丝绸文物的不足，又有对丝绸技术的特别了解，因此整个陈列体系偏向工艺过程。

　　1991 年 5 月，我馆一期的建筑基本落成，第一次正式开放的陈列体系也最终确定。全馆陈列空间分为序厅、历史文物厅、民俗厅、蚕桑厅、制丝厅、丝织厅、印染厅、现代成就厅和机动厅九个部分，对中国丝绸文化进行了全方位和有重点的展示。

　　到 2005 年，我馆进行了全面改造和提升，推出了以中国丝绸文化为名的基本陈列，形成了一个新的简明的体系——序厅、丝绸故事厅、丝绸工艺厅和临展厅，很明显加强了一条纵向的历史线，同时保留另一条横向的工艺线。但只有一个弧形的临展厅，临展也非常少。

　　2012 年前后，我馆陆续以非遗的名义改造了"中国蚕桑丝技艺"工艺线，回收了两个出租的单体建筑，增加了纺织品文物修复展示馆和新猷资料馆。

　　2016 年，中国丝绸博物馆改扩建工程完成，同时形成了一个更加完整的四大板块陈列体系，即丝路馆、非遗馆、修复馆和时装馆。

　　这里我将重点回顾一下我馆历年的陈列体系变化，再主要介绍逐步形成的临时展览体系。

---

① 朱新予 . 关于中国丝绸博物馆的通信 // 赵丰，袁宣萍 . 朱新予纪念文集 . 杭州：浙江丝绸工学院校庆办公室，1997：102-104.

国丝序厅，1992

国丝序厅，2005

一、1992 年的陈列体系

1992 年，我在国丝正式对外开放之后写过一篇文章，介绍了最初成型的陈列体系 [①]，文中说明了当时对基本陈列体系的设想。当时的展厅主要包括以下几个部分。

（1）序厅。它是观众踏上大台阶进入博物馆后的大厅，想给观众一个关于中国丝绸的基本概念：丝绸年表展示中国丝绸起源最早、历史悠久，丝绸之路说明中国丝绸传播最广，木刻《宋人蚕织图》展台和提花机模型表明中国丝绸成就最高。

（2）历史文物厅。建馆初期，展厅条件简陋，丝绸文物也较少。丝绸文物厅设在序厅两侧相对安全的展厅里，按时期分为二厅五个单元：早期、战国秦汉、晋唐、宋元、明清。每个时期均有相对应的丝绸文物来说明这一时期的特色，也包括服饰。

（3）民俗厅。这其实是一个非遗展厅，用蚕桑丝绸民俗展示丝绸与社会的关联。陈列从神树扶桑开始叙说，进而介绍各种蚕神，如嫘祖、马头娘、三姑、蚕花五圣、青衣神、传丝公主，还有江南蚕乡家家的祭祀蚕神场景复原。这一部分当时曾引起部分专家的讨论。

（4）专业厅。专业厅以传统工艺来再现丝绸生产过程，包括蚕桑、制丝、丝织、印染（含刺绣）四个小厅。

（5）现代成就厅。它是新中国丝绸业的辉煌缩影，展出了全国各地丝绸企业捐赠的丝绸面料、服饰以及丝绸工艺品。

（6）机动厅。这就是后来所称的临展厅，作为一个补充，可以无限地延展博物馆的空间。

二、2005 年的陈列体系

2004 年，我们决定在原有未变的建筑体内改造基本陈列，分为更为简洁的纵横两条线和序厅、临展两个厅。同时，腾出两个建筑单体作为商场，用

---

① 赵丰.丝绸文化的全方位展示——中国丝绸博物馆陈列内容简介.丝绸，1992（2）: 11-14.

于补充我馆十分困难的运营经费。当时的展厅主要包括以下几个部分。

（1）序厅。原大厅正中的展台被拆除，穹顶被包封，所以，序厅的正中较为空旷，适合做些活动。序厅正面设有抽象的蚕茧模型；背后的大幅桑叶纹理的乱针绣、丝筒吊顶和两侧木方格栅分别象征蚕、桑、丝、绸；两侧的玻璃展板简要介绍桑蚕丝帛和丝绸年表，使观众在参观之始对丝绸生产及中外丝绸发展史有一个初步的认识。

（2）历史厅"丝绸的故事"。有了历史厅，我馆就真正有了一个中国丝绸文化的基本陈列，它分为"丝绸的起源与发展""绚丽多彩的中国丝绸""丝绸之路""丝绸与古代社会生活"四大单元，分别讲述了丝绸历史、绫罗绸缎锦等织物种类、古丝绸之路、丝绸在古代社会的功用，并展示了织染绣珍品、历代服装及日用绣品。

（3）蚕桑厅"探寻蚕的世界"。蚕桑厅采用科普教育的半封闭式陈列来展示蚕的自然属性，从神奇的变化、家蚕最爱吃桑叶、蚕体的奥秘、蚕茧、蚕丝、美丽的吐丝昆虫、蚕农的家园、蚕桑利用等八个方面揭示从蚕到丝的奥秘。

（3）染织厅"染织的来龙去脉"。染织厅分为工艺流程、丝线加工、机杼原理、织机脉络、染色体系五个单元，各种织具模型生动展示了古代丝绸染织生产过程。

（4）织造厅"锦绣中华表演工场"。在一个全开放式陈列厅中，以织机的现场操作展示 13 台目前仍在生产的民族、民间织机及复原的古代织机。

（5）临展厅。临展厅位于历史厅楼上的四分之三圆弧上，我们做了一圈的固定展柜，用于临展。

这次陈列改造的结果以"中国丝绸文化"的名义，很荣幸地获得了 2006 年的全国博物馆陈列十大精品奖[①]。

三、2016 年的基本陈列体系

2016 年的基本陈列基于新完成的改扩建工程，新增了 5000 平方米的时

---

① 牧云.走过丝路.中国文物报，2005-05-13（8）.

丝路馆旋转楼梯，2016

装馆，所以国丝的陈列体系可以用"古今中外"四个字来表达，极大地体现了我们以丝绸纺织服饰为中心进行跨界发展的决心。我们不分物质和非物质，不管可移动和不可移动，不论文理，无问古今，只要和丝绸、纺织、服饰相关，我们都会纳入进来。从陈列空间来看，可以分成丝路馆、非遗馆、修复馆和时装馆四大区域。丝路馆展示的是可移动的丝绸文物；非遗馆展示的是蚕桑丝织印染刺绣的传统工艺，也包括其纤维和染料的自然属性，所以，园区里的蚕乡桑庐和染草园也可以纳入这一系统；修复馆展示的是纺织品文物的科技保护；时装馆是当代时尚的艺术设计和临展厅以及活动空间。这次的基本陈列也获得了 2017 年度所评的全国博物馆十大精品陈列[①]，以下再作详细介绍。

1. 锦程：中国丝绸与丝绸之路，丝路馆

锦程，其实就是丝路。不过，这里的丝路一语双关，一是指中国丝绸 5000 多年历程的纵线，二是指中国丝绸向外传播的横线。由于中国古代的大

① 金琳，余敏敏．锦程：时空维度下的中国丝绸陈列．中国文物报，2017-03-03（4）．

丝路馆基本陈列"锦程：中国丝绸与丝绸之路"展厅，2016

量丝绸都发现在丝绸之路沿途，而且丝绸之路上的文化交流对中国丝绸的发展产生了巨大的作用，因此，纵横两线同时在一个场地中推出，成为全馆最为重要的基本陈列①。

展览共有八个单元，分为上下两层，包括源起东方（史前时期）、周律汉韵（战国秦汉时期）、丝路大转折（魏晋南北朝时期）、兼容并蓄（隋唐五代时期）、南北异风（宋元辽金时期）、礼制煌煌（明清时期）、继往开来（近代）、时代新篇（当代），展现从古代到当代五千多年的丝绸发展历程。

2. 天蚕灵机：中国蚕桑丝织技艺非物质文化遗产，蚕桑馆和织造馆

由国丝牵头申报的"中国蚕桑丝织技艺"已于2009年被联合国教科文组织列入《人类非物质文化遗产代表作名录》，它展示的正是以项目为中心的蚕桑、习俗、制丝、印染、刺绣技艺的方方面面。展览分为"天虫作茧""蚕乡遗风""制丝剥绵""染缬绘绣"和"天工机织"五大单元，强化了中国蚕桑丝织的非遗特点，同时展示国丝作为一个博物馆全面系统地实施传统工艺保护、复原、展示和传承的一种尝试②。在展览中，我们不仅采取动静结合的方法，而且采用活态演示的形式，包括在园区里设置的桑庐、蚕室、桑园、纤维园和染草园，努力让观众更深刻准确地理解这一宝贵的非物质文化遗产。

① 徐铮，金琳．锦程：中国丝绸与丝绸之路．浙江大学出版社，2017.
② 俞敏敏，罗铁家．天蚕灵机：中国蚕桑丝织技艺非物质文化遗产特展．杭州：中国丝绸博物馆，

3. 纺织品文物修复展示馆，修复馆

纺织品文物修复展示馆是以设在我馆的纺织品文物保护国家文物局重点科研基地为依托而推出的纺织品文物修复过程的展示项目，也是国家文化遗产保护科技区域创新联盟（浙江省）示范应用基地，于 2012 年建成开放，是国内第一个在基本陈列中推出的修复活态展示。展厅分为两层：一楼是纺织品文物修复保护的真实空间，开展相关的信息提取、清洗、修复、包装、研究等工作，二楼展示修复之后的纺织品文物，并可以从楼上看到楼下部分区域中正在开展的文物保护修复过程。

4. 更衣记：中国时装艺术（1920s—2020s），时装馆二楼

这是位于时装馆里的关于中国时尚的一个基本陈列，以 20 世纪 20 年代起至今的近百年服装演变为脉络，分"缤纷世相（1920s—1940s）""革命浪漫（1950s—1970s）""绮丽时装（1980s—2020s）"三部分，展示了 20 世纪 20 年代起文明新装的流行、旗袍的逐渐形成和成熟、西装和西式裙装的引入与中西搭配的穿着。特别是新中国成立以来中山装、青年装、军装等的流行，以及 1978 年改革开放后，喇叭裤、蝙蝠衫等一些国际流行元素的本土化，尤其是改革开放后因中国时装设计快速发展而涌现的大批著名设计师的代表作品。[1]

5. 从田园到城市：400 年的西方时装，时装馆负一层

西方时装是当代国际时装的核心和主流，也是近现代服装史的主干脉络。国丝自 2013 年收藏了近 4 万件西方时装后，就开始筹备以西方时装史为主题的基本陈列，最后以 400 余件 / 套服饰精品，推出时装板块中的西方时装，分 5 个单元展示其 400 年来的发展轨迹、时代特征、服饰风格以及时装与艺术的关联和影响[2]。展品包括 17 世纪巴洛克礼服裙、18 世纪华托服、波兰裙、帕尼尔廓形的礼服裙、19 世纪帝政时期的简·奥斯丁裙、巴瑟尔裙，以及 20 世纪一大批扬名史册的杰出设计师之作品。此外还有服饰品展示小单元，展出了 19 世纪末至 20 世纪初的精美鞋子、手包、首饰、化妆用具等。

---

[1] 薛雁. 更衣记：中国时装艺术（1920s—2010s）. 杭州：浙江大学出版社，2020.
[2] 包铭新. 从田园到城市：四百年的西方时装. 上海：东华大学出版社，2019.

四、逐渐确定的临展体系

临时展览一直就是博物馆基本陈列体系的重要补充，而且在 21 世纪变得越来越重要。中国丝绸博物馆的临展体系其实也是沿着经纬纵横两条主线，纵线还是从古到今，但横线不再是相对稳定的工艺，而是体现国丝国际视野、国家站位、浙江担当的从中到外的丝绸之路。所以，中国丝绸博物馆的口号就是：一根桑蚕丝连接丝绸之路，一个博物馆倡导美好生活。

这样，我们以临展厅、修复馆、新猷资料馆、经纶堂四个展览空间为基础，以收藏、整理、保护、研究、传播为目标、通过本馆馆藏、借展与合作等多种途径，形成了较为系统的临展思路。

从古到今：传统纺织服饰，民族服饰，中国时装。

从中到外：丝绸之路，世界民族服饰，国际纤维艺术，国际时尚。

在开馆 30 周年之际，我们梳理了 30 年来办过的一些展览的海报，举办了一个题为"锦地开光"的国丝临展海报展，由此可以看到我馆临展体系的形成和发展过程。

1. 临时的临展厅（1992—2004）

最早的临展是我馆开馆时举办的"六省市丝绸文物精品展"，特别借了来自马王堆的汉代丝绸精品，在我们大约 60 平方米的接待室改造的临时展厅中举办，以弥补我馆文物薄弱的缺憾。后来，我们在底楼辟出了一个大约 250 平方米的空间作为较为稳定的临展厅，举办了"江西德安南宋周氏墓出土文物展"（德安县博物馆，1992）、"明清丝绸珍品展"（北京艺术博物馆，1993）、"包畹蓉戏剧服饰展"（1995）、"李鹏鸣、陈健丝绸画展"（1997）、"承德避暑山庄文物展"等，但比较随机。

也是在 1997 年之后，我们处于一个极其困难的时期。当时我去美加及欧洲等地从事研究，馆里同事整理了几个布置较空的专业厅，开始做一些图片展，其中包括："一代伟人邓小平大型图片展"（1997）、"周恩来风采摄影展"（1998）、"国旗颂：迎澳门回归大型图片展"（1999）、"中国人民解放军建军 70 周年大型图片展"（1999）、"雷锋精神永恒图片展"（1999）、"侵华日军 731 细菌部队罪证图片展"（1999）等。[①]

大约从 2000 年开始，我们开始用二楼和三楼的主要展厅来举办一些临时展览。其中包括影响较大的"沙漠王子遗宝：新疆尼雅遗址出土文物精品展"（2000）、"慧眼识华章　巧手补霓裳：中国丝绸博物馆纺织品鉴定保护成果展"（2000）、"纺织品考古新发现展"（2002）等。

与此同时，我馆也有了一些出境临展。1993 年，我们赴加拿大蒙特利尔植物园举办了"桑蚕蛾：了不起的丝绸"（加拿大蒙特利尔）；1993—1994 年，我们赴澳门市政厅卢廉若公园举办"丝情古今：中国丝绸文化"。

2. 固定的临展厅

到 2005 年，我们有了较为稳定的位于三楼的临展厅，开始每年都做一个临展，举办了一系列以出土文物或传统文化为主题的临展，也渐渐做出了自己的心得。我们当时做的临展大约有这几个种类：

（1）中国古代文物展

这类展览原是博物馆经常选用的题材，我们也利用各种机会进行策展。例如，2005 年的"黄金丝绸青花瓷：马可波罗时代的时尚艺术"是一个较为大型的展览。同时，我们还召开了国际学术讨论会，并组织了会后的考察。2009 年的"天衣有缝：中国纺织品文物修复成果展"是我们和中国文化遗产研究院合作举办纺织品修复培训班之后的成果。2010 年的"金冠玉饰锦绣衣：契丹人的生活和艺术"是以香港梦蝶轩捐赠的一批辽代丝绸织物和服饰为基础而举办的。2010 年的"锦上胡风：丝绸之路魏唐纺织品上的西方影响"是我们和北京大学齐东方教授一起带着学生进行策展的，同时在国丝和北大赛克勒博物馆展出，还出版了学术性较强的图录。除此之外，2007 年的"云想衣裳：六位女子的衣橱故事""彰施五色：清代天然染料和色彩"以及 2008 年的"霞裙曳彩虹：中国古今女裙展"也可以算入同类。

（2）蚕桑非遗和传统工艺

我馆一直关注蚕桑丝织非遗和传统工艺。在 1992 年开馆时就推出了民俗厅，2005 年推出了"千年夹缬传浙南"的民间工艺展。在 2008 年申报"中

---

① 中国丝绸博物馆. 筚路蓝缕、以启桑林：中国丝绸博物馆开馆二十周年纪念集. 杭州：中国丝绸博物馆，2012：68-69.

"革命与浪漫: 1957—1978 年中国丝绸设计回顾展" 展览图录封面, 2009

国蚕桑丝织技艺" 人类非遗时, 我们特别策划了 "丝府流韵: 浙江蚕桑丝织非物质文化遗珍展"。在申遗成功之后, 我们又针对杭嘉湖地区的蚕桑非遗, 以书画、摄影、档案文献等形式, 推出了在这一地区具有广泛参与度的临展, 如 "把酒画桑麻: 蚕桑丝绸主题画展"（2012）、"蚕月条桑: 江南水乡蚕桑丝织主题摄影展"（2012）和 "云龙村的蚕桑记忆"（2013）。

（3）近现代丝绸和服饰展

20 世纪过去之后, 许多地方都在回顾过去的一个世纪, 也在收藏过去的一个世纪。我馆于 2004 年进行了一场 "时尚百年: 20 世纪中国服装艺术回顾展", 这是我馆开始广泛收藏近现代生活用品的开始。展览从 40 多位市民家里征集了 100 多件服饰, 还有与这一时期相关的流行物品。2005 年, 我们又

"纺织品考古新发现"展览折页，2002

举办了一次"锦绣西湖"展览，收藏和展示的是一大批都锦生系列的像景织物，对杭州来说，也差不多是 20 世纪的流行遗物。还有一个展览是 2009 年推出的"革命与浪漫：1957—1978 年中国丝绸设计回顾展"。当时，我馆刚好遇到一批 20 世纪 50—70 年代的江浙沪丝绸样本和手稿，整理了样本，进行了一些研究，同时也做好了展览。

除了这些近现代的丝绸服饰展，我们也开始更多地考虑如何为明天收藏今天，如何做好纺织服饰类博物馆的本职工作，让自己真正成为一个拥有时尚元素的博物馆。我们从 2010 年开始进行系统的时尚博物馆的策划。

3. 改扩建后的临展体系

新的临展体系也是在 2010 年之后慢慢形成的，特别是到了 2014 年进行改扩建的设计、2015 年进行施工、2016 年新馆开放之后。我们的临展场地就是在时装馆的临展厅、修复馆展厅和新猷资料馆等处，同时可以开出 3—4

个大小不等的展览，所以我们就开始构建一个立体的临展体系：中国时尚系列、民族服饰系列、国际时尚系列、当代艺术系列、修复保护系列、丝绸之路系列，以及持续不断的境外展。

（1）中国时尚系列

第一个系列是从 2010 年启动的，但真正的展览是从 2011 年开始的。我们每年在年末举办一场中国时尚回顾展，收集当年出现的最为典型的时尚作品。我邀请了浙江理工大学冯荟老师组建一支策展团队，首先推出了"发现 FASHION：2011 年度中国时尚回顾展"，这一展览得到了中国服装设计师协会和国际纺织品面料开发中心的大力支持，主要展品均来自设计师、企业等的捐赠。此后，除了 2015 年因全面闭馆改扩建而没有举办展览外（但我们还是收藏了该年度的重要作品），每年年末都有一个时尚回顾展如期而至，但有着不同的主题：2012 年穿越，2013 年新生，2014 年筑梦，2015—2016 年化

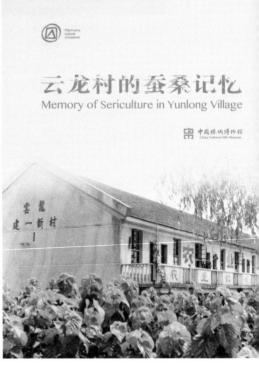

"霞裙曳彩虹：中国古今女裙展"展览图录封面，2008　　　　"云龙村的蚕桑记忆"展览图录封面，2013

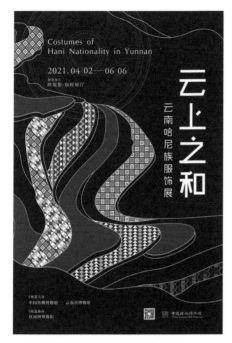

云上之和：云南哈尼族服饰展，2021　　　　　　绽放：蕾丝的前世今生，2017

蝶，2017 年匠意，2018 年西东，2019 年初新，2020 年云荟，这些都是近年来中国时尚回顾大展的集中展示。10 年来，我坚持"为明天收藏今天"的理念，基本做到了通过一个展览，募集一批展品，梳理一段历史，建设一个平台，锻炼一支队伍。[①]

其实，属于这个大系列的展览还有 2013 年年初的"华装风姿：中国百年旗袍展"（北京）、2013 年夏的"时代映像：中国时装艺术 1993—2012"（北京）、2018 年的"大国风尚：改革开放 40 年时尚回顾展"等，一直到新十年时尚回顾展的第一个大展，"时间的艺术：当刺绣穿越时尚"（2021 年年末）。

（2）民族服饰系列

民族服饰是另一个系列，我们自身的研究力量基本空白，主要以借展为主。其实，我们已举办了 2011 年的"滇彩霓裳：云南民族服饰文化展"，2014

---

① 陈百超 . 云荟 中国时尚 2011—2020. 上海：东华大学出版社，2021.

年的"西兰卡普：土家族织锦"，2015 年的"凤凰霓裳：畲族织绣服饰展"。但从 2017 年起，我们对民族的理解就不只局限于中国的少数民族了，而是世界各民族。所以，我们在推出中华民族服饰展如"桂风壮韵：广西壮族织绣文化展"（2017）、"霓裳银装：贵州苗族服饰艺术展"（2018），"云上之和：云南哈尼族服饰展"（2021）的同时，于 2019 年推出了"一衣带水：韩国传统服饰与织物展"，同时也开始筹划丝绸之路沿线的系列民族服饰展。

（3）国际时尚系列

真正的国际时尚展我们从 2015 年就开始了，我们在征集到近 4 万件西方时尚藏品之后，就准备做一个汇报展，展览的名称定为"一瞥惊艳：19—20 世纪西方服饰精品展"，同时邀请了东华大学资深的服装史专家包铭新教授主持策展，展览开幕之后受到了极大的欢迎。也正是因为这样，我们在改扩建的方案中新建了一幢时装馆，也在时装馆中设置了西方时装史的基本陈列。于是，我们的临展中就出现了一系列国际时尚展，这些又可以分成几类。

第一类时尚临展是以本馆时装收藏为基础策展的展览，通常比较关注藏品的整理和研究，把初步的研究成果做成小型临展推出，让一批批文物活起来。譬如"绽放：蕾丝的前世今生"（2017）、"她的秘密：西方百年内衣"（2017）、"包罗万象：19—20 世纪西方时装包包的世界"（2018）、"了不起的时代：20 世纪 20 年代的时尚"（2018）、"黑与白的时尚"（2019）、"燕尔柔白：19—20 世纪西方婚纱展"（2020）等。

第二类时尚临展是直接从国外大馆引进的大型时尚展览。这样的展览我们考虑了很久，但真正启动也是自 2019 年从加拿大皇家安大略博物馆引进"迪奥的迪奥 Dior by Dior（1947—1957）"开始。我们深入学习研究原策文本，组织翻译并重写部分文本，并对展览设计重新做了全面的考虑，最后还配套了大量推广和教育活动，反响很好。第二个展览是 2020 年从维多利亚与艾尔伯特博物馆引进的"巴黎世家：型风塑尚"，但可惜的是这一展览受到了疫情的影响。

第三类是我馆利用部分已有藏品、部分新征藏品、部分借展藏品，并有着相当自身研究力度的时尚展。其中有 2017 年推出的"荣归锦上：1700 年以来的法国丝绸"和 2021 年的"衣尚自然：服饰的美和责任"。后者由我馆年轻

发现·FASHION：2011 年度中国时尚回顾展　　时代映像：中国时装艺术 1993—2012，2013

山水：全球名家旗袍邀请展，2018　　庆典：全球旗袍邀请展，2019

的时尚策展人担纲，跨越时间和空间，把 300 多件展览分美和责任两部分重新审视，紧扣可持续发展主题，深入讨论自然与时尚的关系，分成"由然产生""由然衍生"和"由然新生"三大单元，介绍了纺织与服饰的天然原料、来自自然的设计以及当代设计师和工程师所做的保护环境的各种努力，试图回答时尚和自然之间的平衡方法。

（4）当代艺术系列

归入这一类的，还可以是一些当代艺术展，由策展人邀请一定的领域名家进行设计、制作，最后进行展览，这样的系列展在我馆也有几个，有主导和非主导的。主导的有"全球旗袍邀请展"和"天染染料双年展"，非主导的有"纤维艺术三年展"和"世界绞缬大会"等，还有一些纯临时性的展览如"丝绸与传统：东欧十六国部长会议"的配套展览。其中我馆参与最多的是全球名家旗袍邀请展，如"山水：全球名家旗袍邀请展"（2018）、"庆典：全球名家旗袍邀请展"（2018）、"如诗：全球名家旗袍邀请展"（2020）"无界之归：杭州纤维艺术三年展"（2019）、"天染：当代艺术与设计作品"（2019）、"丝路之缬：当代艺术"（2014）等。

（5）修复保护系列

2012 年，我们建成了自己的修复展示馆，不仅增加了真正的纺织品修复空间，同时也增加了国丝的展示内容，而且还多了一处专门展示纺织服饰文物保护、修复、研究成果的场所。我们在前面也已举行过两次修复展，但从那之后，我们可以在修复馆举行很多修复成果展。一般来说，每个一定规模的修复项目都可以做成这样的临展。第一个在修复展示馆亮相时推出的是和新疆工作站相关联的"丝路之绸：新疆纺织品文物修复成果展"。此后，我们每年都会在这里推出保护修复展，早期以西北地区为多，如"瀚海沉舟：新疆小河墓地出土毛织物整理与研究"（2013）、"塞北风彩：馆藏辽元服饰修复成果展"（2013），特别是"千缕百衲：敦煌莫高窟出土纺织品的保护与研究"（2013），影响非常大。

随着汉服热的兴起，宋明丝绸和服装特别受到大家的关注。刚好我们也有一批江南地区的修复项目，结项之后我们就顺势做了相应的修复展。如保护宋代丝绸的"曾住长干里：大报恩寺出土宋代丝绸"（2018）和"丝府宋韵：黄岩南宋赵伯沄墓出土服饰展"（2017），修复明代丝绸服饰的"钱家衣橱：无锡七房桥明墓出土服饰保护修复展"（2017）和"梅里云裳：嘉兴王店明墓出土服饰中韩合作修复与复原展"（2019）。甚至年代更晚的清代和民国时期服饰也会受到关注，如"后宫遗珍：清东陵慈禧及容妃服饰修复成果展"（2020）始料未及地火爆，而"旧旗新帜：上海市历史博物馆藏纺织品文物保护修复展"（2014）也有许多鲜为人知的故事。

保护修复展不只是修复，还有相关的科学研究和认知。如"浮光纱影：早期世博会上的纺织品"（2016）中有着大量对晚清时期纺织纤维变迁的见证，"岛夷卉服：东南亚帽子展"中有着大量对东南亚地区制帽植物种类的研究。而我馆对纺织染料鉴定的研究也值得观注，因而推出了几个出彩的临展。例如，"斑斓地图：欧亚 300 年纺织染料史"（2019）是对欧亚大陆上纺织染料与色彩的一个综述，而前后两个同名的乾隆色谱展，"乾隆色谱：从历史档案复原清代色彩"（2014）和"乾隆色谱 2.0：清代宫廷丝织品的色彩重建"（2021），更是系列地展示了国丝染料团队对清代色彩孜孜不倦的长期研究成果。所有这一切，其实都成为由我馆周旸策展的"万年永宝：中国馆藏文物科技成果展"（北京，2021）的重要组成部分。

（6）丝绸之路系列

在中国丝绸博物馆临展体系中，最为重磅的是丝绸之路主题特展系列。这一展览系列的主题源自两大事件，一是 2013 年习近平主席在乌兹别克斯坦和印度尼西亚提出了"一带一路"的概念，二是 2014 年联合国教科文组织确认"丝绸之路：长安 - 天山廊道"成为世界遗产。在 2014 年丝路申遗成功之后的保护会议上，国家文物局童明康向我提出了要研究丝路上的丝绸的题目，讲清楚丝绸从中国起源的故事。于是，我馆就在 2015 年举办"丝路之绸：起源、传播与交流"特展，从此之后，丝绸之路主题特展就成了国丝的年度大展，一直延续至今。2016 年是"锦绣世界：国际丝绸精品展"，2017 年是"古道新知：丝绸之路文化遗产保护科技成果展"，2018 年是"神机妙算：世界织机与织造艺术展"，2019 年是"丝路岁月：大时代下的小故事"。到 2020 年，这一传统性大展开幕式发展成为"丝绸之路周"，丝绸之路主题大展"众望同归：丝绸之路的前世今生"也成为丝路周的开幕大展，到 2021 年是"万物生灵：丝绸之路上的动物与植物"。现做一大概介绍。

①丝路之绸：起源、传播与交流，2015 年，西湖博物馆

浙江、河南、湖北、湖南、陕西、甘肃、青海、新疆的 26 家相关文博考古单位提供了"延年益寿大宜子孙"锦鸡鸣枕等多件国宝级文物在内的近 140 件（组）文物，说明丝绸在中国的起源、丝绸从东方向西方的传播以及东西方纺织文化在丝绸之路上的交流。世界丝绸艺术的变化和技术的提高，正是在这一交流过程中完成的，丝绸产品的衣被天下，也正是丝绸之路带来的辉煌成果[①]。

②锦绣世界：国际丝绸艺术精品展，2016 年

展览由中国丝绸博物馆主办，但日本国立东京博物馆、韩国国立故宫博物馆、俄罗斯国家东方艺术博物馆三家国际著名博物馆都出借了藏品，特别是来自日本正仓院和韩国国立故宫博物馆的文物，尤为珍贵。展览主题想要说明：丝绸通过丝绸之路的网络传播到世界各地，使世界因为丝绸而变得多彩，人类因为丝绸而变得美丽。此展开幕恰逢 G20 杭州峰会召开，接待了来自世界各地的多位第一夫人，影响特别大。[②]

③古道新知：丝绸之路文化遗产保护与研究成果展，2017 年

这一展览的基础是国家文物局所属的文物保护重点科研基地。展览系统展示了世界文化遗产"丝绸之路：长安 - 天山廊道"的文化遗产保护成果，从理论到实践系统、集中地揭示丝绸之路文化遗产蕴含的历史文化价值。展品还有来自哈萨克斯坦同行修复和复制的萨尔马特女祭司墓和伊塞克金人墓中的珍贵服饰。每一件展品都有故事、有技术、有颜值。

④神机妙算：世界织机与纺织艺术，2018 年

这一展览是我们联合世界范围内的织机专家和专业机构举办的迄今为止规模最大的织机展览。展览按照空间分区，通过来自世界五大洲的 50 多台种类各异的织机以及丰富多样的织物，展示织机的技术变革以及在当地的习俗和传统背景下的织造实践，意在说明世界织机的多元发展、相互交流、各自创新、争相辉映的历史，说明织造技术交流是丝绸贸易和文化交流背后极为重要的内容[③]。

---

① 赵丰.丝路之绸：起源、传播与交流.杭州：浙江大学出版社，2017.
② 赵丰.锦绣世界：国际丝绸艺术精品集.上海：东华大学出版社，2019.
③ 赵丰，桑德拉，白克利.神机妙算：世界织机与织造艺术.杭州：浙江大学出版社，2019.

锦上胡风：丝绸之路魏唐纺织品上的西方影响，
2009

瀚海沉舟：新疆小河墓地出土毛织物整理
与研究，2013

⑤丝路岁月：大时代下的小故事，2019 年

展览以丝路上的人为切入点，采集了 13 位不同时代、不同民族、不同
身份、不同人生经历的丝路上的人物所遗留下来的历史碎片，重塑在风云变
幻的丝路岁月中这些"小人物"或精彩似传奇、或平凡如你我的一生，进而
拼贴出那个积淀了和平合作、开放包容的"大时代"，从而多视角地再现不同
时期丝绸之路沿途不同地区的时代特征及文化碰撞。展品中最为重要的是汇
集草原、沙漠、海上各条丝绸之路上的重要墓葬出土的文物，还包括艾尔米
塔什博物馆所藏巴泽雷克和诺因乌拉两个墓葬的出土文物，这些都反映他们
生前的生活状态及其与丝路的关系。

⑥众望同归：丝绸之路的前世今生，2020 年

这一展览是第一个从学术史角度打造的丝绸之路主题大展，也是第一个
丝绸之路周的主题展览。展览从三个板块入手，即丝绸之路的前世、李希霍

芬的丝绸之路，以及丝绸之路走向联合国教科文组织世界遗产，讲述丝绸之路从一个历史事实存在，然后被一位学者提出，最后成为人类共识的过程。幸运的是，经过众多专家评委的激烈讨论，这一展览最终入选该年全国博物馆陈列展览十大精品奖。

⑦万物生灵：丝绸之路上的动物与植物，2021 年

这一展览以丝路学术名著《中国伊朗编》和《撒马尔罕的金桃》为依托，讲述丝绸之路上的生物多样性带来的东西文化中动物和植物的交流，以及交流为人们生活带来的改变。展览在许多方面有新的创意，如考古文物和自然标本一同登台；又如加入大量丝路上的味道，通过味道，让人们加深对丝绸之路生态多样性和文化包容发展的理解。

（6）境外展

其实，我馆还有不少境外展览。虽然在 1993 年和 1995 年也都有过，但真正较为持续的出境展可以说是从 2005 年"天上人间：中国丝绸文化展"（法国尼斯亚洲艺术博物馆）开始的。到 2006 年的"衣锦环绣：中国丝绸精品展"（捷克布拉格国家博物馆），更是上了一层楼，走入了国外国家级的博物馆。再到 2007 年的"丝国之路"，可以说是我馆外展的登峰之作，展览一连在俄罗斯的哈巴罗夫斯克博物馆、喀山博物馆，以及位于莫斯科红场上的国家历史博物馆中展出，引起了一系列的传播效应。这些展览基本都有古老的丝绸文物参与展览，基本都在国外的主流场馆展出。

后来，我们的境外展览更多地走的是丝绸精品或艺术品路线，但不一定能算是文物。如 2013 年"海上魅惑：中国现代女性时装"（美国纽约美国华人博物馆）、"超越历史和物质：中国当代丝绸艺术展"（德国柏林，2013）、"丝·赏：时尚中的中国女红"（中国香港知专、以色列特拉维夫中国文化中心，2017）、"丝茶瓷：丝绸之路上的跨文化对话"（阿曼国家博物馆，2018）。

五、结语：一个博物馆的展览体系

无论多少，无论远近，无论大小，一个博物馆陈列展览体系的核心是围绕本博物馆的使命展开和延伸的。这里可以是主题的延伸，我们从丝绸延伸到纺织，从面料延伸到服饰，从丝绸延伸到丝绸之路。这里也可以是时间

衣锦环绣：5000 年中国丝绸精品，布拉格，
2006

丝国之路：5000 年中国丝绸精品展，2007

的延伸，从考古到传世，从古走到今，从近代走到当代，甚至从当代走向未来。这里也可以是空间的延伸，从国内到国外，从东方到西方，从中国到世界，无所不包。但所有这些展览的主题，都应该在用纵横的经纬丝线编织的框架里面找到它们自己合适的位置。

打造展览精品

兼论博物馆展览的评价标准

　　浙江省委召开文化工作会议，提出要打造文化创新高地，展现文化引领驱动、形神融合兼备的新气象，在打造文化精品力作上不断取得新突破，创新文化精品力作创作生产的体制机制，积极打造文化精品创作的重要平台，完善文化精品创作的全流程保障，让浙产文化精品力作成为浙江文化高地最鲜明、最令人信服的标识①。但是，从目前情况来看，人们一提文化精品就是文艺精品，而且突出的又是舞台艺术②。其实，博物馆的精品展览也是文化精品的重要组成部分。

　　一个博物馆的展览体系可以分成基本陈列和临时特展两大系列，但又可从题材、形式、展品等再进行细分，如根据题材来源，按主题、按时间、按空间来细分；又如根据展品来源，分成本馆、借展、巡展等。但无论展览类型如何，对于精品展览应该有一个的基本评价标准。

一、精品展览的基本评价标准

　　国际上并没有很多的博物馆陈列展览评选大奖，但美国的全美博物馆联盟（American Alliance of Museums）却有一个博物馆展览优秀奖的评奖指标

---

① 赵丰.打造展览精品　建设文化高地.浙江日报.2020-10-18（7）.时任浙江省委宣传部部长朱国贤于当日批示：省委文化工作会议召开以后，宣传文化系统都动起来，群策群力，共同投身文化大潮，赵丰同志的文章提出了博物馆打造精品展览、攀登文化高地的思路，符合省委文化工作会议的精神，努力让浙产文化精品力作成为浙江文化高地最鲜明、最令人信服的标识。

② 李娇俨.坚决扛起文化担当，奋力打造新时代文化高地：访省文化和旅游厅厅长、党组书记褚子育.浙江文化和旅游，2021（11）：4-7.

（Indicators of Excellence in Museum Exhibitions）是这样写的：虽然许多展览都达到了相当高的专业水平，但每年都有一些展览通过在学术解读、内容、对观众声音／调研的整合、设计或引入扩展公认边界的创新举措等方面，超越了既定的标准，表现尤其优秀。这类展览非常出色，可以作为博物馆展览能力的典范，为参观者提供启发式的体验。优秀展览的一些具体指标包括[①]：

（1）展览设计的一个方面非常具有创新度。

（2）展览提供了一种新的视角或新的洞察。

（3）展览提供了新的信息。

（4）展览以一种令人惊讶或具有争议性的方式，综合展示现有知识和／或展品。

（5）展览以一种全新或创新的方式，通过展览设计或内容反映观众的声音。

（6）展览用创新的手法来使用媒体、材料和其他设计元素。

（7）展览异常美丽，非常能激发个人情感的共鸣，和／或能建设性地给人留下深刻印象。

（8）展览使观众经历了一种启发式的体验，观众产生了这样的反应：这让我心神不宁；让我大开眼界；我再也不会以同样的眼光看待它了；我兴奋极了；它令我非常震惊；它让我毛发都竖起来了；我终于明白了！

在国内，最为吸引人眼球的是一年一度的全国博物馆陈列精品推荐，又称十大精品奖，这是博物馆界的奥斯卡。通常来说，全国每年举办的展览约有 25000 个，每年申报精品展览的约有 150 个，最后申报成功的是 10 多个（10 大精品、10 大优胜，以及若干带有政治主题的特别奖）。活动虽然没有公布过明确的标准，但在评奖的初期，曾设有十大专项奖，我们可以将其看成组委会对博物馆展览十个方面的要求和考量，十大精品则是综合了这十方面要求的总体反映[②]。它们是：

（1）最佳创意：选题坚持先进文化前进方向，紧扣时代脉搏，并具有独创性、原创性。

---

①　https://www.aam-us.org/programs/awards-competitions/excellence-in-exhibition-competition/. 由王伊岚翻译。

②　https://baike.baidu.com/item/. 全国博物馆十大精品奖评选办法 /13681160。

（2）最佳内容设计：展出内容和展品组织体现最新研究成果，具有较高的学术、文化含量。

（3）最佳形式设计奖：形式设计有新的探索或突破，达到形式设计与内容设计的和谐统一。

（4）最佳制作：制作精良，工艺精细，具有良好的展示效果。

（5）最佳新技术、新材料运用：具有较高的科技含量，新技术、新材料运用得当。

（6）最佳安全：展厅内具有达标的安全技术防范设备和防止展品遭受自然损害的展出设施和环境。

（7）最佳宣传推广：陈列展览的对外宣传、广告活动及时、准确，形式新颖、引人，影响广泛，效果好。

（8）最佳服务：陈列展览的讲解咨询、公众服务周到细致。

（9）最受观众欢迎：陈列展览深受观众欢迎，社会反响强烈。

（10）最佳综合效益：展览除在以上各方面获得广泛好评外，在门票、纪念品、宣传品等收入方面亦取得良好效益。

二、打造精品的前提是创新

创新是做精品展览的出发点。在全美博物馆联盟的八条指标中，几乎每一条都出现了"新"（new）、"创新"（innovative）或"惊喜"（surprise）等字眼，也特别提到了这些认识来自观众，与观众互动。

中国丝绸博物馆一直努力成为展示丝绸之路文化的"精品之窗""创新之窗"，聚焦专精特新，努力做强、做优、做出特色，在文化高地建设中展示风采。对于一个展览而言，我们强调的是理念创新、学术创新和形式创新。"2021 丝绸之路周"的配套主题展览"万物生灵：丝绸之路上的动物与植物"，就有着明显的创新性。

首先是理念创新。展览以生物多样性作为切入点[1]，结合文献记载和考古出土文物，把自然动植物标本和考古出土艺术品上的动植物形象放在一起，

---

[1]　联合国《生物多样性公约》，1992 年通过。http://www.law-lib.com/law/law_view.asp?id=95777.

诠释丝绸之路上由动植物构建的多维立体文化交融环境，再现"丝路改变生活"这一主题。生物多样性是文化多样性的前提，而文化多样性是丝绸之路文化交流的基础。

其次是学术创新，而学术创新强调的内容包括新材料和新观点。陈寅恪先生在《陈垣敦煌劫余录序》中说，一时代之学术，必有其新材料与新问题，取用此材料，以求研问题，则为此时代学术之新潮流。展览首先是采用了国际著名学者劳费尔的《中国伊朗编》①和薛爱华的《撒马尔罕的金桃：唐代舶来品研究》②作为基本的东西方动物和植物交流考证的依据，同时也吸收引用了大量新的考古和研究成果，以及田野调查成果，如草原丝路上对大麻的使用、背负希腊酒神图像的骆驼俑的考证，大型中亚团窠对鹿纹锦中的动物题材等研究成果。展览的序言特地从人们熟知的"五谷丰六畜兴"开始，用一幅新的整合各方研究成果的文物图表扼要地介绍了在前丝绸之路时期，被驯化的野生动物和植物在世界范围内的动态分布。国人最为熟悉的农作物和家畜，有很大一部分也源自早期的东西方文化传播与交流。

最后是形式创新。"万物生灵：丝绸之路上的动物与植物"是一个有气味的展览，通过听觉、触觉、嗅觉等多方位的感官刺激来加深观众的记忆，特别是以唐朝贡耽和杨良瑶的史实作为背景，自编自拍了一出大唐西市中胡姬酒肆里的邂逅，引出一段带有葡萄酒、炙羊肉、肉豆蔻、鸡舌香等十多种气味的"气味电影"，观众可随着电影的播放，同步感受各种食物和香料的味道。展览前时常会排起小小的长队。观众多次用"第一次""从来没有过""终于"等内容来评价这个展览，这充分说明了创新的真实性和重要性。③

三、提升站位才能"众望所归"

不同的站位就有不同层次的精品，我们可以进行宏大叙事，但更重要的

---

① 劳费尔.中国伊朗编.林筠因，译.北京：商务印书馆，2017.

② 薛爱华.撒马尔罕的金桃：唐代舶来品研究.吴玉贵，译.北京：社会科学文献出版社，2016.该书又译作《唐代的外来文明》，参见：谢弗.唐代的外来文明.吴玉贵，译.北京：中国社会科学出版社，1995.

③ "万物生灵：丝绸之路上的动物和植物"展览座谈会在中国丝绸博物馆召开.（2021-07-08）[2022-03-01].https://www.chinasilkmuseum.com/cs/info_164.aspx?itemid=28306.

CREATION FROM CREATURE

丝 绸 之 路 上 的 动 物 与 植 物
Plants and Animals on the Silk Roads

临展厅 & 银瀚厅
时装馆一楼

2021
6/18 周五
9/05 周日

主办单位
国家文物局　浙江省人民政府
承办单位
中国丝绸博物馆
协办单位
上海博物馆　浙江自然博物院　陕西历史博物馆　陕西省考古研究院　西安博物院　西安市文物保护考古研究院　茂陵博物馆
昭陵博物馆　西安大唐西市博物馆　甘肃省博物馆　甘肃简牍博物馆　宁夏回族自治区固原博物馆　杭州美通家居集团有限公司

中國絲綢博物館
China National Silk Museum

万物生灵：丝绸之路上的动物与植物，2021

万物生灵：丝绸之路上的动物与植物，巴扎场景，2021

众望同归：丝绸之路的前世今生，2020

是以小见大。

　　丝绸是具有浙江元素的中国名片，在走向世界的过程中需要国际表达，而中国丝绸博物馆在自身的定位中就一直强调国际视野、国家站位和浙江担当。我们每年的丝绸之路主题展，就是强调在一个国际的视野中，突出中国对世界、对人类的贡献，最后体现浙江在其中的作为。这一展览由国家文物局和浙江省人民政府联合主办，也正是浙江文化遗产界提升国家站位、服务国家大局的一大举措。

　　"众望同归：丝绸之路的前世今生"是 2020 年的一个策划，也是第一个以丝绸之路学术史为主题的大型展览。展览首次通过文物、文献，在该领域专家的权威解读下，从学术史的角度梳理了丝绸之路从一个学者偶然提出的概念到成为当今人类共识的时空发展过程，体现了"人类命运共同体"的国家大局，打造了一个学术史展览的典范[1]。

---

[1]　赵丰. 从一家之言到人类共识：谈"众望同归：丝绸之路的前世今生"策展思路和活动设计. 中国博物馆，2021（1）：55-58.

众望同归：丝绸之路的前世今生（线上），2020

　　这个展览之所以可以被称为文化精品，其核心之处正是其站位高。一个具有国际视野和国家站位的展览就需要大规模集合文物精品和重要文献，许多国际关注的国家一级文物、在国际学术史上地位显赫的学术著作，以及大量首次露面的学术文献，都进入了这一展览。同时，所有这些文物和资料必须有坚实的学术支撑：我们与顶级学术团队合作，从使者、僧侣、商人和传教士等人物的角度出发，梳理了丝绸之路发展的四个阶段；和联合国教科文组织世界遗产中心合作，展开了丝绸之路五次考察的学术梳理与档案建设，填补了多项空白。当然，高站位更需通过宏大的传播来产生影响，我们以展览为核心，策划了规模宏大的 2020 丝绸之路周，向国际社会大规模传播丝绸之路知识，弘扬丝绸之路精神，引起了广泛影响。

　　也真是"众望同归"，这个展览得到的不只是社会的好评、领导的关注，还有业界的肯定。中国博物馆界的展览精品，无疑就是一年一度的十大陈列精品。"众望同归"获得十大精品奖，说明它是名副其实的文化精品。

四、既要学术硬核，也要绩效评估

根据省委、省政府的部署，全省上下特别是宣传文化系统都要围绕高质量发展建设共同富裕示范区，而其中体现高质量、体现高地上的高峰的一个关键突破点就是打造文化和艺术精品。

对于精品展览，目前国内外的博物馆同行尚无统一标准。在国际上，全美博物馆协会的展览评奖是七大指标，分别是对观众意识的明确了解、展览调研的完整开展、展览主题和内容的准确表达、所选展品的丰富内涵、诠释传播的清晰连贯、设计与呈现的引人入胜，以及观展体验的舒适安全。中国国家博物馆馆长王春法则提出了十个度：高度、广度、亮度、力度、深度、厚度、谐度、弧度、温度和拓展度。[①] 这些提法都在不同程度上表达了大家对精品展览的看法。中国三峡博物馆馆长程彦武提出的则是五大标准：主题的精确性，形式的创新性，文物的利用性，教育的拓展性，陈列展览的系列性。[②]

而我们在策划和实施精品展览时的体会则是八个字：妙、准、实、新、精、活、适、效。具体来讲，主要包括以下几个方面：

（1）妙：这里讲的主要是展览的总体创意。立意切入要"妙"，展览定位要有高度，但命题还要别出心裁，出乎意料又入情理。

（2）准：观众定位要"准"。每个展览都有其特定的观众，要事先考虑，其核心观众是谁。总之，要找准目标观众。

（3）实：学术支撑要"实"。找最强的团队，提供最扎实的学术基础，其中的学术资料和学术观点是踏实的，主流的，基本没有歧义的。

（4）新：这里是实实在在的内容。例如，其中的展品要有一部分是没有看到过的，展览的学术点要有一部分是新的解释。总之，一个展览一定必须有相当量的创新，有创新才有意义。

（5）精：展品选择要"精"。展品不一定很多，但要到位，不唯珍品，也要有一部分珍品。更为重要的是，要精选能说明主题、说明展览故事、吸引和打动观众的展品。

（6）活：公共传播要"活"。要不拘形式，必须举办各种各样的活动，不

① 王春法.什么样的展览是好展览——关于博物馆展览的几点思考.博物馆管理，2020（2）：4-18.
② 程武彦.关于陈列展览精品评价标准的思考.中国博物馆，2014（2）：69-72.

只是普通的讲解、讲座等，应该有专门设计和创意的活动，以讲活文物故事，达到传播为目的。

（7）适：装饰风格要讲"适"度。一个展览定位不同，装饰风格也会有所不同，我们总体追求雅而不俗的目标。

（8）效：控制成本讲"效"率。要引入成本核算和绩效评估概念，不一定追求大投入，但要提高产出率。当然，对于精品展览，可以适当加大投入。

五、合作与传播增强展览影响力

博物馆里的精品展览，也十分需要传播，以扩大在国内和国际上的影响力。

一个展览的影响力评估大约包括几个方面：学术影响力、专业影响力、公众影响力和社会影响力。学术影响力指的是展览中的新材料和新观点能在学术界产生长期的影响，如 2018 年的丝绸之路主题展是"神机妙算：世界织机与织造艺术"，其中对丝绸之路上织机的收集、研究、展示在国际科技史研究、纺织技术史研究领域留下了深远的影响，其英文版图录在国际同行中也是十分抢手[1]。专业影响力更多是指展览整体在文化遗产界、博物馆界产生的影响，如 2021 年由中国丝绸博物馆承担策展的"万年永宝：中国馆藏文物保护科技成果"展于 2021 年在首都博物馆开幕，这一展览已成为科技类展览的典范。[2] 公众影响力是指展览在社会公众中的影响，国内外主流媒体、社交平台上的传播量代表了影响的力度。而社会影响力更多指的是对国际组织、地方政府、行业机构和社会团体的影响，这一影响有可能深入到社会经济发展和文化建设等各个方面。从丝绸之路系列主题展延伸出来的"丝绸之路周"，已列入文化和旅游部"一带一路"的相关计划，正是社会影响力的体现。

在浙江省委省政府大力实行数字化改革的当下，丝绸之路主题展览的数字化也将成为我们增强影响力的一个重要手段。中国丝绸博物馆一方面将已有展览转化为数字展览，另一方面积极探索博物馆之间的"数字合作"，使其

---

[1] 赵丰，桑德拉，白克利.神机妙算：世界织机与织造艺术.杭州：浙江大学出版社，2019.
[2] 国家文物局.万年永宝：中国馆藏文物保护成果.北京：科学出版社，2021.

成为相互联系的整体，推出了丝绸之路数字博物馆（丝路数博），把丝绸之路主题展放上了丝路数博平台上。

丝路数博是由中国丝绸博物馆发起，国内外40余家丝绸之路相关博物馆参与合作，在云上构建的一个虚拟且三维立体的博物馆。这里有收藏，即"数字藏品"资源库；有展示，即"数字展览"资源库；有教育，即"数字知识"资源库；最重要的是还有策展，即"云上策展"平台，策展人可以用此平台实施即时内容策展和形式设计。

丝路数博在理念上突破了常规性的数字化思路，改变了传统展览的宣传模式，打破了实体藏品与博物馆的线下空间局限，推动丝路沿线文博机构间交流方式从线下到线上的改变，将成为一个影响"一带一路"沿线人文合作和发展的文化精品平台，从而构造真正意义上的数字丝绸之路。

（根据原刊《浙江日报》2020年10月18日理论版《打造展览精品　建设文化高地》文章扩写。）

丝路之绸研究的框架性思考

　　"丝路之绸"是近年来我们在丝绸之路研究过程中逐渐提出的一个概念。顾名思义，"丝路之绸"就是丝绸之路上的丝绸。但在我们提出的概念中，"丝路"就是丝绸之路，包括沙漠绿洲丝绸之路、草原丝绸之路、海上丝绸之路等多条连接欧亚非三大洲的通道；"绸"的定义可以有狭义和广义两种，狭义的是丝绸，而广义的就是各种纺织品和服饰及其相关工艺和文化；"之"表明来历，包括考古出土的、民间使用的、文献记载的和图像表现的纺织品。

　　"丝绸之路"与"丝路之绸"是两个伴生概念，各有侧重且相互关联——前者的关键词是"路"，后者则是"绸"。中国原创的华美丝绸开启了人类历史上大规模的东西方贸易交流，是丝绸之路的原动力，中国因此成为世人心中的"丝国"。但是，目前人们对丝绸之路的研究大多在"路"上，而对"绸"甚少关注。丝绸之路，不能让丝绸缺位，不能让纺织品缺位。所以，我们在丝绸之路世界遗产申报成功一周年纪念日之际，正式提出"丝路之绸"的概念，我也在此处谈谈自己对丝路之绸研究的框架性思考。

一、丝路之绸的研究意义

　　丝绸之路是一条互尊互信之路，一条合作共赢之路，一条文明互鉴之路。中国政府在《推动共建丝绸之路经济带和 21 世纪海上丝绸之路的愿景与行动》中指出，丝绸之路精神是"和平合作、开放包容、互学互鉴、互利共赢"。丝路之绸无疑是丝绸之路精神最为实在的体现。

　　（1）纺织品是丝绸之路上最为大宗的贸易商品，在很多场合，它甚至还

唐代丝绸与丝绸之路，1992　　　　　　丝路之绸：起源、传播与交流，2015

发挥货币的功能。草原丝绸之路上发现的主要是毛织物，在海上丝绸之路上更多的是棉布，而沙漠绿洲丝绸之路则以丝绸为主导。唐代史料记载，开元天宝时岁入庸调绢布 2700 万匹端屯，其中约 1300 万匹端屯用于边疆各道用兵，守护对外交通要道的通畅，主要被用于做衣、和籴或别支，在丝绸之路上直接消费或进入流通，这约占当时财政总收入的 1/3。如再加上民间纺织贸易，其量就更为巨大。[①] 所以，丝绸之路的本质是一条经济商贸之路，丝路之绸是区域经济合作繁荣的最佳案例。

（2）纺织品能最大限度地承载丝绸之路的文化信息。纺织品不仅是一种材料，其中含有极为丰富的科技成分，如纤维的种类、染料的工艺、织造的结构、刺绣的针法，而且是艺术品，它是艺术设计的直接作品，有着色彩、图案、款式、题材等。所以，丝路之绸总是会带有来自丝路沿途的文化信息，体现了丝路上的文化交流和"互学互鉴"精神，丝路因此成为一条文明互鉴之路。

---

① Wang, H. & Hansen, V. Textiles as money on the Silk Road?. *Journal of the Royal Asiatic Society*, 2013(2): 165-174.

《丝路之绸：起源、传播与交流》中英文版，2016

（3）纺织品占据衣食住行之首，是丝绸之路沿途人们生活中最为大宗的生活产品，与社会、政治、经济、文化、科技、艺术等各方面都有着极深的关系。丝绸之路把人类四大文明圈里的四大天然纺织纤维（毛、棉、麻、丝）带去了不同的区域，也为这些区域带来了新的纺织服装材料，带来了新的工艺，带来了新的生活方式。以海上丝绸之路为例，这里虽然没有考古发掘的发现，但这里历年保留下来的丝绸生产习俗，传统生产的工艺，以及丰富多彩的丝绸制品和文化制品，已成为世界各地人们的丝绸生产遗产。丝路之绸在这里体现的是丝路沿途人们的生活和感情，丝绸之路在这里是一条精神上的和平发展、合作共赢之路。

二、丝路之绸的研究对象

1. 考古出土的纺织品

丝绸之路上的贸易物品主要是纺织品，这一点随着近年来欧亚大陆出土纺织品的大量增加而变得更为清晰。这些珍贵的历史物证，实证着棉麻毛丝等天然纤维纺织品在数千年的历史进程中，在经历了起源、传播、交流的阶段之后，沿着丝路逐步成为衣被天下的全球化商品。

2. 民族特色的纺织品

历史上，丝绸之路沿途具有丰富的民族学多样性，不同的纺织文化和纺织技术在此汇集、融合，形成风格迥异、独具民族特色的民间传统纺织品，如至今依然保持生命力的印度绸、泰丝、印尼蜡染、中亚艾德来斯绸。这些具有鲜明民族性、相对独立性和工艺多样性的活态纺织品及其传统工艺，是丝绸之路延续至今的实证。

3. 文献记载的纺织品

文献中亦记载有大量与纺织品相关的信息，丝绸之路沿途出土的大量汉文、藏文、于阗文、粟特文、佉卢文等，以及希腊文、波斯文、阿拉伯文献中，均有大量关于纺织品使用和交易的记载，如敦煌文书中的什物历、破用历、入破历、贷绢契、唱衣历、施入疏等。诸如此类的历史文献为当时社会经济文化、丝路贸易、纺织科技史的研究提供了重要基础。

（4）图像表现的纺织品

丝路沿途遗存的大量遗址中保留了不同历史时期的绘画、壁画和彩塑等遗存，如中国的墓室壁画、敦煌和阿旃陀等地的佛教壁画、中亚等地的建筑壁画以及波斯等地的石浮雕，从中均能觅见服装饰品和纺织图案的详细描绘。对其进行基于图像的纺织品研究，可以在一定程度上复原不同时期不同地区的染织工艺、图案风格和服饰特点。

三、丝路之绸的研究框架

1. 资源调查和信息整理

丝绸之路的广袤时空为沿途国家留下了丰富的文物资源，但涉及纺织品文物的资源调查相对缺乏，我们急需与丝路沿线国家共同开展全方位、多角度、深层次的丝路之绸资源调查，重点包括丝路沿途国家遗存的纺织品及相关文物、遗址、壁画、传统纺织技艺等；同时，丝路之绸及其相关资料散藏于世界各地，有很大部分资料尚未整理完成，已经整理的资料缺少对纺织品角度的详细研究和描述，即使是整理较好的资料也出于语言等各种原因而没有得到较好的出版和展示。因此，必须进行大量的信息收集与整理工作，并基于此形成调研报告、标本库、数据库、网站等成果。

2. 价值认知与研究方法

我们以丝路之绸为主要研究对象，从中外技术交流与互动的特定视角，探索如何应用各种现代科技手段，建立适用于纺织品文物的研究方法体系；借此系统揭示纺织品材质和制作工艺特征，全面探讨其原料来源、产地、制作技术的演变和传播历程；结合考古学、历史学、民族学资料，全面深刻阐明其中蕴含的价值内涵。

3. 保护项目和技术培训

我们针对丝绸之路沿线保存纺织品的不同状况开展针对性研究，基于此形成一系列适用于丝绸之路沿线纺织品文物保护的专利、材料、技术、装备和规范；与丝绸之路沿线相关机构加强科技合作，共建联合实验室，促进人员交流，合作开展研究，共同提升丝绸之路纺织品文物领域的研究水平和创新能力；通过举办纺织品文物研修班和案例实施的方式，将已有的纺织品文物认知保护专有技术、材料和标准进行推广应用。

4. 展示展览和出版宣传

我们兼顾草原、陆上、海上等丝绸之路，整合丝路沿途各国的纺织品文物资源，开展国际展览合作，从纺织品的角度对丝绸之路进行勾勒和诠释；利用智慧博物馆建设理念，构建跨地域、跨博物馆的分布式知识库及综合展示平台，形成永不落幕的网上展览；同时采用博物馆陈列、网站、出版物、学术研讨会等多种渠道和方式，全面展示丝路之绸的研究成果。

5. 传承创新和设计制作

针对活态民间纺织品在当地传承应用的现状，我们开展传统纺织工艺传承与创新的合作；加强高新技术与织造、印染等丝绸之路沿途传统纺织工艺的有机结合，在传承民族传统工艺特色的基础上，形成独具特色的文化产品，推动高端饰品、服装、设计等行业的应用，推动相关产业发展。

四、丝路之绸的研究现状与前景

丝绸之路一直是国际上的一门显学，每年都有大量的以丝绸之路为名的图书的出版或展览的开幕，甚至音乐的出现，然而，其中真正研究丝路上的丝绸或是纺织品的并不多。在西方，西尔凡、安德鲁斯、里布夫人、陆柏等人对巴泽雷克、诺因乌拉、吐鲁番、敦煌、黑水城等地出土的纺织品进行了较为深入的研究，在中国则是以夏鼐、王㐨、武敏等为首的考古学家对西北地区出土纺织品的研究为主。

近年来，国际上有更多的机构和学者推出丝绸之路相关的展览或研究成果，例如，美国大都会艺术博物馆在推出《丝如金时》(*When Silk Was Gold*)、《走向盛唐》(*Dawn of the Golden Age*)之后，又推出了《全球交织》(*Interwoven Globe*)，引起国际关注[①]；丹麦国家基金会纺织品研究中心每年都推出类似的主题活动，如 2014 年举办的"东西纺织术语：1000 BC-AD 1000"(Textile Terminology: From Orient to Mediterranean and Europe)和出版的《全球纺织品的邂逅》(Global Textile Encounters)[②]；大英图书馆在纪念国际敦煌项目 10 周年之际推出"丝路之绸"(Silks on the Silk Road)系列讲座；此外，以法国的国际古代纺织品研究中心(CIETA)和美国的全美纺织品协(TSA)均有双年会，每次均有关于纺织文化东西交流的内容。2005 年开始，东盟又

---

① Watt, J. C. Y. & Wardwell, A. E. *When Silk Was Gold: Central Asian and Chinese Textiles*. New York: Metropolitan Museum of Art, 1997; James, C. Y., et al. *China: Dawn of a Golden Age, 200—750 AD*. New York: Metropolitan Museum of Art, 2004.

② Nosch, M., Zhao, F. & Varadarajan, L. *Global Textile Encounters*. London: Oxbow Books, 2014.

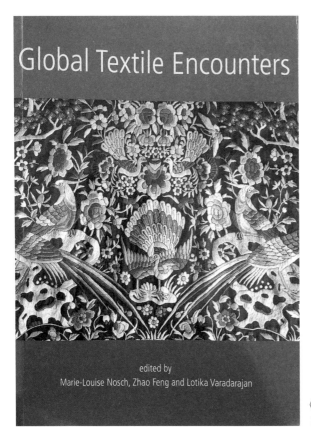

《全球纺织品的邂逅》（*Global Textile Encounters*），2014

推出以传统纺织品为题的研讨会，2009 年起成为双年会，2015 年第五届东盟传统纺织品年会则在泰国举行。

　　但是，与丝绸之路的研究人员相比，丝路之绸研究的数量还是非常小，而面对"一带一路"沿途的国家时，其发展空间却非常大。这就使得我们开始设想在研究机构和研究者之间建立一个丝路之绸的研究联盟。其实，在我们的合作过程中，我们已经有了大量的同盟者，例如，在编纂"敦煌丝绸艺术全集"时我们与英国国家图书馆、大英博物馆、维多利亚与艾尔伯特博物馆，法国吉美国立亚洲艺术博物馆，俄罗斯艾尔米塔什博物馆等合作 [1]，与丹

---

[1] 赵丰 . 敦煌丝绸艺术全集（英藏卷、法藏卷、俄藏卷、中国敦煌卷、中国旅顺卷）. 上海：东华大学出版社，2007—2021.

麦合作研究欧亚早期羊毛织物，与美国合作研究丝绸之路上的丝绸产地，与俄罗斯合作金帐汗国地区出土的蒙古时期纺织服饰，与乌兹别克合作研究费尔干纳出土丝绸，与塔吉克斯坦合作研究粟特时期织物，与韩国合作研究明代丝绸及中韩丝绸交流，与瑞典合作研究彼得大帝时期的中国丝绸，与意大利合作研究 19 - 20 世纪之交时意大利与中国养蚕技术交流，使得丝路之绸研究的条件渐趋成熟。我们也在哈萨克斯坦、土耳其、巴林、俄罗斯、泰国等地举办各种类型的丝绸展览。同时，纺织品文物保护国家文物局重点科研基地在新疆、甘肃、西藏、河南等地开展了大量的纺织品文物保护项目，特别是国家文物局在 2015 年 10 月组织全国八个省（区、市）的 20 余家文博机构共同举办"丝路之绸：起源、传播与交流"大展，并在展览期间推出相应的研究活动，这些又为我们在丝绸之路沿线开展丝路之绸研究的合作带来更大的契机[①]。

（原载《中国文物报》2015 年 6 月 26 日，第 6 版。）

---

① 赵丰. 丝路之绸：起源、传播与交流. 杭州：浙江大学出版社，2007.

中国纺织品科技考古和保护修复的现状与将来

　　2000 年中国纺织品鉴定保护中心成立时，中国丝绸博物馆曾办过一个展览，对当时进行过的纺织品鉴定保护工作做一个回顾和展望，展览的标题是"巧手补霓裳，慧眼识华章"。现在，10 多年过去了，中国的纺织品科技考古和保护修复工作又取得了很大的进展，但当我读到这几个字时，倒是不敢轻易再用。我试着从昔日旧句中想出一个新的题目，其中却多了犹豫和踌躇，明白其中有很多不确定的因素。昨日霓裳在穿越历史的过程中，无疑会受损或褪色，如何对其进行科学研究和修复保护，是我们文化遗产工作者的历史任务。虽然我从来没有说过自己是一个纺织品保护工作者，连对纺织科技史的研究我也承认只是 paper weaver（即纸上谈兵的意思），但 30 多年学习丝绸历史的过程，特别是 20 多年来中国丝绸博物馆从事的丝绸科技考古和鉴定的工作，以及 10 多年来我们关注纺织品保护工作的经历，让我感到很有必要回顾一下中国纺织品科技考古和保护修复的现状并思考它在明天的发展，或会有助于昨日霓裳成为明日华章的实现。

1. 从马王堆的发现开始起步

　　从丝绸之路的汉唐织物到地下宫殿的皇家服饰，虽然中国的纺织品考古收获甚多，但对于纺织品文物的科技考古和保护修复而言，它的第一页是从 1972 年湖南长沙马王堆汉墓开始书写的。西汉初年下葬的軑侯夫人的盛装的出土，为我们古代纺织品的研究者和保护者带来了大量的新课题，开辟了一个崭新的领域。当时，中国科学院考古研究所的王㐌参与了整个发掘和保护过程，特别是对出土的大量丝织品进行了揭取，同时进行了修复和加固保护，使得马王堆出土的丝织品至今依然十分完好地保存在湖南省博物馆内①。与此同时，以上海纺织科学研究院和上海丝绸工业公司组成的文物研究专家组也来到了长沙，用现代测试手段和科学技术对其进行了各方面的研究，取得了众多的成果，并出版了《长沙马王堆一号汉墓出土纺织品的研究》一书，成为中国纺织品科技考古中的经典之作②。

马王堆出土纺织品的研究成果并不局限于文物界，它还引起了整个纺织工业界的巨大热情。在时任纺织工业部副部长的陈维稷的主持下，上海、北京、杭州等地都开展了对中国纺织科技史的系统研究，并于1984年出版了《中国纺织科学技术史（古代部分）》中文版③，随后，该书又被译成英文出版，由此诞生了古代纺织工程这一学科和大量的纺织、丝绸类博物馆，纺织品文物的研究和保护有了一批专业的机构和队伍。

在马王堆之后，纺织品的考古发现依然十分多。特别是改革开放之后考古工作的大发展，也为纺织品文物的出土带来了巨大的可能性。自从1991年开始"全国十大考古新发现"评选以来，平均每年的十大考古发现中都有一项是关于纺织品的出土。在这样的情况下，中国纺织品鉴定保护中心应运而生，它是全国第一家以纺织品文物科技考古和保护修复为目的的专门机构。在它之后，国内又有陕西考古研究所、首都博物馆等单位在各自的科技保护部门中设立了专门的实验室，从事纺织品文物的科技考古和保护修复工作。

2. 分析检测纤维、组织、染料、污染物

利用现代科学仪器设备进行测试是科技考古的基本手段。就纺织品而言，它的主要测试项目是纺织品所用的纤维、组织和染料或颜料的种类，有时也包括织物在埋藏或传世过程中附着的污染物种类分析，以及使用碳十四方法对出土纺织品进行年代测定。

事实上，从马王堆的发现到今天，我们所用的分析测试方法并无大变。鉴定纤维种类和组织结构的主要手段是形貌观察，用高倍的显微镜，或是用扫描电镜，对各类纤维和组织进行观察。就纤维而言，考古界还常用红外光

① 王㐨. 王㐨与纺织考古. 香港：艺纱堂/服饰出版，2001.
② 上海纺织科学研究院，上海丝绸工业公司文物研究组. 长沙马王堆一号汉墓出土纺织品的研究. 北京：文物出版社，1980.
③ 陈维稷. 中国纺织科学技术史（古代部分）. 北京：科学出版社，1984.

谱来加以判断；就丝纤维而言，有时还采用氨基酸分析进行深入研究。对于部分不常见的金属类纤维或矿物颜料，则可利用能谱分析、X 射线衍射等方法来确定其所属种类。

在纺织品测试方法中，难度较大的是染料的分析检测，包括色谱法和光谱法两种。色谱法中最为常见的是高效液相色谱（HPLC），它是具有高分离效能的柱液相色谱分析方法。现在更为先进的是液相色谱和质谱联用的技术（HPLC-MS），它提供了更高的分析灵敏度以及更详细的染料分子结构[①]。光谱法有很多种，常用于染料测定的有紫外 - 可见光谱法，此外，质谱法、三维荧光光谱法、全内部反射激光分光法和毛细管电泳法也时见使用。

综上所述，纺织品文物的分析测试手段基本没变，近年来的主要变化是所需的取样量小了，测试的灵敏度大了，得到的信息也就更多了，分析记录的手段也就更为先进了，一般均可以直接用电脑进行操作和处理。但由于文物的测试需要大量的标准样品，而我们无论是在纤维方面还是在染料方面均缺少基本的数据库，因此，所有开展的测试依然不够系统。在这种情况下，我们应该花大量的时间和精力，建立各类纤维、染料、组织结构等的标本库，同时把各类纤维的形态结构、各类织物的技术特点、各种矿物颜料与植物染料的相关数据等做成标准图谱的数据库，这是纺织品科学考古测试工作中无法回避的工作。这样，在将来的测试中，我们就可以对比测试数据和标准图谱，以找到相应的答案。

分析测试中较难的是污染物的分析，在众多的分析检测技术中，能够应用于纺织品污染物分析的手段与纤维和染料的分析手段相似，但对于其判断，更多的要从纺织品出土和环境保存方面进行分析。

3. 科技考古：织造、纤维加工和染色技术

科技考古在相当程度上属于科技史的研究，夏鼐的《考古学与科技史》[②]是这一方面的典范。在我的理解中，科技史的研究是一门解释古代科技真相和发展规律的学科，属于人文和自然科学的交叉学科。它的研究需要有三个方面的知识基础，一是具有纺织专业的知识背景，二是理解科学测试分析的

---

① Wouters, J. High performance liquid chromatography of anthraquinones: Analysis of plant and insect extracts and dyed textiles. *Studies in Conservation*, 1985, 30(3): 119-128.

② 夏鼐 . 考古学和科技史 . 北京：科学出版社，1979.

结果，三是对于传统工艺的调研和理解。一个研究的结论，应该符合它的专业原理，应该与文物的测试结果相吻合，而传统工艺，一则可以帮助学者在其中找到启示，同时也可以作为判断其是否合理的一个标准。而在我们的研究中，最为缺乏的是对于传统工艺的调查研究。

事实上，对传统纺织工艺的调查首先来自民族学和民俗学。中国历史博物馆的宋兆麟在 20 世纪 50 年代就开始了对少数民族传统纺织工艺的调查，发表了大量的调查报告以及基于民族学对古代纺织技术的研究[1]。从对古代纺织科技史进行研究开始，纺织界又对传统工艺进行了大量的调查和研究。特别是南京云锦研究所、苏州丝绸博物馆、中国丝绸博物馆，它们在民间、民族丝织工艺方面的调查、收集以及技术传承方面做了大量的工作，由钱小萍牵头进行的"中国传统工艺调研：丝织染绣"就是这方面成果的集中体现。[2]正是在这些工作的基础上，这三个机构先后展开了古代纺织品文物的复制研究，南京和苏州成功复制了相当数量的历朝各代的丝织文物，其中部分已成为博物馆展示中的重要展品，并具有一定的收藏价值[3]；而中国丝绸博物馆更多地进行纺织工具和织造技术的研究，不仅复制成功了踏板立机、踏板斜织机等织机，而且在复原织机的同时利用多综多蹑机复制汉式织锦，复制罗织机织造提花的四经绞罗织物，利用夹缬版进行夹缬工艺的研究，在这方面取得了较大的成功[4]。但是，中国传统纺织科技的发明创造十分丰富，其中还有大量内容需要研究。就以织造方面最为重要的两大发明踏板织机和提花程序而言，前者的研究较为充分，但对提花机的研究基本上还是局限于束综提花机，而对于提花程序的发明和演变，特别是与西方提花机的交流研究还非常不够，应该加大这一研究。此外，还应该加大对天然纺织纤维和天然植物染料的研究，研究其种类以及各种加工和使用的工艺，即使对于蚕丝等常见纤维以及红花、靛蓝等常见染料，我们也没有做到了解透彻。可以充分利用近年来全国上下对非物质文化遗产的重视，在博物馆界大力开展对传统工艺的

①　宋兆麟. 从民族学材料看远古纺轮的形制. 中国历史博物馆馆刊，1986（8）：3-9；宋兆麟. 考古发现的打纬刀——我国机杼出现的重要见证. 中国历史博物馆馆刊，1985（7）：15-23，71
②　钱小萍. 中国传统工艺全集：丝绸织染. 郑州：大象出版社，2005.
③　黄能馥. 中国南京云锦. 南京：南京出版社，2003.
④　赵丰. 踏板立机研究. 自然科学史研究，1994，13（2）：145-154；赵丰. 汉代踏板织机的复原研究. 文物，1996（5）：87-95，100；罗群. 古代提花四经绞罗生产工艺探秘. 文物保护与考古科学，2008，20（2）：21-26；楼婷. 多综多蹑机及汉锦的研究. 丝绸，2001（10）：38-39，41.

调查、抢救和研究，一方面保护非物质文化遗产，另一方面为科技考古所用。

4. 保护修复经验性和标准化

纺织品文物保护无疑是近年来这一学科的发展中最为突出的部分。文物保护总体是一种应用技术，但由于保护对象状况的不确定性，我们在实践过程中主要是在一定理念指导下的经验性应用。其中又可分为两大类：一类是针对具体文物进行具体处理的技术，另一类是可以标准化的规范性技术。前者主要包括考古处理、清洗、加固等各环节中的技术，而后者主要是在文物进入博物馆之后进行的修复、保存、环境等技术。

考古现场的提取和保护需要极为丰富的经验，在这一方面，文物保护工作者已经积累了很多经验。王㐮亲自主持了湖南长沙马王堆汉墓、湖北荆州马山楚墓和陕西法门寺地宫出土丝织品的考古发掘和清理，并把考古现场和纺织品的出土状况分成几大种类，对不同状况总结和提出了不同的处理措施。[①] 王亚蓉是王㐮的忠诚实践者，也在王㐮去世之后主持处理了北京老山汉墓和江西靖安东周墓出土的丝织品，取得了良好的效果。近年来，德国专家在西安对封存了 15 年的法门寺地宫出土丝织品文物进行了分离，并获得了成功。[②] 其总的原则就是通过温湿度的改变来逐步使织物之间的粘连强度改变，从而进行揭取。这一方法，需要经过大量的考古实践来完善，目前已逐渐成为一种纺织品保护的经验和共识。

加固是近年来纺织品文物保护研究取得的较大成果。丝网加固法自发明以来[③]，曾经风靡一时，被用于各种服饰文物上，虽然在很多文物上获得了良好的效果，但时间长了之后也有不尽如人意之处。近年的一个新突破是湖北省的文物保护人员用微生物法加固了脆弱丝织品，这是一种用乳杆菌、醋酸杆菌加固丝绸的生物化学方法，其工作原理是利用乳杆菌将丝绸角质化的物质分解为糖类和有机酸，并将这些代谢物用醋酸杆菌转化为纤维素，从而达

---

① 王㐮. 王㐮与纺织考古. 香港：艺纱堂/服饰出版，2001.

② Silifucar, A. & Lu, Z. Y. *Famenci: textile conservation* // Development and identification of Cultural Relics Conservation Methods in Germany and China in 15 years, Germany Education and Research Part, Boune - Berlin, 2006.

③ 王㐮. 王㐮与纺织考古. 香港：艺纱堂/服饰出版，2001.

《纺织品鉴定保护概论》，2002　　　　　《古代丝织品的病害及其防治研究》，2008

到加固无强度丝绸的目的 ①。此后不久，中国丝绸博物馆和浙江理工大学开始尝试用丝蚕白来加固脆弱丝织品，希望开辟丝织品加固的另一蹊径。

　　与特殊的脆弱丝织品相比，大量的纺织品文物都可以通过针线法进行修复。在这一方面，中国纺织品鉴定保护中心进行了大量的实践，该中心成立以来修复了百余件纺织品文物，目前已取得国家纺织品文物修复的甲级资质。同时，中国丝绸博物馆还主持起草了《馆藏丝织品保护修复方案编写规范》《馆藏丝织品保护修复档案记录规范》《馆藏丝织品病害分类与图示》等行业标准，并与浙江理工大学和浙江省博物馆一起研制和开发纺织品文物的修复、保存和包装材料，并着眼于推广应用。

5. 研究力量的布局

　　面对 21 世纪的中国纺织品文物保护和科技考古，我们应该明确我们的

---

① 国家文物局文化遗产保护科技平台. 生物技术在文物保护领域的应用研究——出土丝织物加固处理 .（2007-05-25）[2022-01-17]. http://kj.sach.gov.cn/.

《博物馆纺织品文物保护技术手册》，2009

目标：我们是地球上生产纺织品和使用纺织品最多的国家，我们有着最为丰富的纺织品与服饰的文物资源。在中国博物馆的发展历史上，纺织品一定会成为一个重要门类，我们的任务就是对这些纺织品进行鉴定、研究和保护。

为了实现这些目标，我们不仅需要规划我们的工作，更为重要的是培养一支专业的学术队伍，在科学研究和技术推广两个层面上设置合理的机构和人员。

根据国家文物局关于"十一五"规划期间文物科研规划的布局，在纺织品保护领域内无疑应该有一个国家级的专业基地，成为这一领域内的核心，同时与其他合适的、专项的文物保护机构一起形成一个研究框架，我非常希望中国纺织品鉴定保护中心能担当起这一核心的角色来。这个中心固然以纺织品科技考古和文物保护的直接研究和实践为主，但必须与科研院校相联系，必须与生产厂家相联系。鉴于纺织业目前的状况，已几乎没有专业的纺织科研机构在从事基础研究，主要的科研力量是曾经有着纺织科学背景或文物保护背景的院校。其中，实力最为强大的无疑就是上海的东华大学，它最早称为华东纺织工学院，曾改名为中国纺织大学。它是国内最早招收纺织科技史硕士和博士研究生的大学，目前有着独立的中国古代纺织工程学科博士点，招收中国传统纺织术、古代纺织品分析与保护技术、传统纺织科技与艺术的现代应用研究的工学硕士，以及中国传统纺织技术、古代纺织品分析与保护技术和纺织衣装传统科技艺术加工的工学博士，同时还在服装学院中招收服饰史论等方向的硕士和博士生。浙江理工大学是另一个培养纺织科技史和纺织品文物保护方向硕士的大学，它原为浙江丝绸工学院，有着全国最早招收丝绸科技史学生的硕士点，后来的方向改为传统纺织品的发掘与工艺现代化研究，现在又在功能高分子材料下增加了丝绸文物保护材料一个方向。除此之外，北京大学、复旦大学、北京科技大学中的文物保护专业也曾对纺织品保护技术感兴趣，其中有部分学生以丝织品保护作为他们的毕业论文主题。清华大学、苏州大学也对纺织科技史或传统工艺较感兴趣，也有部分教师和学生从事这方面的研究。学校的涉及面较广，应该在不同院校中培养不同背景、不同兴趣、不同方向的硕士和博士，并进行不同方向的学科研究，其中应该包括纺织科技史、纺织品文物保护、纺织艺术史以及纺织传统工艺的保存等。

虽然纺织品文物保护的应用面不会很广，但其研究也应该与生产厂家相结合，需要形成一定的产品，甚至形成一定的产业。特别是在纺织品文物修复材料、加固助剂、保存的材料和设备装置等方面，有些材料也可以同时推广到其他的有机类文物保护领域中去。

纺织品文物保护的最后一道是技术推广。这一成果的应用主要是在纺织品文物保护单位，包括发掘了纺织品的考古所和收藏纺织品的博物馆以及其他相关部门。我相信，中国博物馆的领域还会进一步扩展。目前的大中型博物馆一般属于考古类或文物类，随着历史的发展，我们不可能把近现代文物排除在外，也就不可能把人们生活中关系最为密切、既有技术又有艺术的纺织品或服饰排除在外。在文博界推广纺织品科技考古、测试分析和保护修复技术是我们必然的任务。因此，我们必须在院校教学、专业人才培养之外建立一个纺织品保护修复技术的推广平台，举办各种形式的培训班，推广应用最新的产品、技术和规范。只有这样，纺织品科技考古和保护修复的研究才能真正收到效果。

（本文原载《文物保护与考古科学》2008 年增刊。）

天衣有缝与天衣无缝

兼谈文物修复中的可识别原则

在比较了传统和当代纺织品修复技术之后，我们发现，"天衣无缝"和"天衣有缝"其实正是传统和当代文物修复理念之间的差别。中国的传统修复总是把修复做得尽善尽美，如补衣服时尽可能按原有的布料及结构将它补得新旧一体，如王㐀在修复黑龙江阿城金墓出土的刺绣罗鞋时用的就是这一理念，重做并做旧了鞋底，使其与鞋面连成一体。在裱旧画时也将破洞补了，再加以全色，以假乱真，这种理念和方法其实就是"天衣无缝"。当然，这种理念不仅是在东方，在西方的修复如绘画、地毯和壁挂修复中也是如此。

当今的修复理念主要来自国外，集中地体现在布兰迪的修复理论中。这一理念通常要求修复和被修复的两种材料有明显的新旧差别标记，这被称为"可识别原则"。同样，"天衣有缝"也不完全是西方的理念，中国纺织品修复师王㐀先生也曾提出类似的原则。

因此，"天衣无缝"并不完全是东方的理念，"天衣有缝"也不一定就是西方的理念。有缝无缝要看具体情况而定，不同的文物有着不同的情况，不同的方案有着不同的原因，不同的修复会产生不同的效果。指导将来修复工作的关键是案例，原则之下的案例指导也许是文物保护和修复领域里一种较好的技术推广模式。

一、天衣无缝

"天衣无缝"是一个成语，比喻事物周密完美，浑然无痕，看不出任何破绽。一般认为，这一成语语出《灵怪录·郭翰》："稍闻香气渐浓，翰甚怪之，仰视空中，见有人冉冉而下，直至翰前，乃一少女。……徐视其衣并无缝。翰问之，谓翰曰：天衣本非针线为也。"① 而在这里，我们用它来代表一种修复理念，一种修复目标，即希望修复完成的文物看起来如同新的一样，特别是指在文物补缺之后如同完好无损一样。其实，以前所说的修旧如旧，多少也有些这样的意义在里面，即让别人看不出其中的不同来。

中国的修复历史非常悠久。人类最早对器物进行修复的目的是延长器物的使用寿命，在英文中称为 repair，与文物修复的 restoration 的最大区别是在于，repair 以恢复器物的使用功能为主要目的②。而在古代中国，最为常见的修复一是古建修复，二是书画修复。古建是不可以移动文物的代表，而书画是可移动文物的代表。前者在修复时不仅进行结构的加固和替换，而且对其装饰部分进行重漆和重绘，使得修缮后的效果如同新成一般，修成之后还常常会立碑纪念。书画的修复在中国古代特别盛行，历代对于名人书画的修复一直持续不断。一幅古画每归属于一个新的藏家，总是被添加了题跋，增盖了收藏章，还有些人更会对古画进行修补甚至重新装裱。

古代书画修复中最为重要的两个步骤是"补"和"全"，补是补残缺的材料，全是补残缺的色彩。这两个步骤在明代周嘉胄的《装潢志》中有着十分详细的说明："补缀，须得书画本身纸绢质料一同者。色不相当，尚可染配。绢之粗细、纸之厚薄，稍不相侔，视则两异。故虽有补天之神，必先炼五色之石。绢须丝缕相对，纸必补处莫分。"③ 全色包括接笔、补色两种功夫，即用今人之笔墨补全古画上的残损失色的地方。"古画有残缺处，用旧墨不妨以笔全之。须气高手施灵。友人郑千里全画入神，向为余全赵千里《芳林春晓图》，即天水复生，亦弗能自辨。"④ 这里周嘉胄讲得非常清楚，郑千里全色的水平，可以达到让赵千里本人也无法辨认的程度。很显然，古代书画补缺全色的理念和目标就是以假乱真，就是天衣无缝，不降低它的观赏性，从而达到不降低这一文物的价值的目的。

从传世的古代书画来看，也经常可以找到其补缺全色之处。美国大都会

---

① 《太平广记》卷六八引前蜀牛峤《灵怪录·郭翰》
② 潘路. 青铜器保护简史与现存问题. 文物科技研究. 2004（2）: 1-8.
③ 周嘉胄. 装潢志图说. 田君，注释. 济南: 山东画报出版社，2003 : 19.
④ 周嘉胄. 装潢志图说. 田君，注释. 济南: 山东画报出版社，2003 : 22.

艺术博物馆所藏董源《溪岸图》在前些年进行了极为细致的研究，据何慕文对其进行的详细描述，《溪岸图》宽 43.25 英寸，高 87.25 英寸，其中包括两幅各宽 23 英寸和 20.25 英寸的画绢画成的织物，而原画很有可能是由三幅基本等宽的画绢拼成的。即使是在现有的画芯里，也可以看出它曾有大量的面积残缺，乃由后人在不同时代逐次修补而成。①

中国古代纺织品有两个大类：

一类被认为是艺术品，如以绢为地的绘画，或是观赏性的缂丝和刺绣，一般采用装裱的形式保存和展示，其最大的特点是在后面衬以别的纸张作为支撑，所以在修复中亦与书画相似，天衣无缝是其修复原则。传说民国时期琉璃厂茹古斋的周杰臣一直做朱启钤的缂丝和刺绣生意，有一次周杰臣买来一幅油渍破裂、陈旧不堪的花鸟缂丝，而竹石斋的崔竹亭手艺高超，技术绝妙，将丝织物浸入水中，去其油污，晾干后修补残缺处，再用刀剔，粘补鸟羽绒毛。经他修复后，这幅缂丝画面完整无缺，色泽典雅古朴，看不出有修补之处②。

另一类纺织品当然就是实用品，由于其有着三维立体的结构，其目标又是修复之后的着装效果，因此，它很难采用在衣服后面支撑的方法，而只能是在局部以补丁形式来做，或是以织补的方法进行，清代起就有专门的织补匠人，做着纺织品修复的事。这里最好的例子就是《红楼梦》中描写的晴雯补裘，补的是孔雀金线织的雀金裘。"晴雯先将里子拆开，用茶杯口大的一个竹弓钉牢在背面，再将破口四边用金刀刮得散松松的，然后用针纫了两条，分出经纬，亦如界线之法，先界出地子后，依本衣之纹来回织补。补两针，又看看，织补两针，又端详端详。""刚刚补完，又用小牙刷慢慢地剔出绒毛来。"助手麝月的评论是："这就很好，若不留心，再看不出的。"而主人宝玉的评价更高，说道："真真一样了。"但晴雯自己还是很不满意，说了一声："补虽补了，到底不象！"③看来，这里修复的标准同样也是以假乱真，天衣无缝。当然，这种修复通常只用于局部，不可能用于较大范围。

① Hearn, M. K. *Riverbank: The Physical and Documentary Evidence, along the Riverbank*. New York: The Metropolitan Museum of Art, 1999: 156-161.
② 陈重远. 文物话春秋. 北京：北京出版社，1996.
③ 《红楼梦》第五十二回：俏平儿情掩虾须镯，勇晴雯病补雀金裘。

其实，在西方艺术品的修复中，天衣无缝也曾是人们追求的效果，特别是在油画修复中应用得更为普遍。油画修复在欧洲已有几百年的历史，经历了很长一段时间的摸索和缓慢发展的阶段。早期，人们对修复方法和修复材料的认识极为有限，有些油画修复的技术和措施，在今天看起来非常原始和不可思议。譬如，一直到20世纪初，很多博物馆仍然使用水和肥皂来擦洗油画，将油画浸入亚麻油中，或用黄油、猪油等作为调料涂抹画面，以图恢复失去的色彩。文艺复兴时期油画大师达·芬奇的名作《蒙娜丽莎》，据说已被修复了70多次。显然，每一位修复该画的人，都不满意他的前任所做的工作。这些修复中非常重要的一环就如同中国古代书画一样，就是补缺和全色。

油画修复的第一步往往也是清洗画面。如果作品的表层因为龟裂剥落或破损过于严重而产生了许多凹陷的空白处，就要进行白浆填补，使其回复平整的表层。涂在凹陷空白处后，这种白浆就要塑造与周围相应的笔触，然后等待补色，以前用于补色的也是与油画颜料相同的油彩。补色的工作曾经引起许多艺术家与学术界的争议，因为补色无疑是出自修复师之手，因此有人认为这样会破坏原画的美学价值。相反，也有人认为这样可以弥补作品受损的瑕疵。但无论如何，这种理念基本也与天衣无缝的修复理念是相同的。

除了油画，天衣无缝的修复理念也曾在西方的纺织品修复中存在，其最主要的种类就是大型壁挂（或称挂毯）。欧洲宫廷陈饰中通常都有大面积的壁挂，长年累月，总会破损，而其修复方法就是修补，补到基本完好能够继续悬挂为止。除此之外，大型地毯也用修补的方法来延长其使用寿命。因此，这种天衣无缝的理念，不仅是东方传统的修复理念，在古代西方的修复实践中，也曾作为极其重要的方法用于实践。

二、天衣有缝

"天衣有缝"一词来自我们所做的一个纺织品修复展览的名称。2009年9月，由国家文物局科技司主办、中国丝绸博物馆和中国文化遗产研究院承办的"天衣有缝：中国纺织品修复成果展"正式开幕。展览展出了近30件国内修复师修复的古代纺织品和服饰，其年代从战国到民国，其种类从织锦到

《天衣有缝：中国古代纺织品保护修复论文集》，
2009

刺绣，反映了新中国纺织品修复的成果①。原先我们在取"天衣有缝"作为展
览题目时，是指当古代精美的服装破损了的时候，我们的修复师就开始进行
修复。但在同时举办的学术讨论会上和修复师之间的交流过程中，我们突然
发现，所谓的"天衣有缝"其实可作为当代文物修复理念中的"可识别原则"
的同义表达。这一理念通常要求新的就是新的，旧的就是旧的，两者可以共
存，但是不能混淆。这种保持新旧差别标记的原则被称为"可识别原则"：哪
里是原始的织物？哪里是前人修复的？哪里是现在修复的？都得标清了，而
且将来还应该可以拆除部分修复，进行再处理。

　　当代修复理念主要来自国外。其中介绍文物修复理念最多的是意大利布
兰迪1963年出版的《修复理论》，布兰迪在书中提出了一些关于文物修复的理
念和原则。由于原书写作的风格，这些原则被人进行了不同的解释，即使是
中国和意大利合作培养的学员，也会有不同的理解。王旭认为有三条：（1）可

① 中国文化遗产研究院. 天衣有缝：中国古代纺织保护修复论文集. 北京：文物出版社，2009. 该文集
所收主要就是展览展出的修复展品。

辨识原则;（2）最小干预原则;（3）可逆性和可再处理性 [①]。杨淼认为的虽然也是三条,但有所不同:（1）可识别性;（2）兼容性;（3）可逆性 [②]。而京红归纳的布兰迪修复原则有四条:（1）原真性;（2）可识别性;（3）可逆性;（4）最小干预原则 [③]。王淑娟则提到有五条原则:（1）历史价值与艺术价值相结合;（2）可识别性;（3）可再处理性;（4）最小干预;（5）材料兼容性 [④]。

在对布兰迪文物修复理论的不同理解中,"可识别原则"为大家所共同提及。关于这一点,布兰迪在其理论中做了较为详细的说明:"第一个原则是补全总是应当容易认出,但不能为此就应当破坏补全旨在重构的统一性。因此,补全应当在艺术品应被观赏的距离内看不到,但稍微靠近观看,不需要借助特殊工具就立即被略微认出。" [⑤] 此外,他于 1961 年在纽约的第 20 次艺术史大会上又提出了《处理缺失的理论旁注》:"任何旨在用补全在缺失中感应或接近艺术形象的干预,都是超出我们必须遵守的艺术品考察范围的干预,因为我们不是具有创造性的艺术家,我们不能使时间进程逆转,也不能合法地置于艺术家创造那部分的时刻。我们对已进入人生世界的艺术品的唯一态度,是考察艺术品在我们意识中实现的现状。"虽然布兰迪也不完全排除适当限度的补全,但他还是建议"补全应控制在限度内,并且其形态应一眼认出" [⑥]。

不过,这一理念也并不完全是西方的修复理念。事实上,中国的文物保护工作者,特别是纺织品保护修复的前辈王㐨先生也曾提出过类似的原则。王㐨以中国纺织品的保护修复为主要经历,并没有接触过相关的国外资料。他在对中国纺织品保护的思考中,曾提出过七条修复原则,其中第四条说:"补配部分尽可能用同质材料,又要外观上略有区别。非特殊要求,不要修饰得不见痕迹,更不可扩大范围,要为后人研究留一片净土。" [⑦] 这一原则所说的其实就是可识别原则,但王㐨说得更有中国传统,强调在一定研究基础

① 王旭 . 对纺织品文物保护修复的认识 . 文物保护与修复的问题 . 北京:文物出版社,2009:11-15.
② 杨淼 . 对布兰迪文物修复理论和纺织品文物保护技术的思考 . 文物保护与修复的问题 . 北京:文物出版社,2009:16-20.
③ 京红 . 对文物保护和修复方法论的思考 . 文物保护与修复的问题 . 北京:文物出版社,2009:31-35.
④ 王淑娟 . 从文物价值角度浅谈文物修复原则 . 文物保护与修复的问题 . 北京:文物出版社,2009:69-72.
⑤ 布兰迪 . 修复理论 . 陆地,编译 . 上海:同济大学出版社,2017:41.
⑥ 布兰迪 . 修复理论 . 陆地,编译 . 上海:同济大学出版社,2017:85.
⑦ 王㐨 . 王㐨与纺织考古 . 香港:艺纱堂 / 服饰出版,2001:35.

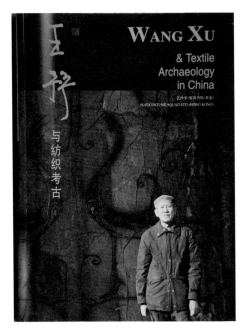

《王㐨与纺织考古》，2001

上的补配，强调补配部分和文物原体的协调性，强调这种可识别痕迹的限度和隐蔽性。其实，这是非常高明的地方。对于大量具有时代规律的、外观变化有序的纺织品文物（布兰迪面对的更多的是雕塑和绘画等艺术品）来说，王㐨先生提出的可识别性显得更为切合实际。

　　由此，我们可以归纳：至少在纺织品文物修复上，可识别原则可以进一步扩展到除被修复的文物本体之外，一般人可视的修复材料种类和区域范围的可识别除外。这样的可识别原则体现在以下方面。

　　（1）用支撑法修复：把作底的新面料和作面的文物缝合在一起，只是起到支撑作用，并无真正的修复之嫌，所以，将作底的面料按研究后得出可能的文物原件形状裁制，符合可识别原则。

　　（2）规范记录：要规范地记录所有修复的细节，使修复的材料、范围等在档案中得以记录，而记录可以帮助我们识别文物的原体以及修复的补配。不过，1972 年的文物修复章程中的第六条规定："风格的补全，或类似操作，即便是采取简化的形式，即便有绘图或造型方面的资料可以提供艺术品的原貌，也不能进行这样的操作。"禁止"可能会删除艺术品历史痕迹的对艺术品的移动或拆除，除非涉及损害性病变或与保护艺术品历史价值发生矛盾的病变，或对艺术品产生了造假效果的风格的补全"。第七条之一："在添加起加固作用的辅助部分，或对有历史依据的部分进行补全时，要根据情况，或留出明显的补全的界线，或采用协调但不同于原来的材料，尤其是与原来部分的连接点，应可用肉眼清楚辨认，另外，在适当的地方签名并注明日期。"①

（3）工艺区别：可识别还可以体现在传统工艺上，所有的染料、纤维的捻向、组织结构等工艺细节都属于文物的特征，可以进行不同的体现，可以供人们进行识别。

三、原则之下的案例指导

作为一种指导修复的理念和原则，"可识别原则"是正确的，也是可行的。但实际情况却远远来得更复杂，规范和标准在具体修复实践中并不能完全适用。王㐨生前就不是很喜欢写文章，特别是写具体的指导性文章。他总是担心："因为每一件文物都有自己的特殊性，因而对待不同的文物就要有不同的方法，但是如果我今天写了这种方法，人家看了再遇到这种类似的文物时也许就要套用方法，最后的结果也许就因为一些微小的不同而毁于一旦或者没有产生最好的效果。"②

事实上，这种情况发生过很多次。在同样的原则下，修复的方案和结论都不一定相同，不仅在东方如此，在西方也是如此。在此，我们以美国大都会艺术博物馆进行的挂毯修复为例。

大都会艺术博物馆在曼哈顿的北端有一处中世纪艺术分馆，建筑是法国中世纪（12世纪前）的一个修道院，馆内十分重要的一组展品就是挂毯。最为有名的是一组独角兽的挂毯，这组挂毯和其他大部分挂毯都修复得较早，用的基本就是"天衣无缝"的修复方法。其总体保存情况不错，但也有部分挂毯因为修复时用了不同染料染成的色彩，修复时看起来是好的，但时间长了就开始褪色，最后在挂毯上出现了点状的色斑。也有若干件挂毯因为缺失较大，采用

---

① 布兰迪.修复理论.陆地，编译.上海：同济大学出版社，2017：141.
② 陈杨.浅谈王㐨先生对纺织品文物的保护修复思想：采访实录，卷四，7-9页。

了较多的补白，观众可以明显地看到底衬，这无疑属于"天衣有缝"的方法。

最为有趣的是大都会拉蒂纺织品保护修复中心花了 30 年修复的另一件挂毯，这件挂毯一般被称为布尔戈斯（Burgos）挂毯，但其全名是《耶稣生来为人类救主》（Christ Is Born as Man's Redeemer）。这件挂毯原来也是挂在修道院的，尺寸很大，但当大都会艺术博物馆决定撤下来修复时发现，这件挂毯原来是由四块残片拼成的，而且其中有着很大的缺失。大都会艺术博物馆的纺织品修复师蒂娜·凯恩（Tina Kane）首先拆除了旧的拼接（也就是不当修复），然后开始了深入的研究。她和她的同事们从同时代的绘画中找到了当时缺失部分的可能方案，再通过同一织物上的其他纤维确定了染料和纤维种类，并开始了长时间的修复。我于 1997 年在大都会艺术博物馆做客座研究时每天都看到她在那里专心致志地工作，没想到这件挂毯的修复几乎耗费了她一生的年华，从花季少女一直修到白发老太。这是一件基本按照天衣无缝的理念来修复的作品，采用了基本一致的染料，一致的纤维，其中可识别部分主要保存在记录和档案中[1]。大都会艺术博物馆为这件挂毯的修复在 2009 年的 12 月 6 日和 8 日召开了两天的学术讨论会，举办了一个展示，并且出版了一本著作。讨论会的主题就叫"救赎：挂毯修复的过去和现在"（Redemption: Tapestry Preservation Past and Present）[2]，这里的"救赎"，正与挂毯题目里的"救主"是同一个词源。

在国内，王㐨先生修复的黑龙江阿城金墓出土的绣鞋与此类似。1991 年 9 月 20 日，王㐨在收到此鞋时，就根据收藏单位的要求及工艺上的可能性制定了对该绣鞋的修复要求：（1）左鞋底做完整，同原工艺，贴到左鞋底面上，做旧随色如出土物；（2）右鞋底，原有存留底上者加固，残片回贴到位，不做新底，以保留原状；（3）金片，加固不落屑，不显加固痕迹；（4）制盒存储设计，展出时也可用，照相时也可用[3]。当时，王㐨在研究了两只鞋子的制作工艺之后，认同了其一致性，最后决定右鞋底在原有存留底上加固，以保留原状，而将左鞋底按原工艺做一只新的，但要做旧，做到其色彩如同出土

① 此件作品的修复计划将来做正式的展览。
② http://www.metmuseum.org/Calendar/ca_program.asp?Eventid=%7B52FED803-2550-4844-B0A2-AE264A9D2092%7D.
③ 国家文物局博物馆与社会文物司.博物馆纺织品文物保护技术手册.北京：文物出版社，2009.

物。对于金片，就直接加固，并要求不显加固痕迹。这样的思路，完全是在保证文物的原真性、遵循修复的可识别性、最小干预等原则之下做出的符合实际的方案和决定，但这里的可识别性与布兰迪的主张还是有所区别。

所以，我们的规范只能规范其工作过程，而具体的做法则要看具体的情况，无法预测。当我询问蒂娜·凯恩时，她回答说，这样的方法只是在这种十分特殊的情况下才会使用，而且，每走一步都会花费很长的时间。其中，有二年的时间就基本在等待绘画史和宗教史方面的研究结果，直到他们找到了相应的宗教绘画之后，她们才做决定。而王㐨先生也亲口对我说："怎么会是最好的，都是相对的，它在别的条件下是最坏的，在一定的条件下又可能是最好的。"① 理念和原则相对不变，但具体情况时时刻刻都在变。

无疑，在文物保护领域内要有若干个原则，但要制定一套具体的规范和标准，却要花费大量的时间。在法学界就有两大系统：一是大陆法系，是先制一种法律规范，再适用到实践中去；二是英美法系，其特点是判例法，其基本思想是承认法律本身是不可能完备的，立法者只可能注重于一部法律的原则性条款，法官在遇到具体案情时，应根据具体情况和法律条款的实质，做出具体的解释和判定。其基本原则是"遵循先例"，即法院审理案件时，必须将先前法院的判例作为审理和裁决的法律依据。因此，我们在进行纺织品保护技术规范研究时，最后形成了一本《博物馆纺织品文物保护技术手册》，这一手册包含一本手册和一组案例。先制定一本手册然后提供一组案例的做法，多少有些类似于英美法系，不失为一个好方法。手册与规范的不同主要在于：手册告诉你可以做什么，规范告诉你不可以做什么；手册提供已经做的，规范告诉你将要做的；手册让你自己决定，规范替你做出决定。因此，对于很难找到完全一样状态的纺织品保护对象而言，把经过实践的经验提供出来，把别人的经验总结后提供出来，把手册提供出来，是我们在纺织品文物保护方面的一个尝试。现在，这种手册的方式得到了国家文物局领导以及相关专家的基本肯定，我们也感到非常欣慰。由此，我们认为，对于文物修复过程中的知识传播和规范化，原则之下的案例指导是一个较好的模式。

---

① 王㐨. 王㐨与纺织考古. 香港：艺纱堂 / 服饰工作队，2001：165-172.

四、修复效果的三个检验标准

我们经常说，一件文物有三个方面的价值：历史价值、科学价值和艺术价值。看纺织品保护工作是否做好，一件纺织品修复是否做好，究竟有哪些标准？我们认为：这与鉴定文物的标准一样，还是这三个方面。

1. 历史标准

保护的第一标准是看它的原状是否被保存，以及它的所有历史信息是否被记录。保护和修复必须保存文物上所有的重要历史遗迹，哪怕是织物上的差错和疵病，都不要轻易放弃。为了检验这一内容，我们必须要求保护工作者对保护对象进行全面的检测和鉴定，做好保护修复前的完整记录。同时，在整个保护过程的每一步中，也都应该有详细的记录，在保护工作完成之后更应该按件做好完整的保护修复档案，给后人留下真实的历史。

2. 科学标准

科学标准也就是功能性标准，评估纺织品保护修复的科学标准是能否在日后的使用和保管中真正延长其寿命。其中包括：织物的牢度是否在加固修复后真正得到增强，或是通过某种方法使其变得牢固，不易被损坏，日后的存放和操作是否依然方便并不至于引起再损伤，等等。

3. 艺术标准或美学标准

纺织服饰也是艺术品，这要求纺织品保护工作者必须有一定的审美观。文物古迹的审美价值主要表现为它的历史真实性，不应该在修复一件纺织品时让它失去美感，或者为了一个局部而失去总体的美感，但也不允许为了追求完整、华丽而改变文物原状。应该提倡补上去的部分或加固的部分使总体协调，但也应该可以识别。如果是以陈列为目的而进行的修复，还应该充分考虑最后的陈列形式，让最后的形式较为容易地融入陈列环境。

五、文物修复队伍结构与培养模式

面对 21 世纪的中国纺织品文物保护和科技考古，我们应该明确我们的目标：我们是地球上生产纺织品和使用纺织品最多的国家，我们有着最为丰富的纺织品与服饰的文物资源。在中国博物馆的发展历史上，纺织品一定会成为一个重要门类，我们的任务就是做好这些纺织品的鉴定、研究和保护工作。

为了实现这些目标，我们不仅需要规划我们的工作，更为重要的是要培养一支专业的学术队伍，在科学研究和技术推广两个层面上设置合理的机构和人员。

1. 修复师是怎样培养的

修复师的培养大约有四种基本形式：正规大学、专业培训班、师徒传承、临时招工。

在国际上，最好的纺织品修复师出自瑞士阿贝格基金会：他们采用的一般是四年制教学模式，二年上课，二年实践。

另一所专门培养纺织品保护和修复师的学校是英国的格拉斯哥大学，其团队主要来自原温切斯特大学的纺织品保护中心，学制为四年制本科。

而世界各地的纺织品修复师大多是通过大学学习的，再加上博物馆或文博机构的实习，如美国纽约大学保护专业的学生，可以在大都会艺术博物馆进行实习。

在中国，目前各大学中的文物保护技术专业，基本没有纺织品方向。

中国文化遗产研究院也开过相应的文物保护培训班：虽有不同专业方向，但到博物馆的实践总体来说是个缺环，没有一个培训班设有专人指导的实习课程。

结合国内外的培养需求和教育现状来看，我们能做到的较为理想的纺织品修复人才的培养模式是：

二年或四年大学的基本学习＋专门的实习

博物馆的工作＋专业培训＋专门的实习

在这当中，博物馆保护机构和专业保护实验室应该提供实习机会。

2. 如何培养一支有梯队的修复队伍

修复队伍的培养时间较长，人员不多，也很容易老化，因此如何培养一支有梯队的修复队伍就很重要。让人才能渐渐地、源源不断地出来，需要建立一种机制。

一个博物馆的内部机制可以是：

研究馆员 + 保护修复师 + 修复助理 + 实习生

一个文保机构的内部机制可以是：

科学家 + 修复师 + 助理 + 实习生

这里的研究馆员是以研究文物本体为主的研究人员，在纺织品这里就相当于是纺织、染织、服饰史的研究馆员，科学家就是在实验室进行科学分析测试、研发保护材料和技术的科研人员。另外就是与之合作、修复具体文物的修复人员，修复师可以是独立进行文物修复的资深修复专业人员，修复助理应该是研究生毕业后进入博物馆或保护机构的工作人员，而实习生可以是还在学校里进行研究生学习或处于正式工作之前阶段的人员。

目前，在博物馆或文保机构里，研究馆员和资深的保护修复师可能不多，一般都应配上助理修复师，也就是较为年轻的修复师。此外，应该与学校合作，接受新的修复实习生，在年龄、学历、经历上形成一个层次，从而有利于专业人才的新老交替。

3. 创造修复师成长的环境

我曾问过王㐨先生："您是怎样成为一名文物保护修复专家的？"他给我的回答是：修复之难在于杂[①]。

其实，要成为一名真正的修复师，难度十分大，最难的就在于修复师的知识结构：他需要具备与其修复对象相关的自然科学知识背景，对文物审美的文化理解，还需要具有对手工技巧的喜爱。

我们应该为文物修复师提供交流的平台——杂志、展览、研讨会、实习机会，同时应该经常举办培训班，时时更新相关的专业知识。

（原文收录于中国文化遗产研究院编《文物科技研究》，科学出版社 2010年版。）

---

① 王㐨. 保护之难在于杂. 王㐨与纺织考古. 香港：艺纱堂 / 服饰工作队，2001：165-172.

天物开工　匠心文脉

博物馆中的传统工艺振兴

2017 年 3 月 12 日，国务院办公厅发布文化部、工业和信息化部和财政部共同制定的《中国传统工艺振兴计划》[①]（以下简称《计划》）。《计划》从文化自信的高度出发，为中国传统文化中最无争议、最显科技价值、最有现实意义、最富经济含量的重要组成部分——中国传统工艺，提出了一个可以落地的具体方案。

一、手工劳动和天然材料，是传统工艺的基本定义

我国传统工艺门类众多，涵盖衣食住行，遍布各族各地。《计划》开篇对传统工艺进行了明确定义，它是指具有历史传承和民族或地域特色、与日常生活联系紧密、主要使用手工劳动的制作工艺及相关产品。

任何一种工艺都会包括材料、工具和加工三个技术层面。对于传统工艺而言，最为关键的定义是"非工业化"的手工劳动和天然材料。中国古代最为著名的传统工艺百科全书是明末宋应星的《天工开物》[②]，但其记录的实际上是"天物开工"，把天然的材料（天物）用手工进行制作（开工），这就是传统工艺的基本定义。

当然，由于社会的发展，传统工艺已不再是完全的天然和手工，但天然和手工依然是传统工艺的目标之一。就丝绸而言，纯手工的缂丝已基本荡然

---

① http://www.gov.cn/zhengce/content/2017-03-24/content_5180388.html.
② 宋应星《天工开物》序："天覆地载，物数号万，而事亦因之，曲成而不遗，岂人力也哉？"此处先讲天地万物，再以人力事之，正是天物开工之意。

UNESCO 授予的"中国蚕桑丝织技艺"人类非物质文化遗产代表作证书，2009

"中国蚕桑丝织技艺"列入《人类非物质文化遗产代表作名录》，2009

无存，纯手工的织造也只限于某些特殊品种。但标明手工的等级依然是一种可行的导向方法，如泰国的泰丝就是如此。他们将纯手工抽丝的贴上金色标签，半手工的贴上银色标签，这表明市场对手工的高度认可。就材料而言，丝绸制品所用的最为基本的材料是纤维和染料。蚕丝自然是天然材质，但现在也部分被化学纤维和合成纤维替代。植物染料自古以来就是彰施材料，但今天基本已被合成染料所替代。虽然纯粹的天然已不可能，但追求天然依旧是我们传统工艺的方向。由于绿色发展的原则禁止我们使用不可再生的天然原材料资源，因此，传统工艺中就会需要天然材料的栽培和生产，这也是《计划》中加强文化生态环境整体保护的要义所在。

二、匠心文脉，是传统工艺的珍贵核心

除了技术层面，传统工艺中最为重要的就是设计。《计划》提出，传统工艺振兴的原则是发掘和运用传统工艺所包含的文化元素和工艺理念。这里所称的工艺理念就是技术，文化元素则是指具有中国故事的设计元素。

技术是传统工艺的本质，设计是传统工艺的外形，它们无法分离。如丝绸织造，可算是古代丝绸生产的最复杂步骤，其技术包括所有丝线的加工和准备，织机的打制和装造，穿综引线到丝丝入扣，都是织出不同品种和花样图案的必要条件。特别是织机上的花本编结，一方面是技术，而更多的是设计，要按照当时的流行纹样设计适销的花色，最终形成的就是有故事的元素文化。

技术和设计的核心都是人，或者我们称之为"工匠"。如果我们把工匠的工艺称为"匠心"，那作品中的设计元素就是工匠的文脉。匠心文脉，就是传统工艺中最为珍贵的核心。

三、坚守和创新，是传统工艺振兴的重要使命

振兴传统工艺的最重要方面，一是坚守，二是创新。

坚守的目的是固本，坚守阵地，绝不放弃。坚守包括尊重，尊重地域文化特点、尊重民族传统；坚守也包括保护，保护文化遗产，包括非物质文化遗产和文物；坚守当然还包括坚持精益求精的工匠精神，我们的四大名锦、四大名

云龙记忆馆，海宁，2018

绣，都是因为其专注、专业、专一，追求品质，才能树起数百年的不朽品牌。

创新更是振兴传统工艺的灵魂。历史长河，大浪淘沙，无数种现已不存的传统工艺中的大多数是因为其本身的生命力而被淘汰。历史上的经锦、夹缬等都是极为优秀的品种或产品，但最终淡出，都是因为创新不够。目前来看，传统工艺依然面临创新不够的问题。我们有的传承人匠心独具，却文脉不足；有的是工匠精神可嘉，但设计创新薄弱。这就导致产品的接受度差，推广困难。所以，让传承人群成为具有设计能力的匠人，或是培训有匠人手艺的设计师，就是振兴传统工艺的重要任务；如何创新、怎么创新，更是放在每一个传统工艺传承人面前的重要问题。

四、修复传统工艺完整体系，是传统工艺振兴的重要任务

传统工艺包括制作工艺及相关产品两个内容，无形的制作工艺和有形的产品相辅相成，构成了传统工艺的整体体系。但是非常遗憾，在历史的长河

国丝园里的蚕乡桑庐，2019

中，目前所流存的传统工艺体系已是破碎的工艺体系。很多珍贵的传统工艺到今天都已遗失，没有传承，也不再存在；有些工艺虽然还在，但精华已去，处于濒危境地。因此，我们既需要支持传承人及传承人群体传承尚还留存的传统技艺，也需要通过出土文物即传统工艺相关产品的研究复原来恢复一个相对完整的传统工艺体系。在这一方面，博物院工作人员有着极为丰富的实践经验。近年，四川成都老官山汉墓出土了四台提花机模型，我们按比例重新仿制了两种稍有区别的一勾多综式提花织机，全面研究了汉代提花织机的结构、传动和提花原理，最终还原了汉代蜀锦生产的织造技术[1]。此外，我们也基于出土的丝绸织物，复原了大量唐、辽、宋、明、清的纬锦、缎纹纬锦、特结锦等品种的生产工艺。所以，振兴传统工艺，应该包括发掘失传的传统工艺[2]。

---

[1] Zhao, F., Wang, Y., Luo, Q. et al. The earliest evidence of pattern looms: Han Dynasty tomb models from Chengdu, China. *Antiquity*, 2017, 91(356): 360-374.

[2] 2022 年，中国丝绸博物馆与大英博物馆签署合作谅解备忘录，合作开展敦煌丝绸工艺复原（replication），这里的工艺复原是指以还原文物当时的生产工艺为目标的研究。

桑园，2019

染草园，2021

五、学科建设和传承活动，是传统工艺维持活力的有效途径

《计划》提出，振兴传统工艺，一方面需要加强传统工艺相关学科专业建设和理论、技术研究，另一方面需要加强传承人的传习培训。关于后者，我们已经开展了大量工作，但从学科建设和科学研究的层面来看，我们的历史欠账很多。

传统工艺的研究一直是在科技史的领域里展开的。最有历史底蕴和具有权威性的机构是中国科学院的自然科学史研究所。但进入 21 世纪以来，国内的科学技术史学科已有中国科学院大学、中国科学技术大学、北京科技大学等学校的 12 个博士点和 8 个硕士点，特别是清华大学科学史系、北京大学科学技术与医学史系于 2017 年、2019 年相继成立，开启了中国科学技术史学科建设的新征程。[①] 同时，我们有中国科学技术史学会和中国技术史联盟，与国际上的技术史联盟相互呼应。可以说，中国在技术史研究方面，尤其是机械史、纺织史、冶金史、陶瓷史、农学史等，都有很雄厚的基础，目前来看，科技史已经成为一门比较成熟的学科。下一步，我们仍然需要在研究方法上有所拓展，不仅需要加强传统工艺的挖掘、记录和整理，还应强调多重证据法，加强文献研究、图像研究和文物研究，为传统工艺的发掘和恢复提供更全面的资料，让传统工艺能够在现代社会活起来。同时，我们需要好好利用已有的技术史研究基础，结合开展学科建设，继续加强对传统工艺技术的系统研究。

除了研究，就是工艺的传习，在实践中传承技艺，在生产中传承技艺。《计划》提出，要将传统工艺作为中国非物质文化遗产传承人群研修研习培训计划实施重点，这是一个极为明智的决定，是让传统工艺维持生命力的有效措施。

（原文载《人民日报》2017 年 6 月 8 日第 17 版，《传统工艺振兴正当时：访中国丝绸博物馆馆长赵丰》。）

---

① 潜伟.建设中国特色的科学技术史学科体系.科学文化评论，2019（2）: 5-17.

辟一地栽桑植麻　为敦煌锦上添花

敦煌以其独特的魅力吸引着丝绸之路上古往今来、东往西来的行人、僧人以及学者等，每一个路过此地的人都曾关注过敦煌，虽然他们的角度可能并不一致。我生长在有"丝绸之府"之称的浙江杭州，我们也从遥远的江南远望和关注敦煌。不过，我们更关注的是在敦煌发现的丝绸。丝绸是丝绸之路上最为悠久的传说，是丝绸之路上永恒不变的主题。曾经有无数的丝绸经过敦煌，不仅令这里的妇女增色、寺院添彩，还曾令某些商人在一夜间变成富豪。"无数铃声遥过碛，应驮白练到安西"，就是当年丝绸经过敦煌时留下的记忆和烙印。但令人遗憾的是，直到今天，关注丝绸之路上丝绸的人并不是很多，研究敦煌丝绸的学者也寥寥无几。自藏经洞发现以来，有大量学者采集和整理散落在世界各地的敦煌文献，相关出版物已成恢宏巨著；自国立敦煌艺术研究所成立以来，莫高窟的壁画和彩塑艺术也已摄影成像，精美图录可达几十种之多。而相比其他门类而言，关于敦煌丝绸和纺织的专门论著却依然十分少见，不免有些遗憾。

一、敦煌学中的丝绸资料

其实，敦煌有着十分丰富的丝绸资料。在我们现在所谓的实物、文献和图像三重史料中，丝绸均有一席之地。

第一大类是丝绸文物。在莫高窟一地就有多次丝绸文物相关的重要发现。第一次发现就在藏经洞之中，洞中藏有数量巨大的绢画、绣像、佛幡、伞盖、经帙、包袱及各种相关丝绸残片，这些实物目前分散收藏在世界各地，

丝路馆展厅中的敦煌莫高窟 322 窟场景复原，2016

在英国伦敦的有大英博物馆和英国国家图书馆，维多利亚与艾尔伯特博物馆
也有一批属于印度政府的敦煌丝织品保存在那里；在法国巴黎的有吉美国立
亚洲艺术博物馆和法国国家图书馆；在俄罗斯圣彼得堡的主要是艾尔米塔什
博物馆；在印度新德里则是国立博物馆。所有这些收藏原先均为斯坦因、伯
希和和鄂登堡的收集品，而日本大谷探险队桔瑞超的收集品中也有不少敦煌
藏经洞所出丝绸，现在主要收藏在旅顺博物馆。对英、法、俄三国所藏敦煌
丝绸的研究主要还是在国外，斯坦因和伯希和都初步发表了当时的调查报
告，其中涉及对敦煌丝绸的初步研究。相对较为专门进行过研究的是当时斯
坦因的助手弗雷德·安德鲁斯（Fred Andrews）[1]，如今英国的韦陀（Roderick
Whitfield）教授[2]和法国的劳拉·费日（Laure Feugère）也在继续进行研

[1] Andrews, F. *Ancient Chinese Figured Silks Excavated by Sir Aurel Stein at Ruined Sites of Central Asia.*
London: Bernard Quaritch, Ltd, 1920.

[2] Whitfield, R. *The Art of Central Asia: The Stein Collection in the British Museum*, Vol.3. Tokyo:
Kodansha International Ltd, 1984; Whitfield R., Whitfield S., Agnew N. History on the Silk Road. Los
Angeles: Getty Trust Publications, 2000.

究①。至于藏于俄罗斯的敦煌丝绸，则只有艾尔米塔什博物馆的陆柏（Lubo-Lesnicheko）进行过一定的研究②。第二次较大的发现是在莫高窟北区的维修过程中。1965 年前后在第 320 窟附近连续发现了若干批属于北魏到盛唐时期的丝绸残片，其中也有绣像、小幡和一些不知名称的残片，现在收藏在敦煌研究院。③敦煌研究院的考古学家将这些文物刊布在《文物》杂志上，并对其进行了初步的研究④。第三次重要发现是在敦煌研究院彭金章先生主持的对莫高窟北区的发掘过程中。当时莫高窟北区出土了几百件各种各样的丝绸和纺织品，材料上包括毛、棉、麻和丝，年代上从北朝到元代都有，这些资料的基本信息最后刊布在三大卷的《敦煌莫高窟北区考古报告》中，报告中也包含一部分基本研究。随着北区发掘的结束，莫高窟地区再出土丝绸文物的可能性已几乎为零。

　　第二大类是文献资料。由于丝绸在敦煌的存在，敦煌文书中也有大量关于丝绸使用和交易的记载。我们除了可以对当时社会经济中丝绸进行研究之外，还可以进行大量的丝绸及其用品的名物考证，因为在前人整理的敦煌社会文书中，有相当部分都与丝绸纺织有关，特别是什物历、破用历、入破历、贷绢契、唱衣历、施入疏等。敦煌文献的研究者在研究过程中，也多少有所涉及，如对于敦煌经济情况的研究和丝绸之路贸易情况的研究。其中专门关注丝绸纺织的要数敦煌研究院的科技史学家王进玉，他从科技的角度对敦煌纺织的原料、纺织品种以及相关的纺织工具等都有所研究⑤。

　　第三大类是图像资料。无论是在藏经洞发现的绢画、还是莫高窟现存的壁画和彩塑中，都有大量的丝绸服饰和织物图案的详细描绘。在这一方面，当时的中央工艺美院进行过大量的工作，他们的成果集中反映在常沙娜主编

① Coutin A., Gies J., Feugère L., *Painted Buddhas of Xinjiang: Hidden Treasures from the Silk Road*. London: The British Museum Press, 2002; Feugère L. Some Remarks on a Silk Wrapper Journal of the Institute of Silk Road Studies. 2000 (1999)
② 陆柏 . 敦煌纺织品的藏品、年代、工艺技术和艺术风格 . 俄藏敦煌艺术（I）. 上海：上海古籍出版社，2002.
③ 敦煌文物研究所 . 新发现的北魏刺绣 . 文物，1972（2）：54.
④ 敦煌文物研究所考古组 . 莫高窟发现的唐代丝绸品及其他 . 文物，1972（12）：55-62.
⑤ 王进玉，赵丰 . 敦煌文物中的纺织技艺 . 敦煌研究，1989（4）：99-105；王进玉 . 国宝寻踪——敦煌藏经洞绢画的流失、收藏与研究 . 文物世界，2000（5）：41-52；王进玉 . 敦煌石窟全集（科学技术画卷）. 香港：香港商务印书馆，2001.《敦煌石窟全集（科学技术画卷）》第五章第一节为"纺织机具及织品"，共有 19 幅画，包含织车、脚踏式立机、踞织机、二人捻线的场面，各种锦、纱和服饰、帘、地毯以及渔网等。

朵花团窠对雁夹缬绢，唐　　　　　　　　　朵花团窠对雁夹缬绢纹样复原

的《中国敦煌历代服饰图案》[①] 中，当年参与过临摹工作的除常沙娜之外还有黄能馥和李绵璐等人。其他美术学院的染织设计方面的学者也有所涉及，特别是当时的苏州丝绸工学院的诸葛铠 [②] 等人，不过，他们当时更多地注重染织图案的古为今用。而段文杰对于敦煌服饰的研究是对这一领域的开拓之作 [③]。近年敦煌研究院出版的大型图集中有服饰和染织图案专册 [④]，正说明了这一方面的资料工作依然在进行。

① 常沙娜 . 中国敦煌历代服饰图案 . 北京：中国轻工业出版社，2001.

② 诸葛铠 . 敦煌彩塑中的隋代丝绸图案备案 . 丝绸，1981（8）：28-32；刘庆孝，诸葛铠 . 敦煌装饰图案 . 济南：山东人民出版社，1982；诸葛铠 . 敦煌壁画中的唐代伎乐头饰 . 实用美术，1982（8）：18.

③ 段文杰 . 段文杰敦煌石窟艺术论文集 . 兰州：甘肃人民出版社，1994.

④ 敦煌研究院 . 敦煌石窟全集（服饰画卷）. 香港：香港商务印书馆，2001.

常沙娜捐赠敦煌历代服饰图案临摹原稿，2012

二、敦煌丝绸研究回顾

虽然我们的前辈已经尽了很大的努力来进行敦煌丝绸和服饰方面的研究，但相较于其他领域，敦煌丝绸的研究依然显得声音太弱。因此，我们来自丝绸之府、纺织学院的学子希望在敦煌学中再度开辟一片荒地用于"栽桑植棉"，把它建成一个丝绸之府、纺织之乡。上海东华大学的包铭新教授最早开始与敦煌研究院合作，开展了敦煌服饰方面的研究，建立了敦煌服饰艺术研究中心，以敦煌壁画为主要对象进行研究。而我接近敦煌则多少有些偶然，研究的方向也主要集中在丝绸实物方面。2006 年，借大英博物馆邀我为其整理和研究斯坦因收集的中国纺织品，以及与敦煌研究院共同申报"敦煌丝绸与丝绸之路"国家社科基金项目之机，我带领一个团队开始了全面收集 20 世纪初流散到海外的敦煌丝绸资料的工作。2006 年初夏，我们在伦敦的维多利亚与艾尔伯特博物馆、大英博物馆和英国国家图书馆工作，开始整理这三个机构收

敦煌莫高窟，2021

藏的敦煌丝绸资料。2006 年仲夏，我们又前往俄罗斯圣彼得堡，在艾尔米塔
什博物馆调查了鄂登堡考察队收集的敦煌丝绸艺术品。2007 年是我们收集敦
煌丝绸实物资料最为忙碌的一年，暮春四月，我们在敦煌研究院观摹了 20 世
纪下半叶通过科学考古发掘到的百余件自北魏到元代的丝绸文物。夏初六月，
我们又前往法国巴黎，在吉美国立亚洲艺术博物馆研究伯希和收集的敦煌丝
绸。盛夏八月，我们再去往辽宁旅顺，调查大谷探险队劫后余生留存在那里
的敦煌丝绸。今年春天，我再去印度新德里国立博物馆调查了收藏在那里的
部分丝织品。这样，我们几乎看到了留存于世的所有敦煌纺织品，哪怕是极
小极小的碎片，我们都努力将其信息准确地采集到手，我们希望尽可能地把
相关的敦煌纺织品信息汇总在一起，出版一套"敦煌丝绸艺术全集"，供大家
作为研究的基础资料。目前，该项目的出版已经基本完成，共存英藏、法藏、

俄藏、敦煌、旅顺五卷，并且每一卷的中英文版都已经出版①，受到了国内外敦煌学界的好评。

为了推动敦煌学中丝绸、纺织和服饰方面的研究，东华大学服装与艺术设计学院还组织了一系列活动。第一次的"中国服饰史研究与敦煌学"论坛于2005年8月在敦煌研究院举行，这次论坛由东华大学和敦煌研究院联合主办，40多位来自全国的专家学者参加，共收到19篇论文和7篇论文提要，所有论文最后收录到由敦煌研究院编辑部出版的《敦煌研究》特刊②中。2007年3月，东华大学又主持召开"丝绸之路：艺术与生活"论坛，来自国内外的30多位专家学者分别从丝绸之路上的美术考古、艺术史、东西方文化交流以及染织服饰史等方面发表了研究成果，其中也有部分成果涉及敦煌染织与服饰主题③。

2007年10月5日，得到中国敦煌吐鲁番学会的批准与支持，"中国敦煌吐鲁番学会染织服饰专业委员会"成立，委员会挂靠东华大学服装与艺术设计学院，清华大学美术学院教授常沙娜应邀担任名誉主任，东华大学服装与艺术设计学院包铭新教授为主任。2008年3月26日，借"丝绸之路：设计与文化"论坛在东华大学举行④，我们还举行了专业委员会的揭牌仪式。学者们的交流给敦煌纺织服饰的研究提供了新的思路，从事染织服饰的学者和从事文献考证、壁画研究、文字研究的学者一起进行的交流，为敦煌丝绸纺织研究打开了新的境界，特别是扬之水进行的关于敦煌名物的一系列研究中有相当部分与丝绸服饰相关。

① 赵丰. 敦煌丝绸艺术全集（英藏卷、法藏卷、俄藏卷、中国敦煌卷、中国旅顺卷）. 上海：东华大学出版社，2007—2021.

② 见《敦煌研究》"中国服饰史研究与敦煌学"论坛特刊，2005年8月出版。其中，对敦煌壁画中少数民族服饰的研究成果有：包铭新《敦煌壁画中的回鹘女供养人服饰研究》；沈雁《敦煌壁画中的回鹘男贵族供养人服饰研究》；徐庄《敦煌壁画与西夏服饰》；李薿《晚唐莫高窟壁画中所绘贵妇供养人的服饰研究》；谢静《敦煌莫高窟第285窟供养人服饰初探》等。对敦煌壁画中人物的帽、鞋、耳饰乃至化妆等方面的研究成果有：庄妮、吴静芳《莫高窟158窟国王举哀图中少数民族冠、帽初探》，贾玺增《莫高窟第285窟和288窟男供养人所戴笼冠之研究》，陈琛《唐代前期敦煌莫高窟壁画中俗人的鞋履形制研究》，卢秀文《敦煌壁画中的妇女面靥》，郑巨欣《敦煌服饰中的小白花树花纹考》等。对佛衣及佛像的服饰问题的研究成果有：赵声良、张艳梅《敦煌石窟北朝菩萨的裙饰》；杨孝鸿《试论羽化思想及其在敦煌石窟的演变与服饰的表现》等。

③ 论文参见：赵丰. 丝绸之路：艺术与生活. 香港：艺纱堂/服饰出版，2007. 其中与敦煌直接相关的论文有：贾一亮《敦煌唐代经变画舞伎服饰浅析》、扬之水《"者舌"及其相关之考证：敦煌文书什物历冊初考》等。

④ 论文参见：包铭新. 丝绸之路：设计与文化. 上海：东华大学出版社，2008. 其中与敦煌直接相关的论文有：黄征《敦煌俗字考辨方法要论》，扬之水《造型与样式的发生、传播和演变：以仙山楼阁图为例》，林梅村《丝绸之路上的吐蕃番锦》，赵丰《敦煌的胡锦和番锦》，赵声良《天国的装饰：敦煌早期石窟装饰艺术研究之一》，包铭新、查琳《关于敦煌壁画中人物肤色变色现象的讨论》等。

出土大量元代丝绸的敦煌北区 B121 窟，2020

三、敦煌丝绸研究展望

　　展望明天，敦煌学研究中的丝绸纺织研究依然有着广阔的前景，敦煌学领域中有一大片肥沃的土地可以用于"栽桑植棉"，可以产出大量的"纺织产品"。

　　在敦煌丝绸纺织实物采集信息的过程中，我们就可以进行初步和直接的研究，包括对所有的织物进行织物组织的分析和鉴定、对其织造工艺和染缬刺绣技法进行研究和记录、对所有文物的构成类型和缝制方法进行探讨。此外，我们还可以进行更为深入和详细的研究，特别是关于染料和纤维的研究。在这个基础上，我们可以开展对敦煌丝绸的技术史研究，总结其织物品种的大类，分析经了其绞缬和夹缬的制作工艺，并探讨从锁针、劈针到平绣及钉针绣的发展过程。

　　看到丝绸，最直观的是它的艺术风格。敦煌丝绸距今已有一千多年，很少能有保存这样完好的丝绸从如此远的古老时代留存至今，其色彩之鲜艳更是令我们惊叹！可惜的是，这些丝绸通常已被裁剪成小块，再缝制成具有各种用途

《千缕百衲：敦煌莫高窟出土纺织品的保护与　《敦煌丝绸与丝绸之路》，中华书局，2009
研究》，2013

的实物，它们的图案往往是局部的、不完整的。正因为有如此的挑战，我们更增加了对当时织物图案进行复原研究的兴趣和激情。我们不仅从那些局部的织物本身出发，而且大量地比对敦煌壁画上表现的服饰图案，比对与敦煌织物同一时期的吐鲁番出土的唐代织物、都兰出土的吐蕃织物，以求复原一个大唐风格的丝绸艺术天地，重温唐代丝绸雍容华贵、典雅富丽的时代风尚。

　　当然，我们对敦煌丝绸的研究并不局限于丝绸本身的技术和艺术，我们还必须进行全方位的研究，包括各种资料的使用，特别是大量敦煌文书的查阅和考证。为此，我们检阅了以社会经济文书为主的敦煌文献，特别是各种什物历、破用历、入破历、贷绢契、唱衣历、施入疏等，我们要了解丝绸在当时的使用形式和使用场合，当时不同阶层、不同团体的人都在使用丝绸，当时的礼佛拜神、婚丧嫁娶等各种场合也都在使用丝绸，丝绸还被大量用作实物货币，在各种各样的贸易过程中被转手转运到丝绸之路沿途的每一个角

沙鸣花开：敦煌历代服饰图案临摹原稿展，2012

落。我们通过各种方法来探索敦煌丝绸的来历，无论它来自东方的中原、江南还是西南巴蜀地区，无论它来自远在中亚的粟特地区还是东夷的朝鲜半岛。它们都曾经过敦煌，在敦煌交换，在敦煌留下它们的痕迹和记录。我们就是为了追寻它们的足迹而来。

最后，我们要展示历年来敦煌人们生活的场面，特别是与纺织丝绸服饰相关的场面；要研究敦煌丝绸在丝绸之路经济贸易和文化交流中的作用和地位，研究敦煌丝绸纺织与各代社会经济的密切关系，从而揭示敦煌纺织生活的全貌。

我们期待通过在敦煌学领域的"栽桑植棉"，能开辟出一个"丝绸之府""纺织之乡"，培养出一批蚕娘织工，把敦煌学研究的领域变得更充实、更美好、更丰硕。

（收录于刘进宝主编《百年敦煌学：历史、现状、趋势》，甘肃人民出版社2009年版。）

已远

相去日已远，衣带日已缓。
浮云蔽白日，游子不顾反。
——古诗《行行重行行》

朱新予先生与中国丝绸博物馆的创立

　　朱新予[①]先生是我的恩师。1978 年春，我进入浙江丝绸工学院学习时，他是院长；1982 年我考上学院丝绸史研究生，他是我的导师。1984 年毕业之后，我留在学校的丝绸史研究室工作，他算是我的领导。我跟随朱老工作，参加"中国丝绸史"课题，编辑《丝绸史研究》刊物，开设"丝绸艺术史"课程，筹备中国丝绸史学术会议，成立中国丝绸协会历史文化专委会，一直从事丝绸历史、丝绸考古和丝绸文物研究。后来，我参与中国丝绸博物馆的筹建，直到来到中国丝绸博物馆。今年是中国丝绸博物馆开馆 30 年，也是朱老诞辰 120 周年和逝世 35 周年。5 年前的 2017 年，我们在中国丝绸博物馆园内为朱老的胸像揭幕，不仅因为朱老是丝绸界的伟人，同时也因为他是中国丝绸博物馆的创立者，是中国丝绸博物馆的奠基人。2022 年馆庆，我们又在他的像前献花，以

[①] 朱新予（1902—1987），字心畬，家谱名学助，萧山桃源十三房村（今属浦阳镇）人，是中国杰出的丝绸专家、教育家，曾任浙江丝绸工学院（现浙江理工大学）院长。1915 年考入浙江省立甲种蚕桑学校。1919 年 9 月毕业，留校任教。1920 年，到南京金陵大学进修蚕丝与农业教育。1921 年 2 月起，在安徽芜湖第二农校任教。1922 年 11 月，考取浙江留日公费生，于次年 2 月赴日留学。1925 年 7 月回国。1926 年 1 月至 1928 年 3 月在浙江省立甲种蚕桑学校、苏州第二农校任教员兼推广工作。1928 年 4 月到中国合众蚕桑改良会任推广部主任兼该会女子蚕业讲习所所长。1929 年 6 月，女子蚕业讲习所迁往镇江，改名"镇江女子蚕业学校"，朱新予任校长。1932 年，相继主持江苏金坛和浙江萧山蚕桑改进模范区技术指导和推广工作，兼任南京中央大学蚕桑系讲师。1940 年起任中山大学蚕桑系教授。1942 年后任云南大学蚕桑系教授。1945 年抗战胜利后，任中国蚕丝公司专职委员兼经济部蚕丝协导会浙江区主任。1949 年 5 月任浙江大学农学院教授。1950 年 8 月起任杭州市工商局、企业局、工业局副局长。期间筹办浙江纺织科学研究所，兼任所长，创办发行全国的《浙江丝绸》刊物。1960 年 3 月，任杭州工学院副院长兼纺织系主任。1961 年 9 月，杭州工学院并入浙江大学，纺织系复办浙江丝绸专科学校，由朱新予任校长。1979 年，改任浙江丝绸工学院院长。1950 年 3 月，加入中国民主建国会，于 1956 年转入九三学社。曾任浙江省人民代表，省人民委员会委员，省政协委员，省九三学社副主任委员，第五、六届全国政协委员，省科学技术协会副主席，省科学技术委员会副主任、顾问，省纺织工程学会理事、名誉理事长，全国纺织工程学会理事等职。1985 年 6 月加入中国共产党。1987 年 6 月 20 日在杭州逝世。

朱新予先生铜像，2022

纪念他对中国丝绸博物馆的贡献。朱老的贡献具体可以分成四个方面。

一、倡　议

中国丝绸博物馆的建设是在国家旅游局立项的，但朱老很早就提出了这一倡议。朱老自己也说起："听说杭州市要配合旅游建一丝绸博物馆，这是一件大好事。蚕丝界早有此意，我在（19）81年就向省、市及全国政协提过案，（19）84年又向中国丝绸公司打过报告，并有所规划。"① 此外，也有不少朱老生前好友提及朱老在不同场合提出建馆倡议之事。

朱老是全国政协第五届、六届两届全国政协委员。第五届政协从1978

---

① 1986年3月21日，朱新予致信时任浙江省委省政府书记王芳和省长薛驹。参见：朱新予. 朱新予先生纪念文集. 杭州：浙江丝绸工学院校庆办公室，1997：102.

朱新予先生在全国政协会议发言，
1985

年起到 1982 年止，朱老在特邀组中。第六届政协会议从 1983 年起到 1987 年止，朱老在教育界里。经查，1981 年，朱老提出中国丝绸博物馆案时是在全国政协第五届四次会议上。

　　为了更好地了解提案的具体情况，我与浙江省政协与全国政协提案委联系后，查到了朱老的这份提案。但由于提案原件已正式移交到国家档案馆，我因此无法查到提案编号，也查不到提案如何办理或是否需要领导批示。唯一可以肯定的是这是朱老一人的提案，没有其他政协委员附议。[①] 提案全文如下：

建议成立中国丝绸博物馆案

　　中国丝绸自古有名，名闻中外，这是大家都知道的。丝绸实物在出土文物中已查到五千七百年前的。"丝国""丝绸之路"，是汉代前后的

---

①　由谢浙江省委统战部副部长、省民宗委主任楼炳文先生代为查阅，特此感谢。

事。世界各国的蚕桑技术，是从中国传出，也都有历史事实。特别是近年来，在党的领导下，把清末民初的丝绸衰落状况，又扭转过来。1969年，夺回了被日本霸占60年的世界最多产茧国的桂冠。1978年，又夺回了世界最多产丝国的桂冠。今后，世界要丝要绸，就靠中国。丝绸事业的国际优势已经形成。今后是如何发挥这国际优势的问题了。

为了发展我国丝绸事业的国际优势，要重视蚕桑丝绸的教育、科研。要总结历史经验，开拓历史宝库。要在运用现代科学技术，加强丝绸教育、科研的同时，创办中国丝绸博物馆，远及出土文物，近及现代科学技术，既供博览，又供研讨，古为今用，借古展今。特别是在中国丝绸的盛名下，中国丝绸博物馆的建立，将更有利于发展旅游事业，实为一举多得、百年基础的大事。

（一）在国家经济有困难，正在进行全面调整的今天，要求先成立一个有关单位参加的中国丝绸博物馆筹备委员会，办理筹备工作。

（二）暂先拨入筹备经费三百万元。因浙江有展出的丝绸文物，还有大量贮存的丝绸展品。可暂定由浙江省人民政府责成浙江博物馆，积极整理专馆展出已有的丝绸文物，并筹备，五年内完成。

（三）展出和筹备的同时，可以售门票，交流、出售复制成品，作为筹备的部分经费，以节国库开支。

（四）有关单位如中国科学院、纺织工业部、国家文物局、中国丝绸公司、浙江省人民政府以及有关省人民政府均请支持筹备工作。

至于朱老说到的向省、市政协的提议，很有可能是通过其他委员提出的，因为他本人不是省市政协委员，但每年也列席政协会议。此外，朱老于1984年向中国丝绸公司提的报告，因为目前公司已不存在，只有通过中国丝绸协会来查，但也无法查到了。

二、定　名

1986年，国家旅游局立项在杭州建设四个博物馆，但"丝绸博物馆"的名称前并没有"中国"两字，一直到国家旅游局于1986年7月11日《关于安

朱新予先生主持中国丝绸史第二次学术会议
暨丝绸史研究会成立大会，1986

排一九八六年旅游基本建设计划（第二批）的通知》（86）旅计字第 052 号中，
还是"丝绸博物馆"，当时国家旅游局应该只想在杭州建一个丝绸博物馆，但
不管它是什么级别，也不管它是什么名称。但从准备的总投资经费来看，丝
绸博物馆是 1180 万，茶叶博物馆是 300 万，南宋杭州龙窑遗址（后来的杭州
南宋官窑博物馆）是 350 万。很显然，当时的规划中，丝绸博物馆应该是一
个国家规模的博物馆。

　　朱老听到丝绸博物馆立项的消息后十分高兴，提出要建成中国丝绸博物
馆（因为他 1984 年的提案中就是中国丝绸博物馆）并马上开始运作。中国丝
绸协会秘书长王庄穆先生曾回忆道："朱先生费尽心机创办中国丝绸博物馆，
要使后人通过历史记载和实物展示了解祖国丝绸对人类的伟大贡献，为此他
以高龄之年四处奔波，广泛宣传，但创办博物馆困难在于基建资金，因此在
我们讨论中，朱先生总是愁眉不展。突然，好运来了，朱先生的奔波宣传有
效应了。1986 年国家旅游局立项要在浙江建立杭州南宋官窑博物馆、茶叶博
物馆和丝绸博物馆。朱先生即电话告诉我，我问这个博物馆是杭州还是中国

丝绸博物馆，朱先生说文件中只有丝绸博物馆，没有明确是杭州或中国的。电话交谈中，我们一致主张借此机会力争建立中国丝绸博物馆，并立即向有关方面提出意见。我当即向公司领导汇报，因为当时公司是有权决定的。经过激烈争议，公司终于同意创建中国丝绸博物馆的意见，并即文告有关领导筹建中国丝绸博物馆。但后来中国丝绸公司被撤销，我们即以中国丝绸协会的名义组建中国丝绸博物馆筹建委员会，请纺织部部长担任筹委会主任，中共浙江省顾问委员会翟翕武同志等 5 人为副主任，有关省区市和香港的丝绸公司和有关方面负责人共 30 人为委员，14 人为顾问，并在国内外丝绸同行中筹措基建基金等。"①

　　关于这一情况，李善庆先生也有着相关的回忆："1986 年 10 月 26 日，我接待了一位来浙江参加中国丝绸协会丝绸历史研究会成立大会的中国丝绸总公司副总经理。尽管他的日程很紧，我还是抓住机会陪同他去丝绸博物馆的定点现场视察，并将我省政府建馆的有关文件和筹建方案提供给他，有关筹建进度也向他进行了汇报，请他给予支持。他离开杭州去苏州时接到了总公司来电，要他月底前赶回北京参加党组会。据后来消息，11 月 3 日的党组会的议题之一就是商讨中国丝绸博物馆的馆址确定，最后以一票之差，确定将中国丝绸博物馆建在杭州，并于 1986 年 12 月下文确认。"②

　　2022 年 2 月 25 日，中国丝绸博物馆召开馆庆座谈会，时任筹建处负责人来成勋工程师回忆：争取到中国丝绸博物馆这块牌子，其中发挥最重要作用的是中国丝绸公司老经理陈诚中，他是浙江诸暨人。当时苏州市派出全国人大代表到北京活动，争取'中国'这块牌子，情况很激烈，最后由中国丝绸公司党委会投票决定，结果苏州仅以一票之差败给杭州。具体的日子来工已不记得，但据李善庆文中的回忆是 11 月 3 日，当时来工就在北京等候结

① 王庄穆 . 为祖国丝绸事业奋斗一生的好榜样朱新予 // 赵丰，袁宣萍 . 朱新予纪念文集 . 杭州：浙江丝绸工学院校庆办公室，1997：126-129.浙江大学出版社 2020 年出版的《桑下记忆：纺织丝绸老人口述》中也收录了王庄穆先生生前口述，回忆基本一致，表述稍有不同："当时要在杭州筹建丝绸博物馆，浙江丝绸工学院名誉院长朱新予打电话给我，说要在杭州建立一个丝绸博物馆。因为当时苏州已经在准备建苏州丝绸博物馆，我就问他，在杭州建叫杭州丝绸博物馆，还是叫浙江丝绸博物馆呢？我的意见是，不要因为苏州有一个，杭州或者浙江就也要有一个，应该在杭州建中国丝绸博物馆，你要坚持这个意见。朱新予先生同意我的这个观点，于是我们坚持用国家的名义筹备建立中国丝绸博物馆。"
② 李善庆 . 忆朱老 // 赵丰，袁宣萍 . 朱新予纪念文集 . 杭州：浙江丝绸工学院校庆办公室，1997：161-162.

果。也还是陈诚中总经理的面子，他请赵朴初题写了"中国丝绸博物馆"馆名，来工就在次日亲自去赵老家里求字并当场取回。

我们查阅了档案，在 1986 年 7 月 11 日国家旅游局下达经费时，还是"丝绸博物馆"。8 月 26 日，浙江省计经委召集会议，为丝绸和官窑两家博物馆定址时，丝绸博物馆的地址已定为现在的莲花峰下，但名称还是"丝绸博物馆"。会议纪要上提及"丝绸博物馆"的名称问题，说明浙江省丝绸公司要去中国丝绸公司争取。

这里说到，要争取的批复最终在 12 月 11 日下达。中国丝绸公司〔86〕丝计发字第 8201/3602 号"关于在你省筹建中国丝绸博物馆要求基建投资的复函"中有"我们同意定名为中国丝绸博物馆"，所以关于定名"中国丝绸博物馆"的批复，是在一个基建投资复函中确认的。这一批文，也印证了前面几位先生的回忆，大约是在 11 月 3 日正式开会讨论，12 月下文确认。

不过，就是这个 12 月的复函，也提到了浙江省计经委已以浙经建〔1986〕779 号文批复了"中国丝绸博物馆项目建议书"（应该在 9 月 1 日之后），说明浙江省里早已开始以"中国丝绸博物馆"的项目名称起草项目建议书，并在省计经委层面得到了批复。

9 月 1 日，朱新予、戚隆乾、匡衍、李善庆在"对中国丝绸博物馆定点及长远打算的几点意见"信中已称"中国丝绸博物馆"。从 10 月 18 日杭州市丝绸工业公司关于成立中国丝绸博物馆筹建处的请示，以及 10 月 23 日杭州市工业公司下文成立中国丝绸博物馆筹建处的批复来看，在浙江省和杭州市层面，上下均已明确要建的就是中国丝绸博物馆，这正是朱新予等丝绸界的一帮元老和在京的丝绸界浙江籍元老共同谋划的结果。

名正则言顺，要知道，国字号对一个专题博物馆来说是多么重要。应该说，这个国字头为中国丝绸博物馆日后的发展奠定了重要的基础。

三、选　址

关于中国丝绸博物馆的选址，省、市各方一直有着不同的考虑和较量。

1986 年 2 月，在浙江省旅游局组织的第一次建馆咨询会上，杭州市定了杭州丝绸印染联合厂、都锦生和头发巷三处，这三处都很有杭州丝绸的象征意义。杭州丝绸印染联合厂位于杭州城北的拱宸桥，那是新中国丝绸工业发展的标志性企业。都锦生是杭州近代丝绸成就的标志，也是杭州丝绸的形象名片。头发巷里有着杭州丝绸会馆，是历史上杭州丝绸同业公会的会址。但它们都不在西湖旅游景区中，只有都锦生离西湖最近。朱老应该参加了这次会议，并在会上坚持，博物馆应建在西湖风景区内的金沙港（蚕学馆旧址）。会后他又委托汤池先生起草了一份报告，并特别在报告最后亲笔加上："地点以蚕学馆旧址为宜，理由包括：（1）有历史意义；（2）是西湖的中心地带，交通简便，水陆都宜；（3）没有拆迁户；（4）配合曲院风荷风景区，全局容易布局。"最后的定稿《筹建中国丝绸博物馆的设想》中写道，地点以西湖金沙港旧蚕学馆北为宜，要地50亩（因有桑园蚕室），理由包括：（1）有历史意义；（2）此处是西湖中心，交通方便；（3）没有拆迁户行动快，费用省；（4）配合曲院风荷风景区，全部请园林文物局意图全权负责设计。

后来，朱老在1986年6月给当时的省领导王芳和薛驹的信中也继续坚持："馆址以岳坟对面玉带桥西原蚕学馆旧址为最理想，要突出艺术特色，配合中国庭园设计和建筑设计中的中国特色，成为中国艺术的结晶，为西湖增色。"

但是，杭州市领导一直认为西湖北区已经太热，希望建在杭丝联。朱老又主动出席会议，带领一帮专家提出了不同的意见，但也做了一些退让，不再提金沙港，而把选址改为西湖南侧的太子湾。最后，在1986年8月的望湖宾馆会议上，朱老的意见得到了原省领导翟翕武、崔健等同志的支持，时任杭州市委书记厉德馨终于同意将中国丝绸博物馆建在西湖周边，但把选址改为了玉皇山莲花峰下，即现在的馆址。

1986年8月26日，由省计经委组织有关部门、专家、学者到莲花峰现场察看，并在省旅游局会议室召开选点定点会确定馆址，虽然有的同志认为原已确定建在杭丝联不应再变，但由于专家、学者的意见，市委领导也已同意改变，因此馆址最终确定下来，建在莲花峰下。

但朱老考虑到博物馆定点及长远打算，立即会同戚隆乾、匡衍等专家于1986年9月1日又写了一封信，信中提出了定点小区应以中国丝绸博物馆为中心总体规划以及隧道车行等三点建议，并以书面形式分送省、市领导和有关部门，此事得省计经委在"关于中国丝绸博物馆项目建议书的批复"中基本采纳。

《朱新予纪念文集》，1997

据来成勋回忆："筹建中国丝绸博物馆，我是第一任筹建处主任。当时建馆的大致地点是玉皇山前，馆址由当时的市委书记厉德馨和丝绸界元老朱新予同志决定。筹建处我做的工作是：定规模、设计大致布局、广泛征求各界意见、建筑设计方案招标和审定，最后是浙江省建筑设计院中标，由省第一建筑公司承建。建筑招标奠基后开始建设，并选定上海博物馆负责陈列设计。"[①] 来工的回忆，应该是比较权威和准确的。

四、筹　备

1981 年 11 月，朱老在全国政协上的提案中，提出的是一个较为简便的方案："可暂定由浙江省人民政府责成浙江博物馆，积极整理专馆展出已有的丝绸文物，并筹备，五年内完成。"当然，这一建议没有得到回应。

---

① 　来成勋.浙江省丝绸工业发展情况.杭州：2021.（此为手稿，藏于中国丝绸博物馆新猷资料馆。）

朱老在 1986 年 2 月听到丝绸博物馆立项后的设想中，也涉及国丝内部展览内容：

> 初步考虑办馆原则是总体设计，分期实施。内容设想是七个展厅，错综排列，形成特色。这些展厅分别为嫘祖厅（嫘祖为传说中的丝绸创始人），巧匠厅（此处的巧匠为陈宝光妻，汉代新品种专家），马钧厅（马钧为三国丝织机改革家），师纶厅（师纶为唐代纹样设计家），景石厅（景石为元初机械师），葛成厅（葛成为明末丝织工人领袖），林启厅（林启为清代杭州太守、丝绸教育家）。

> 展品分二条主线：其一是栽桑制种养蚕、缫丝、丝织、印染、成衣，从原始技术到现代技术，最后是发展远景；其二是从原始丝绸用途，历代的丝绸服装演变到近代丝绸时装，全面开发，综合利用，包括各个时期丝织品的纹样演变。

> 除上述系列展品外，全国丝绸重点地区还可以按地区特产集资单独开辟展厅（如江苏、四川、辽宁、山东、广东、安徽、湖北、新疆、陕西等省、区、市），馆以下建制有视听室、影像室、研究室、模拟室（体验室）、休息室和售货部。展出要有静态、动态两种。配合美术设计，参观与游乐相结合，搞得生动活泼。

浙江丝绸工学院的丝绸史研究室是朱老亲手建立起来的从事丝绸历史文化研究的学术机构，按朱老的话说，"这是国内唯一的、连纺织各校也没有成立的专业研究室"。在 1986 年 6 月 7 日的工作笔记中，朱老写道，有丝绸史研究室今后打算和中国丝绸博物馆的关系一行，这也是在为国丝考虑人才培养和专业筹划。我也刚好在同月参加了浙江省博物馆学会成立大会，递交了交流论文《人杰地灵：试论杭州文化建设中的博物馆事业》[①]。我在参加会议之后将文章送请朱老教正，朱老于 7 月 20 日阅毕，并在第四部分"必须保证博物馆建设的水平"处加画了大量的红线，增加了序号标识，并在"提高对参观者的宣传、服务水平"处，特别写上"这是主要的中心"字样，作为对我办馆理念的肯定。现在读来，依然很有指导作用。

---

① 赵丰. 人杰地灵：试论杭州文化建设中的博物馆事业. 杭州：浙江省博物馆学会成立大会，1986.

　　1987 年开始，中国丝绸博物馆的工作全面铺开。5 月 12 日—14 日，中国丝绸博物馆设计方案完成了设计竞赛，浙江省建工设计院的方案胜出。5 月 22 日，杭州市委书记励德馨批示："既然方案有了，就要动手干。"可惜的是，朱老却在方案确定后的 6 月 20 日去世，更未能看到 12 月 18 日的工地奠基动工。但他临终时向多年的同事和战友翟翕武留下的遗言中，有一件就是关于中国丝绸博物馆建设的，即他亲手建立的浙江丝绸工学院丝绸史研究室和其他相关工程技术专业人员，已开始投入到中国丝绸博物馆陈列文本的写作中。我也有幸参与其中，还参与了相关的文物征集等工作，一直到 1991 年正式调入中国丝绸博物馆。

　　今年，是国丝 30 年的馆庆之年。30 年的时间，让国丝从无到有，从有到佳。九泉之下，朱老一定会含笑长眠的。

人杰地灵

试论杭州文化建设中的博物馆事业

诚如人云，杭州若想成为世界上一流的旅游城市，一靠风景，二靠文化，这正与我国的一句古话相合：人杰地灵。人杰便是文化发达，地灵则是钟灵毓秀，而人杰更在地灵之先。可见，古代旅游者们对于旅游胜地的评价，是文化重于风景，直到今天一直如此。杭州的文化建设包括许多方面，应该由各行各业的专家和爱好者来讨论研究。笔者在此仅就其中的博物馆事业建设谈些看法，以期抛砖引玉。

一、杭州博物馆事业的现状

要想了解杭州博物馆事业的现状，就必须知道它在中国博物馆事业和世界博物馆事业中的地位。

博物馆因为具有思想性、科学性、艺术性等方面的因素，所以受到全世界的广泛重视。它具有巨大的社会效益，如宣传科学文化知识、提高人民素质、陶冶情操、激发民族感情。同时，如果它与社会其他部门结合起来的话，也能产生一定的经济效能，如生产旅游产品、增加旅游项目、宣传各地名产。

据 1982 年联合国教科文组织统计，美国拥有博物馆 4607 个，日本有 1503 个，苏联有 1465 个，丹麦虽然土地面积只有我国的 1/200，人口相当于我国的 1/120，但其博物馆总数在 400 个左右，连印度这样的发展中国家也几乎每个县均有博物馆，而我国在当时只有 500 个左右的博物馆，相比之下可见差距之大，然而这仅是数量上的差距，在种类、形式、水平等各个方面的

踏访丝绸博物馆太子湾选址，
1986

差距也是很明显的。

　　近年来，我国的博物馆事业得到了迅速的发展。据报道，截至 1980 年年底，我国有博物馆 365 家，1985 年增加到 618 家，到 1986 年已有 700 多家（包括正在筹建的博物馆），特别是一些大中城市，已经建成或正在筹建形式多种多样的博物馆。例如，北京是我国的中心，正在筹建中国邮票博物馆、钟表博物馆、长城博物馆等。

　　在最近展开的上海城市文化发展战略研讨会上，博物馆已被列入重点课题，研讨会还提出了完善历史、自然两大类博物馆，新建科技史、上海革命史、租界史等博物馆的设想。苏州准备在今年建成具有地方特色的苏绣、昆曲、丝绸、碑刻等 6 个专门博物馆。这些博物馆的设想代表了目前多种类多形式的博物馆发展趋势。

　　相比之下，杭州的博物馆事业发展较慢，杭州城市人口 120 多万，到 1985 年止，仅有一个省级博物馆和一个筹建之中的自然博物馆。省博物馆地方拥挤，陈列也较单调，水生动物、植物等自然部分设立已久，杭州史前和河姆渡文化部分也长期未换，这种状况显然很难满足杭州文化生活的需求，更难以与中国作为文明古国、杭州作为文化名城的称号相符。而瑞士的苏黎世只有 30 多万人口，却拥有 27 个博物馆。与国内外其他城市相比，杭州博物馆事业的饥渴之状是可以想象的。然而，杭州并不是没有条件和基础，广大文博工作者已经做了大量工作，不少富有建设性的意见也引起了重视。有些专业博物馆已经进入设计和筹建阶段，更令人欣慰的是，杭州这方面的潜力相当大，不少单位已具备一定条件和实力，只要实干起来，发展是不会慢的。

二、博物馆建设的选题

在目前博物馆如雨后春笋般涌现的时候，发展杭州博物馆事业，必须十分重视博物馆的选题。

选题中不仅应选他地已有的，更应突出杭州的特色。笔者认为，这特色应从博与专两个方面来考虑。如属于填补空白的博物馆，要尽可能博办成全国或者世界的一流水平；属于与地方有关的博物馆，只要专办出杭州的特色来就可以了。在此，笔者提出一些选题，供大家参考。

1. 自然科学类

此类博物馆应以浙江自然博物馆为主，下设天文、地质、动物、植物、人类自然史、科学技术史等分馆，形成一个结构较为完整的自然博物馆。在内容上要向世界范围发展，经常介绍国内外最新的科技成果，这里比较值得注意的是科学技术史方面的内容，这在国内尚不多见，择题而做，会有所建树。

2. 人文类

目前，博物馆总的状况是人文类多于自然类，这也是博物馆发展的正常现象。

我国国内尚有许多人文类的博物馆未建，杭州可以有选择地建设，如体育博物馆，可以选择中国体育史、中国当代体育、民族体育和世界体育等内容，可进行爱国主义教育，亦可供人们娱乐。再如音乐博物馆，在中国尚属空白，杭州若能捷足，是完全可以办起来的。

中国茶叶博物馆

南宋官窑博物馆

西湖博物馆

中国刀剪剑博物馆、中国伞博物馆

　　人文类中还包括带有明显地方特色的博物馆，在杭州除原有历史类博物馆外，还可再建。例如，西泠印社是我国书法界权威机构，完全有可能建立书画博物馆或书法、金石类博物馆，收藏陈列以各种书画、碑帖、金石作品为主。浙江是越剧的故乡，苏州可以筹建昆曲博物馆，杭州也完全有可能建立越剧博物馆，介绍越剧缘起、流派剧种等，同时增加娱乐性。

3. 技艺类

技艺类亦可属物质文化的范畴。杭州的物质文化相当发达，均可配合各行各业建立起相应的博物馆，如中国是丝绸的故乡，浙江又有丝绸之府的美誉，杭州应该建立中国丝绸博物馆，介绍中国丝绸历史、传统丝绸生产工艺和花色品种、丝绸的多种用途等，这一建议目前已在落实之中。

又如陶瓷博物馆，因陶瓷种类极多，也可先考虑在乌龟山南宋官窑遗址处，先设官窑或浙江陶瓷博物馆。再如服装博物馆，世界各地均有各种服装博物馆，中国国内也有不少地方想做而未做，杭州若能先办起来，也是一大喜事。浙江还有各种十分珍贵的民间工艺，日本的每个县均有民艺馆，浙江亦可在杭州设立浙江民艺博物馆，如扇子、剪刀、木雕、石刻等均可入馆，再如酿酒、造纸、印刷、铸钱、茶叶、建筑、桥梁、名塔等类型的博物馆，均可成为具有专业性和特色的博物馆。

4. 名胜类

在杭州可以风景名胜为主题建立博物馆。现有的杭州史迹陈列亦属此类，此外可设专门的博物馆，如西湖博物馆，可从历史、地理等各个角度介绍西湖的形成、历史的发展、现有风景设施、未来的发展规划等。再如临安宋城博物馆，可以随着临安城的考古发现，在原大内凤凰山一带设立，介绍南宋临安城的建筑、当时的社会经济、风情民俗等。这一类的博物馆，还可扩展到全国性或世界性的，使人们能坐游天下。

5. 纪念类

杭州有不少文化名人，围绕这些名人均可建具有博物馆性质的纪念馆。在这方面，蜡像馆和岳坟内的史迹陈列均已迈出可喜的一步，但若能进一步扩充的话，则可成为较完善的杭州先贤博物馆。

可见，博物馆的选题十分丰富，这里仅提出一些想法，所用分类也不是很恰当，仅供参考而已。

三、博物馆建设的形式

目前，世界上的博物馆建设已不再满足于位于玻璃橱窗内的实物和图片陈列，博物馆的形式必须向着多样化发展。在杭州博物馆事业的建设中，照片、绘画、实物模型虽然是基础的，但也必须跟上世界潮流。博物馆的形式具有活泼、多样化，新的发展趋势表现在以下几个方面。

（1）利用现代化设备进行视听教育。在现代的博物馆里，仅有静止的陈列是不够的，而且应该有活动的和有声的视听教育能力。要办到这一点其实并不是很难，如"视"可通过电影、录像、幻灯等手段来实现。西湖博物馆可录制关于西湖风景的纪录片，每日放映，使旅游者能坐游西湖，并观赏到不同季节的景色。此外，体育博物馆内可放映各种体育故事片和比赛录像等，自然博物馆中更可放映各种科教科幻影片。再如"听"可利用录音耳机等手段来实现，在越剧博物馆可备有各种流派或剧目的录音，供参观者选择欣赏。动物博物馆内亦可录制各种动物的声音，供参观者辨别用。

视听教育还应该包括进行表演和举办讲座等形式。各种技艺类博物馆，如丝绸、茶叶、陶瓷、中药、名酒等博物馆均可设立专门的手工作坊，让人们不仅可以参观作坊，还可以选购产品。书画博物馆更可定期举办讲座和进行书画表演。

（2）打破实物与参观者之间的界限，建立实验性博物馆。有道是，百闻不如一见，百见不如实验，实验是最好的教育方法。国外有许多地方已经这样做了，我们的历史博物馆中有许多较晚、较为简单的劳动，如打制石块、纺纱拈线、弯弓射箭、陶器制作、车马乘坐等均可让人实践。体育博物馆中的一些古代体育项目，如投壶、击球，以及国外的一些不常见的体育项目，均可供人实践。自然科学技术类博物馆，更是应该开设实验馆，这样才能更好地吸引观众，充分发挥其教育作用。

（3）把博物馆从屋子里解放出来，建立露天博物馆。露天博物馆让人们进入一个真实的历史地理环境，去感受去体会，得到身临其境的教育。国外的自然生物保护区、电影中的未来世界等均可属此类。目前，杭州较为可行的是自然博物馆中的植物馆，可在原植物园的基础上进一步建设。临安宋城博物馆也可设计较为真实的仿宋环境，目前虽有环碧庄和黄龙洞的仿古园，但这些与历史的真实感相距太远。在这一点上，博物馆尚需花大力气，国外有许多乡村博物馆和古城博物馆的经验也值得借鉴。

四、必须保证博物馆建设的水平

笔者提出了不少博物馆选题和形式，但这并不表明笔者主张一拥而上、不顾质量的建馆方式。笔者认为，尽管建馆的途径可以多种多样，如国家、企业甚至个人，但博物馆的质量和水平一定要得到保证，并不断提高。

要保证建馆水平，得先认清博物馆的定义和性质。1974 年，国际博物馆协会第十一届大会上通过了《国际博物馆协会会章》，其中第三条规定：博物馆是一个不追求盈利、为社会和社会发展服务的公开的永久性机构，对人类和人类环境见证物进行研究、采集、保存、传播，特别是为研究教育和游览的目的提供展览。

1979 年，我国国家文物事业管理局颁布了《省、市、自治区博物馆工作条例》，着重指出，我国博物馆是文物和标本的主要收藏机构、宣传教育机构和科学研究机构。由此可见，以创汇等经济效益为目的的建馆思想，是与我国博物馆事业的发展方向相悖的。要保证博物馆的质量，就必须提高藏品、科研、成立教育三个方面的水平。

（1）任何一个博物馆都必须有非常丰富的藏品做基础。对新馆来说，虽可通过借调复制等途径来汇集藏品，但最重要的是新标本的采集和民间实物的抢救和发掘。这一工作已迫在眉睫，且行之有效。就以丝绸为例，据笔者调查，保存在浙江民间的土丝车、丝织提花机、印花板及有关的丝绸实物已不多见，仅有的几架提花机也逐步被用作家具或当作柴火销毁。不仅实物被销毁，而且懂得传统丝绸生产工艺的老人也一一过世。我们如不及早抢救，势必付出更大的代价。众多的浙江民间工艺也面临着同样的危险。我们要保证博物馆的藏品水平，就该早早行动。

（2）研究水平是博物馆水平的重要标志，是博物馆必不可少的一部分，如只收藏而不研究，博物馆势必会成为储藏室或展览馆，不研究也就不可能会有高的教育水平。这一研究包括藏品研究及与此相关的科学研究，不仅要靠馆内人员，还要借助于馆外力量。

如西湖博物馆可以与杭州大学历史地理的研究人员挂钩；丝绸博物馆可以与浙江丝绸工学院丝绸史研究室合作。有条件的地方，甚至可以成立全国性的研究中心。无锡梅园内就办起了全国梅花研究中心，杭州亦可以博物馆为基础，办越剧研究中心、宋城研究中心等，这必然有利于博物馆水平的提高。

（3）博物馆有了藏品及对藏品的科学研究后，主要就是提高对参观者的宣传服务水平，达到教育目的。这种服务除在博物馆内进行之外，还可考虑走向社会、吸引更多观众的各种方法。例如，各博物馆可以配合学校的自然科学教育、历史地理教育甚至乡土教育进行专题陈列、介绍、辅导；也可以与其他城市进行交流陈列，向乡村、向国外均可；可以编印宣传资料、馆刊、出售仿制品；还可以改善馆内的各种服务设施，提高讲解员的素质与水平。

作为杭州文化发展战略的一个重要组成部分，博物馆建设应及早引起大家的重视，及早规划设计。如果等城区和风景区建设得差不多了，再来建设博物馆，则为时已晚，麻烦更多。最好能有文化、园林部门提出草案，会同各有关行业专家联合论证，并及早起步。只有文化事业上去了，杭州才能无愧于"人杰地灵"的美称。

（本文为1986年6月浙江省博物馆学会成立大会交流论文。本文经浙江省文物局汪济英老师审阅，又于1986年7月20日又经朱新予院长审阅，得到大量批注。）

丝绸文化的全方位展示

中国丝绸博物馆陈列内容介绍

　　作为一所全国性的、新型的专业博物馆，中国丝绸博物馆的陈列体系必须满足下列条件和要求：以本馆的藏品为主，结合图板，从时间、空间、内容等多角度、全方位又不失重点地表现中国丝绸在古今取得的光辉成就，以及中国丝绸对人类文明做出的巨大贡献。同时还要考虑到其旅游性和经贸性，这是丝绸和文博等各方面专家经过无数次论证所得出的结论。因此，本馆的陈列方案凝结着许多人的智慧和心血。

　　陈列体系的雏形在建筑方案论证时就已形成，序厅、蚕桑、制丝、丝织、印染、综合厅的六厅格局就反映了筹建者对陈列体系的构想。1987 年年底，浙江丝绸工学院和浙江农科院蚕桑研究所接受委托进行设计，提出了把序厅分成丝绸文物、丝绸与经济、丝绸与社会、丝绸与文化及丝绸之路等单元，再加上蚕桑、制丝、丝织、印染、服装等专业小厅的方案。1990 年，筹建处主持修改方案，在序厅中压缩了经济文化部分，扩大了丝绸之路的内容。在 1991 年 5 月的中国丝绸博物馆陈列内容论证会上，全馆陈列被正式确定分为序幕厅、历史文物厅、民俗厅、蚕桑厅、制丝厅、丝织厅、印染厅、服饰厅（后定名为现代成就厅）、机动厅九个部分。目前的陈列也就是按照这一体系进行具体设计并布展的。

1. 序幕厅：确立中国丝绸的地位

　　序幕厅位于序厅二楼中央大厅，是进入博物馆后看到的第一个陈列厅。该厅的主要任务是给观众一个关于中国丝绸的基本概念，使其了解中国丝绸的地位：起源最早、传播最广、成就最高。一踏上博物馆的台阶，序幕厅中心展台上的宋代提花机模型就跃入了眼帘。这是一台根据宋人《耕织图》画本复制的提花罗机，这台现在所知最早的提花机型复制品的陈列，正反映了中国古代丝绸的伟大成就。展台一圈陈列的《宋人蚕织图》长卷摹本，也是目前所知最早的一幅反映蚕桑丝绸生产全过程的图画。

序幕厅的左壁是丝绸年表，右壁是丝绸之路两大幅图表。两幅图表均长11.2 米，高 2.4 米，分别从时间和空间上描述了中国丝绸的发展历程及其对世界文明的重大贡献。丝绸年表以历史文物图片为主，兼用标题性语言，描述了中国丝绸在各历史时期所取得的重大成就和发生的重大事件。同表附有国外部分，通过对比可以看出中国丝绸科技对世界的巨大影响，以及近代工业革命后西方丝绸技术的高速发展。丝绸之路图则是目前学术界第一幅集草原、绿洲、海洋三道于一体的丝绸之路图，图上所附的照片展示了丝绸之路的沿途风光以及出土丝绸实物。

序幕厅的后壁竖着五块高大的屏风。中间一块是蚕桑丝绸过程图，在印有几十种不同语言的"丝"字的背衬上，用图案形式表示了桑、叶、蚕、茧、卵、蛾、丝、绸、服装的工艺过程。其余四块分别是中国蚕桑丝绸生产分布图、中国历年茧丝产量表、中国丝绸行销世界图以及各种纤维的性能比较表，介绍了丝绸的优良性能和中国丝绸产销均居世界首位的现状。

序幕厅的陈列局限于中央大厅，但其内容展示实质上从博物馆大门口的嫘祖像就已开始，并可延伸到正在织制之中的《丝源图》大型壁挂，该壁挂突出表现的都是历史上对丝绸做出过重大贡献的人物，如嫘祖、马钧、何稠、窦师纶、朱克柔、韩希孟、薛景石，以示历史是人民创造的。

2. 历史文物厅：古代精品的展示

历史文物厅位于序幕厅的两侧，集中展示五千多年来丝绸文物的精品。历史文物厅恒温恒湿的环境为丝绸文物的保存和展示提供了良好的条件；其在深灰色的基调上采用人工照明，又把丝绸展品放在一个醒目的位置上。

历史文物厅的陈列按时期分为二厅五个单元。一厅中包括早期、战国、秦汉、晋唐、宋元，二厅中专为明清时期。

早期部分集中介绍的是新石器时代和青铜时代的实物，其中有江西新干出土的一件青铜器，上面附有十分明显的丝织品遗迹。

序幕厅，1992

丝绸年表，1992

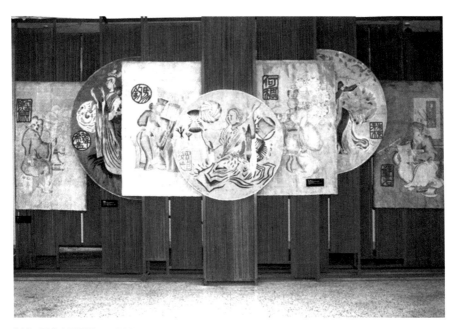

《丝源图》大型壁挂，1992

　　战国、秦汉是中国丝绸史上的第一个高峰，锦绣作为高档面料而流行，这时的展品主要有战国时期的龙凤纹绣（复制品）、西汉早期的菱纹罗、长寿绣、绒圈锦和东汉时期的延年益寿长葆子孙锦等，有代表性地反映了当时的品种和纹样的特点。

　　晋唐时期是一个转折时期，丝绸之路沿途所出的锦、绮、绫、缬品种与纹样都显示了东西文化交流带来的影响。树叶纹锦、双鸾对狮纹锦、双色绫、团花纹样缬等织物，反映了当时图案题材的增加及其风格的转变。

　　宋元时期的丝绸品种更加丰富，展品突出的是绫、罗、纱在南方的流行和加金织物在北方的流行。该单元陈列品有绫衣、纱衣、罗袍、罗裙裤、织金绢、印花绢等。此外，宋代是缂丝的鼎盛期，元代是缎组织的出现期，因此该厅还陈列了内蒙古乌盟金墓出土的一件缂丝紫汤荷花靴套和山东邹县李裕庵墓出土的一件元代暗花缎女帽。

　　明清时期的丝绸文物无论是出土的还是传世的都十分丰富，但其重点在于各种各样的缎品种和缂丝刺绣实物。缎有暗花缎、织金缎、妆花缎等；

民俗厅，1992

制丝厅，1992

绣有实用性的刺绣服装和欣赏性的刺绣立轴，包括明末著名的顾绣真迹——《露香园绣东方朔立轴图》；缂丝则有各种立轴和册页，大多是绘画品的摹缂，但也有一件缂丝蓝地牡丹八宝九龙夹袍，十分珍贵。

3. 民俗厅：丝绸与社会的连接点

在长期的丝绸生产过程中，各地的蚕农、织工创造了丰富多彩的丝绸风俗。从这些表现在信仰崇拜、节气时令、饮食居住、贸易游艺、行业管理以及禁忌等方面的丝乡习俗中，我们可以窥见丝绸与中国社会的关系之密切，及丝绸在中国文化中所占的地位之重要。因此，民俗厅所要表现的正是丝绸与中国社会、文化、生活之间的关系。

民俗厅从神树扶桑开始叙说，进而介绍各种蚕神，如黄帝元妃嫘祖、马头娘、三姑、蚕花五圣、四川的青衣神、新疆的传丝公主和机神，以及纳西族传说中的三姑娘。民俗厅还展示了江南蚕乡农家祭祀蚕神的场景：壁龛中的嫘祖像、红帷半掩、供桌上的各种祭品、香烟缭绕。这里可能是全国唯一可以看到祭祀蚕神场景的地方，同时也是能买到各式各样木刻印制的蚕神像的地方。

在整个养蚕织绸生产过程中，各种风俗又更为引人注目。从清明含山轧蚕花开始，蚕农们买回蚕花，到养蚕前的接蚕花，养蚕结束后吃蚕花饭，整个过程都蕴含着蚕农们对蚕桑丰收的期望。之后的丝绸行业管理也反映出丝绸界为保证丝绸生产和贸易顺利进行而采取的各种努力。展厅中特别复原了杭州绸业会馆（即观成堂）的模型和实地场景一角，原有的雕梁画栋都被搬到了这里，饶有趣味。

转过绸业会馆的场景，便是一幅题为《盛泽小满戏》的大型壁画，画以著名蚕乡吴江盛泽镇的小满戏为题材，着重表现了当地丝业公所出资在先蚕祠演出戏剧以庆祝蚕事结束、茧丝丰收的场面，同时还反映了盛泽绸庄的丝绸贸易和济东会馆内的各种活动。画中五百余人物，神态动作各异，可令许多观众驻足。民俗厅的最后是盛泽绸庄的场景复原，里面摆设的是自盛泽征集而来的绸柜、塌柜、柜台、绸秤、码尺等实物，再现了绸庄当年的风貌。同时，观众也可在此买到各种绸缎产品。

蚕桑厅，1992

丝织厅，1992

现代成就厅，1992

4. 专业厅：传统工艺的再现

专业厅按工艺流程分成蚕桑、制丝（含绢纺）、丝织、印染（含刺绣）四个小厅。这些小厅都是以图片版面结合操作表演进行展示陈列的。

蚕桑厅的陈列分为栽桑、家蚕、蚕茧、柞蚕与其他产蚕、蚕丝副产品等部分。此外，还有三个蚕室和一个蔟室，室中配有恒温装置，可供一年四季养蚕，三个蚕室又用不同的蚕具进行布置，使其带有不同的地方特色。

制丝厅的陈列分为烘茧、缫丝、缫柞蚕丝、纺线、制丝等成品部分。厅类实物有从甘肃征集的石桥缫丝工具，从新疆和田地区征集的手摇缫丝车、手摇复摇车，从辑里丝产地浙江湖州南浔征集的脚踏缫丝车，从辽宁海城征集的柞蚕丝干缫车等。这些缫丝车形制各异，反映了不同地区、不同时期的缫丝技术。

丝织厅是一个内涵丰富的厅，其陈列分为准备、织造、丝织品三部分，但突出展示的是各种织机，如海南黎族使用的原始腰机、新疆和田地区使用的爱的丽斯织机、广西壮族使用的竹笼机、四川双流县留存的丁桥织机和缂丝机、从浙江双林征集的小花本束综提花机。此外，我们还根据古代文献及图片复原了宋代的提花罗机和元代的立机子，这些复原在国际上都是首次成功。而且，所有这些征集和复原的织机都能进行操作表演，也可以让观众参与和操作。

印染厅的内容分为精练、染色、印花、整理和刺绣五个部分，结合坐捣和立捣、一缸两棒等场景，以及扎染、手绘、蓝白印花绸、刺绣等表演，着重反映了传统的印染生产技术。在这里，观众也能买到或动手印制各种纪念品。

5. 现代成就厅：辉煌的缩影

历史文物厅的陈列内容到清末为止，专业小厅的陈列内容到印染为止，这两条展线的延伸都在现代成就厅中交汇。

表现新中国成立之后丝绸业的光辉成就是中国丝绸博物馆的重要任务之一，并且，这种表现是无所不在的。序幕厅的五块屏风勾画了当代中国丝绸的概貌；漫长的丝绸年表，以新中国的辉煌成就写上句号；各专业小厅中，以工艺流程照片的形式反映了当今丝绸行业的技术状况；当代桑品种、蚕品种、丝绸优质产品、新型印染技术的展示也在不同程度上反映了新中国的丝绸技术成就。但是，表现这些成就的最佳点，莫过于现代丝绸精品。

现代成就厅除了用图片等展示党和国家领导人对丝绸事业的关怀以及新中国丝绸事业的伟大成就外，突出展示了丝绸精品实物。其中有：工业产品，即全国近年的名优特产品，包括白厂丝、绢丝等原料类实物；提花、印花织物以及服饰类实物；工艺品，由全国各地的丝绸艺术家们制作而成，如常州工艺美术研究所的乱针绣《憧憬》、杭州刺绣研究所的双面绣《孔雀》、南通工艺美术研究所的彩锦绣《幻城》、杭州都锦生丝织厂的织锦画《春苑凝晖》。这些实物，从产品的角度反映了中国各民族、各地区、各行业在党的领导下所获得的丝绸科技成果。

6. 机动厅：无限的补充

中国丝绸的内涵太多，小小博物馆 3000 余平方米的基础陈列无论如何也容纳不了这么浩瀚的内容，尤其是现代的成就，每时每刻都会有新产品、新技术诞生，每年每度都会有新优质品种产生，一个稳定的博物馆式的陈列，无法跟上时代的步伐。因此，我们开辟了一个面积约为 300 平方米的机动厅，作为整个陈列体系的补充。

这种补充的量是无限的。它不但可以是古代文物的专题展，如这次预展期间的"六省市丝绸文物精品展览"，展出了 30 余件珍贵文物，其中有著名的钱山漾丝绸和马王堆素纱襌衣；正式开馆之际还将举办以南宋江西德安周氏墓出土丝织品为主的专题陈列，将展出成件衣服 30 余件。此外，它还可以是现代丝绸的专题性汇展或展销，如一年一度的丝绸新产品汇展、最新丝绸科技成果展、国外丝绸样品展、某一种类的丝绸产品展销，甚至是反映丝绸生产的摄影绘画展，或丝绸工人的艺术作品展。如此种种广泛的选题中有许多是目前所无法预料的，它们可以成为反映丝绸科技成果、市场信息、生产面貌的窗口，但这还有待于广大观众来共同策划选题。

（本文原载《丝绸》杂志 1992 年第 2 期。）

站在 20 年的里程碑前

2012《中国丝绸博物馆年报》序

2012 年，中国丝绸博物馆站在历史的里程碑前，举目回顾，眺望远方。

从 1992 年开馆算起，我们已经走过了整整 20 个年头：20 年前筚路蓝缕，20 年来风雨兼程，20 年后初展头角。2012 年，我们花了几乎整整一年时间，为我们的 20 年写一份小结。这份小结其实有两个版本：一个是现场版，我们重新整理了博物馆的主要展厅和空间，借馆庆之际，向浙江省以及行业的领导和同行汇报；另一个则是图文版，我们申报并通过了国家文物局组织的严格的评审程序，正式跻身国家一级博物馆之列，从一个由当时中国丝绸总公司批准的国字头博物馆，成为一个名副其实的国家级博物馆。小结的具体内容，或可以分成以下几个板块。

（1）一组园林建筑。在玉皇山脚的阔石板村里，占地约 70 亩的园林已树木成荫，当年由浙江省建筑设计研究院设计的馆舍，虽然没有建完，但其弧形、分段的建筑已经显露出设计者对蚕形的理解和借鉴。不过，这一具象的建筑的缺憾也随着年份的增长而日益凸显——我们的展览稍显得零星和分散。

（2）一馆丝绸文物。政府的设计师们总是先建设馆舍，再收藏文物。虽然曾有中国丝绸总公司、纺织工业部、国家文物局，甚至是国务院的联合发文，也曾有新疆等地的大力支持，但事实上，丝绸文物的征集谈何容易。可喜的是，经过 20 年的努力，我们已经有了从 2000 多年前的战国丝绸到当代设计大师的服饰近 30000 件藏品。

（3）一个保护体系。从 2000 年建立中国纺织品鉴定保护中心起，到 2010 年获批纺织品文物保护国家文物局重点科研基地，我们初步建立了以纤

华装风姿：中国百年旗袍展，中国妇女儿童博物馆，2012 年 3 月 8 日

百年华装·丝情杭州：中华服装的遗产与繁荣，2012 年 6 月 10 日

维、染料为核心领域，综合分析测试、修复保护和传统工艺三大步骤的纺织品文物保护研究体系，为全国特别是纺织品文物出土和保存的集中区域提供了良好保护修复技术服务和人才培训服务。

（4）一项人类遗产。2009年，我们牵头全国三省五市，以"中国蚕桑丝织技艺"申报联合国教科文组织的人类非物质文化遗产代表作名录并获得成功。此后，我们又开展了这一遗产传承保护的一系列工作，包括设立"天蚕灵机"的蚕桑丝织非遗固定展览，复原杭罗、宋锦等失传品种，规划"海宁·中国蚕桑丝织文化遗产生态园"等等。

（5）一张国家名片。丝绸是中国最为古老、最为长久的国际品牌，丝绸之路成为中国与世界联系的通道。而今，我们又将丝绸文化宣传和传播推向世界，成为文化和旅游部、商务部和浙江省的对外宣传品牌。迄今为止，中国丝绸精品展和浙江丝绸文化展已前往美、英、法、意、加、俄等10余个国家展出20余场，受到全世界人民的欢迎。

（6）一群专业人才。我们已经培养起一支较为年轻的丝绸专业创新队伍。我们的人员虽然不多，但有一半以上是专业技术人员，1/4具有正高级专业职称。我们有浙江省特级专家、浙江省创新团队、国家和省内的文物鉴定委员，有浙江省"新世纪151人才工程"第二和第三层次人才，有一大批硕士和博士，这些都为我们事业的发展提供了动力。

（7）一条发展思路。这虽然是在刚刚过去的一年中逐步完善的，但确实是十分重要的，这就是我们的发展思路，我们的发展目标：要建设一个具有国际影响力的、以中国丝绸为特色的纺织服饰类专题博物馆，打造一个纺织文化遗产的综合研究、收藏、保护、传承、传播体系。而其中最具挑战的就是国际影响力的培养。

为了培养国际影响力，我们在2012年做了几件国际化的大事。

（1）藏品国际化。我们开始实施海外纺织服饰的征集计划，2011年特别征集了300余件百年前中国参加法国和德国世博会时展示的丝绸纺织产品、19世纪的中国外销绸，以及海外华人旗袍。

（2）展览国际化。2010年岁末开始的意大利"从杭州到卢卡的丝绸之路"展尚未落下帷幕，为伦敦奥运会配套的"衣锦环绣"展又在英国诺丁汉登台

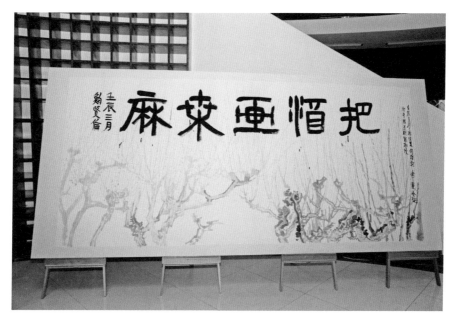

"把酒画桑麻"书画展开幕式，2012 年 4 月 13 日

参加哈佛大学丝绸之路会议，2012 年 4 月 22 日

接受贝聿铭母亲旗袍捐赠，纽约，2012 年 4 月 29 日

亮相，特别是西班牙之秋的"丝路之绸"展和"超越历史与物质"展的古代、现代丝绸双展，使我馆的外展数量达到历史之最。

（3）合作国际化。随着纺织品文物保护国家文物局重点科研基地工作的展开，我馆与英国国家图书馆、美国布莱恩特大学、丹麦哥本哈根大学、韩国传统文化大学之间正式签订合作协议。与此同时，敦煌丝绸、植物染料与明代服饰等国际合作也已经启动。

（4）团队国际化。纺织品文物保护国家文物局重点科研基地的学术委员会中有来自美国和丹麦的两名外籍委员，法国的染色专家和韩国的纺织品文物修复师进入我们的修复工作室共同工作，来自法、丹、美、英、德等国的11 位学者为我馆举办了专题讲座。而我们也连续两年派出专业人员赴美研习纺织品文物修复和植物染料分析测试。

（5）成果国际化。我们的专家在哈佛大学、史密森学院等高规格的平台上参加学术会议，"敦煌丝绸艺术全集"以中、英、法三种语言出版，特别是《中国丝绸艺术》（英文版）荣登《纽约时报》艺术书榜单。我馆的展览和学

启动俄国军旗上的中国丝绸研究项目，瑞典陆军博物馆，2012 年 10 月 16 日

术活动也在英文媒体上进行了专题报道。

　　回顾所有这些稍值一提的工作，我们更应该感谢各级政府的大力支持，各相关部门的大力支持，还要感谢一些团体、企业和个人的大力支持。在这里，我要特别感谢，感谢去年给我们捐赠了大量敦煌临摹手稿的常沙娜和黄能馥前辈，感谢向我们捐赠家传旗袍的包培庆、余翠雁、陆蓉之等，感谢为我们提供精美服装和当代产品的设计大师和生产企业，感谢为我们的展览、研究等提供文物和资料的兄弟单位和合作伙伴，感谢为我们提供宣传支持的中央电视台、《浙江日报》《中国文物报》《三联生活周刊》等媒体，感谢为我们提供各种帮助和支持的所有人和机构！

　　我们站在 20 年的里程碑前，回望与前瞻。我知道，从现在起，我们的前程更加灿烂；我们知道，我们的任务异常艰巨。在"十二五"时期余下的 3 年中，我们将以更大的热情和能量，克服更多的困难和障碍，完成我们应该完成的使命。

《中国丝绸艺术》英文版出版并登上 2012 年 11 月 20 日《纽约时报》

粟特艺术策展会议，弗利尔赛克勒美术馆，2012 年 10 月 30 日

蛹的挣扎

2015《中国丝绸博物馆年报》序

　　2016 年 1 月 8 日，李克强总理在国家科学技术奖励大会上的讲话中提到"化蛹成蝶"几个字，这突然使我产生许多联想，找出年轻时听过唱过的《年轻人的心声》又一遍遍地听，体会那歌词里唱出的意义：就像蝴蝶必定经过那蛹的挣扎，才会有对翅膀坚实如画，我们也像蝴蝶一般，在校园慢慢充实又长大。有朋友说，那是一首励志的歌，我们这一代人，经历了一次次蛹的挣扎，一次次化蛾或是化蝶，才会有今天的长大。

考察民间丝织技术，印度阿萨姆，2015 年 3 月 30 日

提出丝绸之路日，2015 年 6 月 22 日

　　2015 年的中国丝绸博物馆，正是处于蛹的挣扎期。经过 20 多年的初步发展，我们在近 5 年步入了一个快速成长期，藏品数量将近翻了两番，展览质量有了很大的提升，科技保护硕果累累，社会教育也是丰富多彩。正像是桑蚕经历了最后一龄近乎疯狂的增长之后，国丝已经度过了幼虫期，进入了一个痛苦的化蛹过程。我们明白，必须经过一次本质性的大调整，我们才能重新腾飞。这就是中国丝绸博物馆的改扩建工程，国丝人等了 10 多年的国丝梦。

　　于是，2014 年，我们开始了这一调整的准备，对改扩建工程进行全面规划，并且得到批复，继而完成设计。就在一切准备就绪之后，我们于 2015 年年初正式进入了改扩建工程的实施期。这是我馆整体全面提升的攻坚战，也是蛾的挣扎期，各级领导、各类部门和全体同事的齐心协力，让我们这一挣扎期的强度特别大，但时间却可能是特别短。

　　挣扎的主要动力来自改扩建项目。在浙江省、杭州市多级领导的关心和重视下，在浙江省、杭州市职能部门的大力支持下，我们快速推进了改扩

国丝改扩建正式开工,
2015 年 7 月 1 日

嫘祖雕塑搬移位置,
2015 年 8 月 7 日

建项目的审批和施工进程。4 月,我们完成了西湖风景名胜区遗产地专家论证和杭州三委四局立项审查,到 4 月底,杭州市人大常委会委员无一反对地通过了对我们项目的审议。5 月和 6 月,我们又得到了浙江省住房和城乡建设厅风景名胜区项目选址意见书,完成了项目可行性研究报告和初步设计方案的审批程序,并于 7 月份取得了临时施工简复通知,终于在 7 月确定浙江省建工集团有限责任公司为项目总承包并正式开工。经过 6 个月的连续作战，到 2015 年年底我们已基本完成了所有扩建、改建和修缮三大板块的主要工作。

改扩建项目中还有一项十分重要的内容，就是内部装修和陈列布展，这一块内容也几乎同时启动。最显著的应该是基本陈列改造设计，核心的展览有"锦程：中国丝绸与丝绸之路""中国时装艺术""西方时装艺术"三大块，当然还要同时修改已有的"天蚕灵机：中国蚕桑丝织技艺非物质文化遗产展""纺织品文物修复展示馆""新猷资料馆"等。较为重要的还有整个服务与接待设施。

不过，内在的部分也十分重要。藏品楼是这次改扩建项目中的重头戏之一，其中的库房和实验室都是百年大计，需要重新设计和施工，这虽然早就列入我们的预防性保护工程，但如要成为一个示范工程，其中的工作量依然巨大。而纺织品文物保护修复实验室的提升显然更为重要，这是我们的纺织品文物保护国家文物局重点科研基地在教工路进行了 6 年实践之后的正式回归，其中的设计应该是我们 6 年来思考、探索和成果的小结。

挣扎的还有一个原因是，我们同时还在旧的机体中存在，要完成旧的、已定的任务，还要有所进步。这颇给人烽火遍地、弦歌不辍的感觉，就像国丝园林中的红枫和银杏，尽管是馆中乱石遍地、泥泞不堪，但当秋色来临之际，红叶依然灼然，金黄如泻。以下这组数据或许可以说明一些问题。不过要注意的是，由于改扩建的需要，我馆从 8 月 1 日开始全封闭，其中的观众及展览数量是 2015 年前 7 个月的统计。

展览：举办 13 个，其中馆内 6 个，馆外 6 个，境外 1 个。

观众：408000 人次（不计馆外），其中外宾 28600 人次，学生 24700 人次。

藏品：新征 890 件 / 套，其中文物 84 件 / 套，现代藏品 806 件 / 套，现代藏品中捐赠的为 682 件 / 套。

普查：完成 22415 件 / 套文物的藏品拍照、定名、登录工作。

标本：收集文物标本 86 件 / 套，现代标本 5 套。检测 200 个样品染料检测健全数据库。

科研：承担和参与 15 项国家级及省部级课题，其中完成 6 项，在研 6 项，新立 3 项。

考察粟特古城片吉肯特，2015 年 4 月 5 日

提出研究型博物馆建设目标，上海博物馆国际博物馆馆长高峰论坛，2015 年 9 月 10 日

"丝路之绸：起源、传播与交流"布展，西湖博物馆，2015年9月12日

修复：服饰149件，残片3031片/组。外接修复17项，馆内2项，编制方案14项。

论著：著作4部，论文20余篇。

报道：105次，其中网络33次（不含官网），纸媒54次，电视电台12次。

财务：全年收入10352.23万元，实现91.45%的预算执行率。

人事：在编41人（在岗36人），非编34人（劳务派遣和退休返聘）。

中国在2013年提出"一带一路"倡议，丝绸之路长安-天山廊道又在2014年成功列入《世界文化遗产名录》。于是，有更多的人把目光投向丝绸之路，而我们国丝关注的却是"丝路之绸"。其实，我们提出"丝路之绸"的概念已是在很多年前了，由于"丝绸之路"和"丝路之绸"仅是字序上有所不同，而常常被看作"丝绸之路"的误写。

不过，2015年，我们用尽全力做"丝路之绸"的各项工作，而且提出了

老官山汉代提花机的复原研究成果发布，2015 年 10 月 12 日

整个"丝路之绸"的研究框架，终于使这一说法渐渐被人们所接受，自己也慢慢地叫得顺起来。

　　我们投入最大的是在西湖博物馆举办的"丝路之绸：起源、传播与交流"大展，由国家文物局和浙江省人民政府共同主办。与此同时，我们还召开了"丝路之绸：起源、传播与交流"国际学术报告会，还有 12 个国家和地区的 24 家专业机构和团体组成了"国际丝路之绸研究联盟"（International Association for the Study of Silk Road Textiles，以下简称联盟）。终于，丝路之绸有了它标准的英文名称。而"丝路之绸：两千年的亚洲东西文化交流"展也在土耳其伊兹密尔市举办，成为浙江文化节的对外重要项目之一。

　　此外，我们还新推"丝绸之路与丝路之绸"高校展。在我连任浙江省敦煌学研究会会长并把研究会名改成浙江省敦煌学与丝绸之路研究会之后，国丝就与新的研究会及老牌的浙江大学图书馆联合推出了"丝绸之路与丝路之

国际丝绸联盟成立，2015 年 10 月 23 日

绸"高校展，连进浙江大学、浙江理工大学和浙江科技学院三个高校。同时，国丝还和"浙江新闻"联合制作了大型 H5，也叫"丝路之绸"，这样的努力一直坚持到浙江省委省政府在浙江的《社会经济发展"十三五"纲要》中写入了"建设好国际丝路之绸研究中心（联盟）"为止。

"丝路之绸"这一概念，在我们提出近 10 年后，终将逐渐化蛹成蝶。

转眼到了 2015 年年底和 2016 年年初，大会、小会上忽然开始流行起一句话，叫"虎口夺食"，领导们纷纷要求各自的部下发扬虎口夺食的精神，努力工作。应该说，虎口夺食是一个难度极大的动作，不要说是已在别人嘴里的食品，哪怕还只是别人碗里的东西，事实上我们都很难去夺来，甚至我们连夺的想法也不敢有。我们能做的，最好是去荒山开垦，去围海造田，去想人之未想，做人之未做，出乎意料，又合乎情理，以此来出奇制胜。要的就是创新，创新思维，创新方法。为此，我们要整体布局和长远谋划，特别是在这"十三五"开局之年，布这开荒拓地之局，谋这改革发展之划。

国丝所面临的困难是显而易见的：与综合性博物馆相比，我们领域窄；与大部分老馆相比，我们藏品少。所以，在"十二五"时期，我们从自己的自留地丝绸出发，逐渐开拓到纺织和服饰，从古代文化拓展到当下和时尚，从可移动文物拓展到广义的文化遗产，包括不可移动文化遗产和非物质文化遗产，从一般的艺术人文向自然科学拓展。在这个开拓过程中，我们渐渐体会到，一个博物馆的运营与实践，原来可以这样广泛，我们所看到的天地，原来可以如此开阔。

特别是在"一带一路"倡议和文化强省战略下，我们又遇到了 G20 杭州峰会的大好时机。我们可以一方面继续做强科研，打造研究型博物馆，为"一带一路"倡议服务，另一方面发挥行业特色，为丝绸、时尚、文化创意产业和特色小镇服务。我们的工作，在 2016 年年初罕见地频繁出现在浙江省委省政府的文件之中。如在浙江的"十三五"纲要中的参与"一带一路"建设重大项目中就有我们的国际丝路之绸研究中心（联盟）建设；在文化强省中的加强文化遗产传承和保护的文件里，就有打响湖州世界丝绸之源品牌、支持开展丝绸起源和保护研究。此外，浙江省政府办公厅在《推进丝绸产业传承发展的指导意见》中也提出了要支持中国丝绸博物馆、民营丝绸博物馆和丝绸老字号企业等，加强对丝绸文物的收集、整理、修复、保护，深入挖掘丝绸文化的历史价值、艺术价值和科学价值，将历史文化信息全方位渗透到产品设计、生产、销售以及产业平台建设中，提升产业发展核心竞争力。而浙江省省文化厅的 2016 年工作要点中也特别提到了要确保中国丝绸博物馆改扩建工程在 G20 杭州峰会前投入使用。

G20 杭州峰会已为时不远！在这不远的那时，我们可以预期，国丝的硬件将有一个质的飞跃，国丝的形象也会有一个大的提升。经过蛹的挣扎之后，我们将迎来国丝 2016 年的化蝶腾飞，进而是国丝梦的实现。

从蛹的挣扎到化蝶

2016《中国丝绸博物馆年报》序

　　都说我馆 2015 年的主题是蛹的挣扎，那 2016 年的主题便是蛹的化蝶。而化蝶的目的是生一双翅膀，让自己飞得更高。但从目前来看，我们新生的翅膀还是稍显稚嫩，尚需时间磨炼。我馆的硬件设施虽然有了很大的改善，但其中的软件还是有待提高。

大门改扩建过程中，2016 年 1 月 3 日

改扩建中的国丝外景，2016 年
3 月 27 日

移建中的桑庐，2016 年 3 月
31 日

建筑师李立拟开李窗，2016 年
4 月 10 日

从蛹的挣扎到化蝶的过程是痛苦和艰难的。在过去的一年中，我们经历了许多辛苦和激动人心的时刻。2016年2月底，经过冰雪之冬的考验，我们的基建框架初步完成，丝路馆的大厅已经改建完工，时装馆大楼也已结顶。4月底，我们的陈列内部装修框架基本成形。6月底，我们的陈列展览布置也基本完成，一个从中国丝绸锦程开始到中西时装艺术结束的陈列体系已展示在大家面前。8月底，我馆在本馆的展览和布置一切就绪，同时又在中国美术学院美术馆承担了"丝路霓裳"的专题展览。9月初，我们不仅在本馆接待了参加G20杭州峰会的5位第一夫人，还在中国美术学院美术馆的展览中接待了参加G20杭州峰会的所有的第一夫人。此后，我馆在9月22日举行了新馆启用仪式，改扩建后的国丝正式重新开放。我们终于可以说，国丝的改扩建不是一个普通的提升，而是脱胎换骨的化蝶腾飞。

飞得更高，目的是让我们看得更远，方向更明。2016年11月10日，世界上最高级别的博物馆论坛"国际博物馆高级别论坛"在深圳举行，我有幸在现场聆听北京发来的贺信：博物馆是保护和传承人类文明的重要殿堂，是连接过去、现在、未来的桥梁，在促进世界文明交流互鉴方面具有特殊作用。这三个定位，将成为我们博物馆人的努力方向。检查我馆的三个目标——体系完整的研究型专题博物馆、对接国家战略的全球合作机构和立足行业的时尚文化创新平台，在现在看来也变得更为清晰和明确。

飞得更高，目的是让我们能力更强，做得更多。在过去的几年中，我们已经突破了中国丝绸的局限，明确了自己的定位是以中国丝绸为核心的纺织服装文化遗产收藏、保护、研究、展示和传承的国家级博物馆，从丝绸到纺织和服装，从中国到世界，从古代到当下，从物质到非特质，甚至拓展到更广的领域，我们做好核心，但不排除任何可以提升自己的机会。

飞得更高，目的是让我们的影响力更大。我们梳理了需要拓展影响力的领域：一是专业，即文物博物馆界的同行，这算是我们的本行或专业领域；二是公众，对于普通的观众来说，我们的工作主要是针对他们的；三是行业，对国丝而言，这个行业不仅是经典产业的丝绸，而且包括作为新兴产业的时尚产业。博物馆工作的影响力，起码应该体现在这三个重要领域，而且这三个领域，不仅包括国内，而且应该包括国际。

飞得更高，当然我们也希望能飞得更久，飞得更远。目标就在远方，但

时装馆大厅，2016 年 9 月 1 日

丝路霓裳：中国丝绸艺术，中国美术学院美术馆，2016 年 9 月 5 日

G20 杭州峰会期间，加拿大总理夫人索菲及 7 岁女儿来馆参观访问，2016 年 9 月 3 日

G20 杭州峰会期间，阿根廷总统夫人胡里娜·阿瓦达来馆参观访问，2016 年 9 月 3 日

G20 杭州峰会期间，联合国秘书长潘基文夫人柳淳泽来馆参观访问，2016 年 9 月 4 日

中国丝绸博物馆特别在新馆建成后设立了女红传习馆，成为传统工艺传承的阵地，，2016 年 9 月 26 日

中国丝绸博物馆新馆启用仪式，2016 年 9 月 23 日

中国丝绸博物馆湖面华服秀，2016 年 9 月 23 日

飞翔的过程依然漫长。我们虽然有自己的优势，但我们毕竟是一个年轻的博物馆，资历浅；我们是一个专题博物馆，领域窄；我们还是一个规模不大的小馆，家底薄，人员少。所以，我们是否能成功地飞到远方，或是飞到终点，我们并不清楚。我想，这起码需要几代人去努力完成。如何在文化遗产保护和传承方面立于不败之地，不在半途掉队落下，这是我们需要认真思考的。

试飞　探索一片属于自己的天空

2017《中国丝绸博物馆年报》序

　　经过蛹的挣扎到化蝶长成一对坚实的翅膀，2017 年就是中国丝绸博物馆试飞的一年。

　　试飞的目的是探索我们能飞的高度和宽度。天空是辽阔的，无边无际，而我们的能力是有限的，特别是在"我是乳燕初展翅，绒毛鸭子初下河"的时候。虽然努力，但可能会是不知天高地厚，不知海阔天空，但我们都得试试。所以，我们先是哪儿都飞，但最后得选择在属于自己的领空和路线飞行。

　　经过短暂的梳理，我们在年初重新通过了我馆的章程，修订了我们的办馆宗旨：本馆是以中国丝绸为核心的纺织服饰文化遗产收藏、保护、研究、展示、传承、创新并向公众开放的非营利性常设机构，以研究为龙头带动丝绸历史、科技保护、传统工艺和当代时尚四大板块，对接国家战略，开展国际合作，服务文化、经济和社会协调发展。这样，我们就把目标初步定为：健全一套机制、建设两个平台、打造四个品牌。

　　一套机制，就是以中国丝绸博物馆理事会为核心的管理机制。在经过一系列的程序后，我们终于在 5 月中旬成立理事会，也对馆领导班子进行了重新配置，党组织也得到了进一步的加强。与此同时，中国丝绸博物馆藏品征集专家库、时尚专业咨询委员会等也逐渐成立，一套符合中国丝绸博物馆特色的运行管理机制正在浙江省文化厅、省文物局的领导下渐渐健全起来。

　　两个平台，一是"一带一路"国际平台，二是与丝绸、时尚行业结合的传承发展平台。关于前者，我们于今年 11 月底顺利地在法国里昂召开了国际丝路之绸研究联盟的年度理事会和第二届学术年会，于今年 5 月在北京发起成立了国际丝绸之路博物馆联盟，于今年 6 月在杭州发起成立了丝绸之路

国丝基本陈列"中国丝绸和丝绸之路：锦程、更衣记"荣获全国十大陈列展览精品奖，2017 年
5 月 18 日

文物科技联盟。关于后者，我们在国际丝绸联盟中组建了历史文化专业委员
会，并于今年 12 月初在里昂召开了成立大会。今年 1 月，由杭州市城市品牌
促进会、杭州传媒品牌促进会联合中国丝绸博物馆等 32 家品牌企业、品牌
机构在杭州联合发起成立"杭州城市品牌联盟"。

　　博物馆的工作有很多，但最为明显且长久的是打造博物馆的品牌。品牌
是任何一个企业或机构的生命和面子。对中国丝绸博物馆来说，就是要结合
本馆实际打造展览、文保、社教和文创四大系列的品牌。为此我们投入了大
量精力，工作十分努力。

　　展览是博物馆的主要品牌。一年下来，我们做了 10 多个展览。我们把
全年的展览主要分成三个大类：一是整理性的，二是研究性的，三是探索性
的。整理性的展览主要是慢慢整理自己的藏品，我们还有大量的展品没有
整理；整理一批资料，就要做一个小型展览。这样的展览在我们的新猷资料

与中央美术学院合作举办"丝路云裳"展览，北京太庙，2017 年 5 月 12 日

馆和修复展示馆进行，如"绽放：蕾丝的前世今生""她的秘密：西方百年内衣"，这些也做得稍有提升，正慢慢做成独立的系列。研究性的展览主要是纺织品文物修复保护项目。今年做了两个，一是"丝府宋韵：黄岩南宋赵伯沄墓出土服饰保护修复"，二是"钱家衣橱：无锡七房桥明钱樟家族墓出土服饰保护修复"，展示了江浙两省出土文物的修复成果。探索性的展览一般都体量稍大，今年做的有与广西民族博物馆合作的"桂风壮韵：广西壮族织绣文化"，这是我们重新开启中国少数民族服饰展后的第一个展览，还有就是年末的"匠·意：2017 年度时尚回顾"，虽是我们第七次举办同类主题的展览，但其中的合作和机制均有所创新，也算是我们探索的一个方面。

当然，最大的探索性展览是"古道新知：丝绸之路文化遗产保护科技成果"和"荣归锦上：1700 年以来的法国丝绸"。前者是我们年度丝绸之路系列的大展，延续 2015 年的"丝路之绸：起源、传播与交流"和 2016 年的"锦绣

"古道新知：丝绸之路文物科技展"展览配套文创丝巾——"载驱载驰"

"荣归锦上：1700年以来的法国丝绸"展览配套文创丝巾

世界：国际丝绸艺术"。"古道新知：丝绸之路文化遗产保护科技成果"试图突破我们只讲丝绸之路丝绸的局限，把展览内容以丝绸之路文物科技为线索从纺织品拓展到所有门类。这是我们一次新的探索，探索的结果是展览空间包括从长安到天山的中哈两国，展品内容包括纺织品、彩陶、金属、玻璃、漆木品、纸张、壁画等，展览内容包括动植物考古、古遗址保护等各个方面，展览还包括国家文物局下属21个重点科研基地在相关领域的研究成果。这次展览的规格非常高，由国家文物局和浙江省人民政府主办，全国10多家博物馆和20多家科研基地参加开幕式和学术研讨会，会上还成立了丝绸之路文物科技联盟。"荣归锦上：1700年以来的法国丝绸"则是我们第一次推出的国际合作的时尚展览。这次是法国丝绸展，展出的是17世纪以来的近400件法国丝绸和时装，90%以上都是我们自己的展品。这个展览得到了法国里昂历史博物馆、织工之家博物馆及一些法国丝绸生产企业的支持，这也将成

11 月底，在法国里昂召开了国际丝路之绸研究联盟（IASSRT）的年度理事会和第二届学术年会

为我们一个新展览系列的开始。

　　社会教育是将陈列内容活化并为社会提供更多公众服务的部分，我们的意图是把社会教育活动系列化，做成重要的社教品牌。今年，我们把精力集中在"女红传习馆"和"丝路之夜"两个品牌上。"女红"一词，在传统语境下指的是在男耕女织的社会中以纺织为主线的生产技艺，包括养蚕纺纱、编印染织、刺绣缝纫，涵盖从材料生产到服饰制作的全过程。但女红传习馆对"女红"的定义并不局限于中国传统的女红的含义，还包括世界各地的纺织或与纤维加工相关的技艺。我们邀请原中央工艺美术学院院长常沙娜女士题写了"女红传习馆"馆名并进行了注册，同时推出了高、中、低不同层次的传习活动，涉及养蚕、采棉、剥麻、染色、织造、刺绣、制衣、扎灯等内容。"丝路之夜"其实与"丝博之夜"是同一个品牌。每年从气候较为适宜的 3 月起到 11 月止的每个周五、周六晚上，我们开放到晚上 9 时，我们会选择其中

国丝连廊湖景，2016 年 9 月 5 日

F 计划·杭州全球旗袍日主场活动在国丝开启，2017 年 5 月 26 日

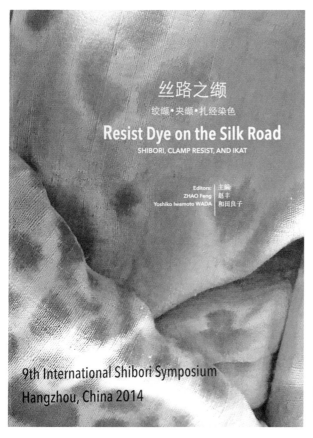

"丝路之缬：绞缬、夹缬和扎
经染色"展览及第九届国际
绞缬染织研讨会，2017 年
10 月 31 日

的一些夜晚，专门打造若干"丝路之夜"活动。2017 年已举办的"丝路之夜"
活动有壮乡之夜、波斯之夜、蕾丝之夜、旗袍之夜、天山之夜、敦煌之夜、
长安之夜、中东欧之夜、里昂之夜、巴瑟尔之夜等，每个"丝路之夜"都是
以丝绸之路的某一地点或某一元素为题，从丝绸辐射到生活的其他方面，借
此开展丝绸之路上的跨文化交流。

　　纺织品文物的保护修复当然是我们十分重要的品牌，我们要打造的就是
一个研究型博物馆，虽然博物馆的研究包括很大的范围，但对于中国丝绸博
物馆而言，研究的主要对象应该就是丝绸或纺织品本身。2017 年我们最为重
要的研究成果有：一是成都老官山汉墓出土汉代织机的复原研究，该项目不仅
结题，其研究成果更是荣登国际著名刊物《古物》（*Antiquity*）第 4 期的封面；

"华彩再现：织品和唐卡的修护与传承"国际学术研讨会，香港理工大学，2017 年 11 月 24 日

二是基于免疫学原理及技术寻找丝绸痕迹，进行精细鉴别，最后在河南荥阳史前遗址瓮棺中找到了距今约 6000 年的桑蚕丝，进一步明确了中国丝绸起源的重要地点之一在黄河中游地区。至于保护修复，我们今年最为重要的项目是黄岩南宋赵伯沄墓出土服饰保护修复，现场考古和应急保护已在去年完成，其尸体上的 8 层衣服也已运到我馆新建的天眼室，从而得以完整揭展，最后的保护修复成果在今年 5·18 国际博物馆日正式展出。与此同时，我们在今年也进行了山东、西藏的传世丝绸服饰的保护修复，这又是另一种风景。

最后一个品牌是文创。中国丝绸博物馆于去年被列入文创试点单位，但这一步的工作我们才刚刚起步。不过，我们今年有 20 个文物 IP 经过确权，我们上半年承担了义乌文交会上的浙江博物馆展馆组织和布置工作，主办了"经纶堂"杯浙江文博丝绸创意产品设计大奖赛，"锦道"文创产品也初步铺满了我们的锦绣廊，文创销售已开始起步。

总体来说，2017，我们试飞，我们努力地上下扑腾，试图飞出一片的新天地。

欲与天公试比高

2018《中国丝绸博物馆年报》序

2017 年是我们化蝶之后试飞的一年，但到了 2018 年，我们就得尽早往上飞，天空有多高，我们都要努力飞，对标一级博物馆的指标，欲与天公试比高。

比高的结果，是我们得到了诸多肯定：在国家文物局组织的一级博物馆运行评估（2014—2016 年度）中，中国丝绸博物馆总分排名第九，继续保持专题博物馆第一；纺织品文物保护国家文物局重点科研基地（中国丝绸博物馆）在国家文物局组织的第一至五批科研基地运行评估（2014—2016 年度）中排名第三；女红传习馆"织造技艺传承班"课程获"2015—2017 年度全省博物馆青少年教育课程十佳教学设计案例"及"2015—2017 年度中国博物馆青少年教育课程优秀教学设计"；"古道新知：丝绸之路文化遗产保护科技成果展"获 2017 年度全国十大陈列优胜奖；中国丝绸博物馆·晓风锦廊书店荣获中国书店学习大会暨时代出版"新时代杯"致敬中国书店 2017 年度盛典"年度特色书店"。

不过，更为重要的是，我们要创自己的 IP，形成自己的品牌系列，即展览品牌、科研品牌、社教品牌和文创品牌。

一、展览品牌

我们把在馆内的全年展览分成大展、中展和小展，分别在临展厅、修复馆和资料馆三处举办，这样统计下来，一共办了各种展览 20 多个，其中可以归入系列的有以下几个重要的品牌。

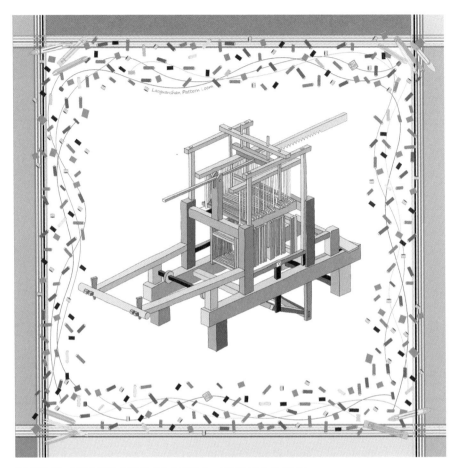

"神机妙算：世界织机与织造艺术"文创丝巾，2018 年 5 月 30 日

1. 丝路系列

丝路系列可以从 2015 年的"丝路之绸：起源、传播、交流"算起。2016
年是"锦绣世界：国际丝绸艺术"，讲述了丝路之绸为人类所做的贡献。2017
年是"古道新知：丝绸之路文化遗产保护科技成果"，讲丝绸之路所需的各类
文物保护技术以及通过技术所获得的新认知。到 2018 年 5 月 30 日就是"神
机妙算：世界织机与织造艺术"（A World of Looms: Weaving Technology and
Textile Arts）以及配套的"按图索机：由蒋猷龙先生捐赠蚕织图像资料而始"，
讲的是丝绸之路传播中深层次的技术传播问题。展览按空间分设中国、东

亚、中南半岛、东南亚岛屿、南亚大陆、中亚及西亚、欧洲、南美洲、非洲九大板块，并特设贾卡织机和数码织机板块，通过 50 多台种类各异的织机以及丰富多样的织物，反映世界织机的多元发展、相互交流、各自创新的历史，说明织造技术对丝绸之路的贡献。

为配合展览，我们还举办了时达一周的一系列国际和国内学术会议。5 月 31 日，"神机妙算：世界织机与织造技术"展的配套学术报告会在银瀚厅举行，来自世界各地的 14 位专家学者为听众讲解世界各地织机的来源、机械结构、织造技术以及相关纺织品的艺术，同时配套的还有 15 个织机的工作坊，吸引了数以百计的传统织造爱好者。此后是 6 月 1 日至 3 日的国际技术史高峰论坛"现代社会中的工艺与创新"，来自中国、印度、美国、英国、德国、新加坡等国家的专家学者就现代化和工业化进程中手工艺技术保存的意义以及手工艺与创新之间的关系进行了精彩的报告。最后是 6 月 4 日至 5 日由中国科学技术史学会的农学史、技术史、工程史等专业委员会共同主办的第六届中国技术史与技术遗产论坛，来自中国科学院、中国社会科学院、清华大学、上海交通大学、香港中文大学、辅仁大学、英国李约瑟研究所、德国海德堡大学等 30 多家单位的 120 多位专家学者参加了会议并发表了论文。

2. 传统系列

国丝馆的展览有着两条主线：一是横向的丝绸之路，从中国走向世界；另一就是纵向的优秀传统文化，从过去走向未来。自 2017 年起，我们每年举办一场民族类的纺织服饰艺术展览，2017 年做的是广西壮族，2018 年是贵州苗族。2018 年 3 月 16 日下午，"霓裳银装：贵州苗族服饰艺术展"开幕式暨 2018 年"国丝之夜"启动仪式举行。我们有时也会举办多种不同主题的传统工艺大展。2018 年举办了一场"千针万线：中国刺绣艺术展"，这也是我们的专家策划已久的一个展示古代和当代刺绣艺术品及其工艺的展览。这个系列我们还将继续，但展示的不只是中国的民族或民俗学材料，2019 年会展示韩国的传统织品和服饰，而 2020 年将展示俄罗斯的服饰。

3. 时尚系列

国丝馆的时尚展览最为重要的系列是一年一度的时尚回顾展。这个系

国际技术史高峰论坛"现代社会中的工艺与创新"，2018 年 6 月 10 日

中国丝绸博物馆理事会第二次会议，浙江新昌，2018 年 12 月 23 日

列自 2011 年开始，到 2018 年已是第八个年头。其间，我们一直得到中国服装设计师协会和国家纺织产品开发中心的支持，以及全国各知名企业与设计师的捐赠。这是一个跨年的展览，一般都从一年岁末 12 月的某个周五开始，延续到次年的 3 月初。所以，在 2018 年 3 月，我们为 2017 年的时尚回顾展做了一个专场时尚 3D 展览以及 3D 时尚之夜，专门为观众推出了 3D 时装的专题，而 2018 年度时尚回顾展的主题是"西·东"，这次专门推出的将是 AI 时尚。可以说，这一展览已成为中国时尚界一年一度的大事，而国丝馆的时尚频道微博也将在近期开播，我们相信它会渐渐成为一个更广阔的平台。

与此同时，时尚也在融入生活，时尚更为国际化。2018 年的杭州全球旗袍日上的特展"山水：全球名家旗袍设计邀请展"，应该是新的一个时尚系列。

4. 研究整理系列

由于国丝馆的特色是研究，因此我们有了一系列以研究和整理工作为主而推出的展览，展览的规模虽然不大，但都展示的是新的资料，这也是让文物活起来的一个方面。2018 年 4 月 4 日至 6 月 25 日，我们在修复展示馆举办"曾住长干里：南京大报恩寺出土宋代丝绸展"，这是国丝馆纺织品文物修复项目的汇报展览。6 月 30 日至 11 月 16 日，我们在修复展示馆举办"包罗万象：19 至 20 世纪西方时装包包的世界"以及 11 月 23 至 2019 年 2 月 23 日在修复展示馆举办的"了不起的时代：20 世纪 20 年代西方服饰"，都是国丝馆对本身藏品进行研究、整理、归纳的展览。

5. 改革开放 40 年特展

2018 年是中国改革开放 40 周年，从中央到地方，都在举办庆祝改革开放的活动，我们也推出了相关的展览。我们在时装馆二楼举办"大国风尚：改革开放 40 年时尚回顾"，就是从全国时装发展 40 年的角度来庆祝改革开放；而在新猷资料馆举办的"缤纷岁月：浙江丝绸工学院印染 77 班（1978.3—1982.2）"，则是一个以小见大的纪念展。

6. 境外展览

境外展览一直是国丝馆的特色，2018 年也有很多个，延续了我馆将丝

与加拿大皇家安大略博物馆签署合作备忘录，2018 年 4 月 12 日

第四期阿拉伯国家文博专家研修班，2018 年 10 月 16 日

"丝茶瓷：丝绸之路上的跨文化对话"展，阿曼国家博物馆，2018 年 10 月 29 日

绸传统工艺和丝绸当代时尚相结合的展览主题。我馆先是 3 月 12 日至 25 日
赴以色列特拉维夫中国文化中心举办"丝·赏：时尚中的女红展"，再是 6 月
5 日至 28 日赴法国巴黎中国文化中心举办"再造：中国丝绸技艺与设计展览"
及相关配套活动。

　　今年有所突破的是"丝茶瓷：丝绸之路上的跨文化对话"，这是中国丝绸
博物馆首次联合中国茶叶博物馆和龙泉市人民政府策划的丝茶瓷联合展览。
展览以丝绸之路上极具代表性的、承载着中国人深刻智慧与传统技艺的丝、
茶、瓷为主题，由"中国是故乡""传播与交流""至臻艺品""精致生活"四
个单元组成。展览在联合国教科文组织第四届丝绸之路网络平台会议召开之
际举行，由文化和旅游部主办，浙江省文化和旅游厅承办，于 10 月在阿曼
国家博物馆开幕。闭幕后我们又赴阿拉伯联合酋长国迪拜续办展览，受到了
酋长和王子的接见。

二、科研品牌

研究是我们所有工作的引领。说实在的，我对中国丝绸博物馆的设想，就是要打造一个研究型博物馆。但是这里的科研，更多的是以文化遗产为对象的科学研究，对我馆来说，则是丝路之绸的研究。

1. 重点科研基地

科研的第一品牌是我们的重点科研基地。纺织品文物保护国家文物局重点科研基地从 2012 年正式挂牌已有 6 年，从 2010 年得到批准已有 8 年，如从 2007 年正式申报开始算，则已有 12 年。这 12 年来，我们的硬件得到了极大的改善，从 2007 年的家徒四壁，发展到现在近 3000 平方米的实验室和保护中心、4000 万人民币的设备以及 25 人左右的团队。特别是团队的成员中，不仅有老一代的，还有年轻人，如 60 后的特级专家，70 后的国家"万人计划"入选者，以及 80 后的新鼎人才，更有年轻人获得国家自然科学基金青年基金，一支团队已经渐渐形成。2018 年 12 月，基地第一届学术委员会和第一届主任到期，顺利换届，年轻一代的周旸成为基地主任，说明基地后继有人。

除了基地总部之外，我们还形成了四大工作站。新疆工作站是最早的工作站，也顺利换届，西藏工作站继续工作，内蒙古工作站积极开拓，而甘肃工作站新近挂牌。2018 年，西藏博物馆、新疆巴州博物馆、新疆伊犁州博物馆的修复师来到基地总部实习，学习纺织品保护修复技术。郑州工作站和北高加索工作站正在筹备中，一张更大的网络正在展开，一片春天的景象正在到来。

2. 以纤维、染料、工艺为核心的科学研究体系

科研的主要品牌是技术体系以及相关成果。经过 10 多年的辛勤摸索，我们不仅有了设备，有了人才，更为重要的是形成了以纤维、染料、工艺为核心的科学研究体系，以及相关的核心技术。

纤维技术是对纤维种类的精细鉴别，对纤维微痕的灵敏发现，对纤维老化的准确判断，以及对纤维产地的可靠寻找。目前，我们已经在西藏阿里出土的纺织品中找到野蚕丝，从而找到了中印早期丝绸文化交流的实例；用原创的酶联免疫检测技术在河南荥阳汪沟遗址瓮棺里找到 6000 年前土化了的丝

绸，为丝绸起源提供更为久远的考古学实证；在南海一号宋代海船中找到了空舱里的丝绸，海丝不再无丝；我们已建成了同位素实验室，完成了现代丝绸样本、蚕茧、蚕蛹、桑叶等近 500 个样本的稳定同位素比质谱测试，寻找丝绸之路上丝绸原产地踪迹的方法正在形成；我们发明的丝蛋白加固法已在脆弱丝织品的保护上发挥了重大作用，继荣获"十二五"文物保护科学和技术创新奖之后，2018 年又被提名申报国家科技进步奖。

同时，我们也有一套强大的天然染料标本和数据库，在丝绸之路染料研究中，鉴别了大量东来西往的天然染料，初步勾画了丝绸之路上的染料之路；而对于中国传统的染料，我们则还原了乾隆色谱。

传统工艺是我们的又一个技术核心，这也是我们的传统强项。自开馆以来，我们就复原了失传的汉代斜织机和元代立机子；"十一五"期间，我们对东周纺织技术的研究获得了当时的文物保护科学和技术创新奖；2018 年，我们在成功复原成都老官山汉墓出土汉代提花机的基础上，又成功复制了五星出东方利中国锦护膊，走上了央视的《国家宝藏》，引起了广大人民的关注。

3. 精湛的纺织品文物修复技术

自 2000 年成立中国纺织品鉴定保护中心以来，我们渐渐形成了一支强大的修复队伍。现在，这支队伍已经制定和正在制定 5 个行业标准，以及 30 余项国家发明专利，每年完成了大量修复保护的设计和实施项目，可以说，中国最难为最重要的纺织品文物，基本是由我们的修复人员或我们培养的学员进行修复的。

2018 年，我们修复了 157 件文物，其中包括大量丝绸之路新疆段境内出土的各种纺织品文物，如位于天山南北的新疆尉犁咸水泉 5 号墓出土纺织品，新疆巴州博物馆、新疆和田博物馆和新疆伊犁州博物馆所藏的纺织品；有位于河西走廊的甘肃花海毕家滩 26 号墓出土丝绸服饰和武威磨嘴子汉墓出土的纺织品，位于西南丝绸之路青藏高原的西藏博物馆藏清代纺织品和唐卡，以及罗布林卡格桑颇章陈设清布画白度母唐卡；此外，还有位于草原丝绸之路上的内蒙古兴安盟纺织品文物，位于海上丝绸之路港口的福建南宋黄昇墓出土丝绸服饰等。目前，我们已经和国际文化财产保护与修复研究中心签署了合作备忘录，确定了连续三年举办纺织品文物保护国际研修班的计

与韩国传统文化大学共同举办第三届国际丝路之绸研究联盟"丝路之绸：物质和非物质文化遗产"学术研讨会，韩国扶余，2018 年 11 月 5 日至 9 日

划，我们的修复品牌将会在更高的平台上亮相。

4. 高端的国际学术平台

我们要登上国际平台，同时也要打造高端的国际学术平台。这一工作始于 2015 年，国家文物局宋新潮副局长在当时指示，让我们成立丝绸之路相关的国际学术联盟，我们就于当年发起成立了国际丝路之绸研究联盟，这是一个丝绸之路沿途或是丝绸之路研究机构的国际性学术性组织，由 17 个国家的 30 余个机构和若干专家组成。第一次年会于 2016 在杭州举行。第二次年会于 2017 年在法国里昂举办。2018 年，第三次学术研讨会"丝路之绸：物质和非物质文化遗产"暨第四次理事会在韩国扶余国立传统文化大学召开，约 17 个国家的 150 位代表参加了会议。此外，我们继续和联合国教科文组织的丝绸之路在线平台保持着密切的联系，继续派员赴乌兹别克斯坦和阿曼参加联合国教科文组织"丝路文化互动地图"项目专家会议和相关专家会议，加强了与国际组织的往来和合作。

三、社会教育品牌

正如我馆的陈列展览、科学研究都在纵向的历史和横向的丝路两个维度上开展一样，我们的社会教育工作也是在这两个维度展开的。

1. 人类非遗：中国蚕桑丝织技艺的保护与传承

我们的第一个社会教育品牌就是非遗传承保护工作。由于中国丝绸博物馆是"中国蚕桑丝织技艺"申报联合国教科文组织《人类非物质文化遗产代表作名录》时的牵头单位，也是传承保护的牵头单位，因此，为了切实开展人类非遗名录项目"3+N"保护行动实践，进一步做好履约工作，国丝馆在 2018年举办了两次专题座谈会。8 月 17 日，由浙江省文化和旅游厅指导、中国丝绸博物馆主办的"中国蚕桑丝织技艺"保护传承座谈会在中国丝绸博物馆举办，研讨"中国蚕桑丝织技艺"保护传承的现状和对策。9 月 26 日，我们举办了"中国蚕桑丝织技艺"保护传承座谈会第二次会议，会议特别邀请了文化和旅游部非遗司长陈通前来参会并指导联盟组建工作，全体代表一致通过建立"中国蚕桑丝织技艺联盟"的倡议，并择日举办签约仪式。

我们还与韩国国立遗产院合作举办了"韩中丝织技艺交流展"，展览于 11月 8 日下午开幕。展览分 6 个部分，展出的展品达 100 余件（组），中国丝绸博物馆提供了 15 件展品，再现了缂丝、宋锦、云锦、蜀锦、双林绫绢和杭罗等列入联合国教科文组织《人类非物质文化遗产代表作名录》的丝织技艺。

2. 女红传习馆

女红传习馆是我们于 2016 年 G20 杭州峰会期间设计和推出的传统纺织手工的传承项目，以中国蚕桑丝织技艺为核心，秉承传统纺织文化与技艺传承、发展、创新的宗旨，基于自身特点，开展染、织、绣、编等与纺织服饰相关的专业课程与传习活动。我们在 2018 年全年开设了各类课程及体验活动118 场（次），其中包括扎染、手绘等常规课程 63 场，迷你时装系列、织机系列、染色系列、缝纫系列、编织系列、刺绣系列等特色课程 30 次，参与人数共计 4000 多人。此外，我们结合"神机妙算：世界织机与织造艺术"大展在馆内开设了织机工作坊 17 场，邀请国内外的织造专家进行讲解和演示，共有 680 人次直接参加了工作坊活动，更多的人是通过网络直播收看。

女红传习馆也有专业的高层次培训，我们在 2018 年举办了 4 期高级研习班，其中蜡染研习班的主题是"蜡·纹·布：贵州蜡染传统及当代探索"，缂织研习班的主题是"缂：平纹上的舞步"，刺绣研习班的主题是"针·线·面的当代探索：欧洲篇"，羊毛毡研习班的主题是"羊毛纤维的雕与塑"。培训班的师资来自德国、日本、中国等地，学员中也有来自国外的学生。

3. 蚕乡月令

2016 年 11 月 30 日，二十四节气列入联合国教科文组织《人类非物质文化遗产代表作名录》，人们开始用节气和时令的概念推出各种活动，国丝馆也适时地推出了"蚕乡月令"活动。"蚕乡月令"是将"二十四节气"和蚕桑丝绸生产、传统女红进行连接，在国丝馆的"女红传习馆""桑庐""染草园"等场地，以及海宁云龙纺织标本生态园等地方开展活动。国丝馆 2018 年全年开展的主要活动有：4 月 5 日，组织"新市蚕花庙会"；5 月 10 日，组织观众赴海宁云龙村进行"蚕俗非遗文化体验之旅"；6 月 9 日，举办"蚕桑民俗文化体验活动"，将蚕乡非遗传承人和蚕农请进博物馆进行技艺、民俗表演。国丝馆还结合女红传习馆、"国丝之夜"等主题开展"扎染灯彩庆元宵""母亲节蓝染丝巾""端午香囊制作""中秋手作玉兔"等活动。但事实上，科普养蚕是国丝馆社教活动中最为悠久的月令性品牌项目，我们持续坚持和推进，2018 年全年有 6000 多名杭州和上海的学生参加科普养蚕活动。

4. 国丝汉服节

2018 年 4 月 21 日至 22 日，国丝馆精心策划的第一届国丝汉服节在我馆成功举办。作为国家一级博物馆，我们一直希望能充分利用馆藏文物和学术资源，为传统服饰文化爱好者及普通民众提供学习、交流、鉴赏和提升的平台，所以，我们创办了宗旨为"让文物活起来，让生活更美好"的汉服节。此次活动分别采取了馆方邀请专家学者、在官博和官微公开招募参与走秀的团队，以及观众自主报名的形式，不仅吸引了众多市民、学生以及全国各地的汉服爱好者，更有中国国家博物馆和杜甫草堂博物馆的同行们慕名前来参加活动。大家身着各式传统服饰齐聚国丝馆，共襄传统文化之盛事。

为了向大家呈现一个不一样的汉服节，国丝馆精心筹划了专业导览、专题讲座、文物鉴赏、汉服之夜、汉服论坛等丰富多彩的活动。鉴赏活动不仅精选了多件具有代表性的馆藏服饰、修复服饰及复制服饰进行现场展示，还安排了多名长期从事中国传统服饰研究与修复的专业人员为大家进行分析与解读。到了晚上，我们还组织了"汉服之夜"，分别以汉、晋、唐、宋、明5个朝代的服饰为线索，通过讲座、服饰逐层穿搭、走秀展示相结合的形式为大家呈现不同年代服饰的特点和演变趋势。

5. 全球旗袍日

2018年9月26日，第二届全球旗袍日在杭州拉开帷幕，中国丝绸博物馆又一次成为节日的主场。会前我们面向全球设计师征集"杭州旗袍"，最终来自英国、法国、挪威、俄罗斯、韩国等12个国家和地区的设计名家的15件旗袍作品入选"杭州旗袍"评选活动，法国艺术家的作品获得了"杭州旗袍"的称号。这件"杭州旗袍"，融合了现代派与婉约派的审美，采用创新性的毛毡与丝绸面料的结合，将东方旗袍与西式晚礼服元素巧妙结合，表现出极度具有动感且层次丰富的东方山水意蕴。这种持续性的创新，更符合杭州作为活力创新之城的时代气质。当天下午，"非遗引领时尚"传承人对话设计师活动在银瀚厅举行。晚上"山水：全球旗袍名家设计邀请展"举办开幕式，近50件全球旗袍作品亮相展览。开幕式上还举行了"锦绣江南·旗袍秀非遗"，得到了社会各界的巨大反响和好评。

6. 丝路之夜

"国丝之夜"在2018年持续开展，从3月至11月，时装馆和锦绣廊在每周五、周六晚上对公众开放到21：00，并在夜间配套展开了10场"丝路之夜"系列活动。国丝馆通过巧妙的构思，打造了以讲座、音乐、摄影、美食、展览等元素为一体的文化大餐，奉献给社会大众，实现"从丝绸之路到跨文化对话"的愿景。其中既有希腊之夜、印尼之夜、高棉之夜、阿拉伯之夜等融汇丝绸之路沿途国家与丝绸文化的活动；也有结合临时展览与本馆特色开展的苗岭之夜、汉服之夜、传承人之夜、青年汉学家之夜等活动；还有与时尚及科技主题相结合的3D之夜、旗袍之夜等活动。

四、文创经营品牌

1. 丝绸文物图案的开发与授权

2018 年 1 月 6 日至 10 日，应香港贸易发展局邀请，我们带着"十二五"国家科技支撑计划国家文化科技创新工程项目"中国丝绸文物分析与设计素材再造关键技术研究与应用"相关成果，以及 2015、2017 两年注册的 40 余个丝绸纹样和部分衍生产品参加了"2018 香港国际授权展"。在展会上，我们集中展示利用我馆馆藏丝绸文物图案进行素材采集与深化而设计出的纹样。事实上，中国历代丝绸文物有着丰富、精美的图案，这是丝绸宝库中最大的 IP，无穷无尽。就在这个项目完成之后，我们联合上海东华大学、浙江理工大学、浙江工业大学和浙江科技学院等机构，把其中的设计素材部分汇集成"中国古代丝绸设计素材图系"，共 10 卷，由浙江大学出版社整理与出版，并在 2018 年北京国际书展上首发，引起了中宣部和出版系统领导、众多学者及海外出版商的关注。书的销售情况也非常好，几个月后已准备重印，这正说明了丝绸设计 IP 授权的可能性。

2. 锦道与经纶堂

就本馆的文创产品开发而言，我们自己的品牌主要是锦道和经纶堂。锦道是国丝馆的独资品牌，继续在我馆的锦廊和晓风书屋销售，经营渐趋稳定成熟。而另一品牌经纶堂是国丝馆和凯喜雅集团合资创办的，在公司领导层和设计师的全力推动下，经纶堂文化创意有限公司设计开发了 62 款特色丝绸产品，共计 7 个系列，品类涵盖丝绸包、真丝长巾、真丝方巾、真丝披肩等。在 2018 年举办的经纶堂之夜活动中，公司发布了 2018 年的主题"戏中人"，用六句诗演绎出六大系列的设计题材和风格，再演变出更多的款式和色彩，同时，经纶堂也发布 2019 年的主题是"桃花源"。经纶堂还开始更多地与博物馆的合作，与广东省博物馆的合作成果已在福州的中国博物馆及相关产品与技术博览会上亮相，与甘肃省博物馆的合作也随着我们甘肃工作站的正式挂牌而同时启动。

国丝新馆雪景，2018 年 12 月 9 日

3. 博物馆场地与品牌经营

其实，中国丝绸博物馆最大的品牌就是博物馆本身。2018 年年初，我们正式发布了由中国美术学院许江院长为我馆题写的"国丝馆"三个字，于是，我们开始把"国丝馆"和"国丝"作为中国丝绸博物馆的正式简称，"国丝"也将正式作为我馆的 IP 在各界正式亮相，渐渐成为国丝馆的代名词，与此对应的英文缩写应该是 NSM，全称是 National Silk Museum。

国丝馆的场地得天独厚，为我们自己所喜欢，更为观众所喜爱。丝路馆的旋转楼梯已成为网红打卡点，而锦绣广场更是举办活动的极佳场所。2018 年，最为高端的活动是捷克共和国驻上海总领事馆在这里举办的庆祝捷克独立 100 周年国庆招待晚会，夜色朦胧中蓝、白、红三色灯光把场内照得如梦似幻，恍如仙境，浙江省人民政府副省长朱从玖也出席了招待会，对国丝馆的场地大加赞赏。

国丝馆自"十二五"的开局之年即 2011 年开始编制年报，我每年作序，每年都有不同的感慨。回头看来，年报就是我们国丝馆走过的路程：2011 年，"我们描绘了十分清晰的蓝图，却遭遇了十一分的困难，最后以十二分的努力，获得了八九分的成果"；2012 年，"我们站在开馆 20 年的里程碑前，回望与前瞻"；2013 年，在最为艰苦的条件下，我们坚持"实干，是我们永远的风格"的信念；2014 年，改扩建项目经时任浙江省长李强批准，我们终于要"奔一个锦绣前程"；2015 年，改扩建项目正式动工，我们经历了"蛹的挣扎"；2016 年，G20 杭州峰会让我们在一年的时间内完成了"从蛹的挣扎到化蝶"，改扩建后的新馆正式启用；2017 年，带着新馆，我们开始"试飞，探索一片属于自己的天空"；2018 年，试飞的目标，是"欲与天公试比高"，我们开始打造属于自己的品牌，属于自己的 IP，当然这也将是浙江文化、文物和旅游的 IP，并有可能成为中国文化、文物和旅游的 IP。

在不同的社区中当一回文化中枢

2019《中国丝绸博物馆年报》序

2019 年，在湖南长沙的 5·18 国际博物馆日主场活动上，中国丝绸博物馆荣获了"全国最具创新力博物馆"称号。这是 2019 年我馆所获的最高荣誉，虽然这个创新力是奖给 2018 的国丝的，但国丝在 2019 的所作所为同样可以表明：创新是我们不停的努力。

但是，在哪里创新？为谁而创新？国际博物馆协会给出的 2019 年度主题是"作为文化中枢的博物馆：传统的未来"。2019 年 9 月，我在日本京都参加国际博协大会，同时也在亚太协会和服装专委会上发言，介绍了我们面向不同社区、为未来打造新的传统的做法。我们的创新，必须进入不同的社区或群体，去扮演和充当文化中枢的角色。如果博物馆所服务的邻里空间并不具有共享历史，并不享有认同和归属，那博物馆所服务的社区，则更有可能是有着行业归属和文化认同的群体和个人组成的社区了。由于中国丝绸博物馆处在一个以同业归属为主的社区里，因此文化中枢就会涉及一个行业的产业链，或者说生态圈，并为这个社区提供服务。这样，国丝的做法就是以藏品为核心，以展览为主要形式，通过学术会议、社会教育、女红传习、博物馆之夜等立体的活动构架，全面发挥研究型、国际化、全链条、时尚范四大特色，吸引一批特定的人群，为专门的社区服务，去承担文化中枢的角色。

走过 2019 年，我们在这方面有四个特别值得回顾和思考的实践经历。

一、国丝汉服节

国丝汉服节是我馆在 2018 年开始推出的一个社会教育活动。当时的人群

中国蚕桑丝织技艺保护联盟签约仪式，2019 年 5 月 31 日

参加联合国教科文组织"丝绸之路互动地图"会议，西班牙巴伦西亚，2019 年 3 月 13 日至 19 日

国际丝路之绸研究联盟（IASSRT）第四届学术研讨会"丝路之绸：作为历史资料的纺织品"，
俄罗斯，2019 年 9 月 22 日至 30 日

定位就是年轻人中越来越多的汉服爱好者，他们常称自己为"汉服同袍"。"同
袍"一词来自《诗经·秦风·无衣》："岂曰无衣，与子同袍。""汉服同袍"意思就
是说，汉民族也有自己的传统服饰，所以认可汉服、喜欢汉服的人互相称同
袍。我们的宗旨是"让文物活起来，让生活更美好"，哪里有时尚的生活，我
们就应该走进哪里，这些"汉服同袍"就是我们所要走进和服务的社区。第一
届国丝汉服节就在忐忑和不安中开幕了，恰好 2019 年的国际博物馆日主题就
是传统的未来和文化中枢，我感觉这是对国丝汉服节的一种认同。

　　2019 年，第二届国丝汉服节以"明之华章"主题出现，活动放在 4 月的
最后一个周末，即 27—28 日两天，由展厅导览、专家讲座、文物鉴赏、汉服
之夜、银瀚论道、汉服萌娃秀等丰富的内容组成。

　　为汉服同袍配套的展览共有三处：一是基本陈列"锦程：中国丝绸与丝绸

第二届国丝汉服节"明之华章"，2019年4月27日

之路"，该展中专门更新了江西星子明墓出土的官员补服和江苏无锡钱氏墓出土的女性服饰；二是临展厅中与韩国传统文化大学合作举办的"一衣带水：韩国传统服饰与织物展"，观众可以从韩国传统服饰中回看其与中国明代服饰的各种关联；三是我们和韩国同行的一个合作项目"梅里云裳：嘉兴王店明墓出土服饰中韩合作修复与复原成果展"，我们从中看到的是明代中晚期江南士绅阶层的服饰特点。

　　专家讲座也有三场，算是国丝汉服节的学术高地。90岁高龄的中国国家博物馆终身研究馆员孙机先生、中国社会科学院文学所研究员扬之水先生和我一起，围绕明代服装、明代饰品和明代丝织品种进行讲解。文物鉴赏则是汉服节的学术高潮，20人左右的代表被邀请进入鉴赏室，近距离观赏我们精选的三件浙江嘉兴王店李家坟明墓出土的明代服饰和两件韩国复制古代服饰。

"丝路之旅"新疆丝路研学行，新昌博物馆，2019 年 8 月 17 日

　　"汉服之夜"是国丝汉服节中最具参与性和看点的一场活动。2019 年，参加"汉服之夜"表演的团队有吉庐、九晏、六羽、非常道、绮罗、古月今人、汉客丝路、万宝德、锦瑟衣庄、行之堂、鱼汤、踏云馆、杭州千秋月汉服社、重回汉唐、花朝记、如盈衣坊等。2019 年的表演把明代服饰分解成"燕居""往事""仪礼"三个板块，为大家呈现明代不同时期、不同场合服饰的特点和演变趋势。

　　第二天的活动由银瀚论道和汉服萌娃秀组成。银瀚论道是我们为传统服饰文化爱好者们提供的一个学习、展示与交流的平台，我们邀请汉服研究团体和个人发表学术新见及研究心得。汉服萌娃秀则是 2019 年新增的一个活动，62 名小模特经过网络投票，从近 500 名参赛选手中脱颖而出，登上国丝的舞台。

　　也是从 2019 年起，通过征集，国丝汉服节有了正式的标识，我们还推

成立"手艺传习博物工坊"，2019 年 4 月 26 日

出"国丝汉服小姐姐"钟红桑，在微博上设置"国丝汉服节"的话题，几天内点击量达到 2000 多万，又正式公布 2020 第三届国丝汉服节的主题是"宋之雅韵"，宣告我们为"汉服同袍"提供平台和服务的长期计划。

二、天然染料双年展

2019 年的第二个节日性的活动是 5 月 20—24 日举行的第一届天然染料双年展。这个双年展的英文名称是 Biennale of Natural Dyes，简称 BoND。一方面 BoND 是天然染料双年展的英文缩写，另一方面英文 bond 又是化学键的意思，正好把一批天然染料（染色也是一种化学反应）的爱好者结合在一起。2017 年年末，我和法国的多米尼克·卡登博士在里昂老城区的一个小宾馆里商定了这一策划，当时还对 BoND 的名称颇为得意。她是法国国家科学

斑斓地图：欧亚 300 年纺织染料史，2019 年 5 月 17 日　第一届天然染料双年展，2019 年 5 月 20 日

研究中心高级研究员，国际上研究天然染料历史、文化和科学的顶级专家，我们的双年展正是面对国际天然染料爱好者这一社区缺少大型活动的现实而设置的。共同的想法让我们兴奋地合作担任双年展联合主席，尝试主持这一活动。

2019 年的 BoND 包括一系列活动，打头的就是两个展览，这也是博物馆的常规项目：一个是偏学术性的"斑斓地图：欧亚 300 年纺织染色史"，撷取从 17 世纪末至 20 世纪初 300 年欧洲与亚洲的纺织品色彩进行分析检测，最后得出一幅欧亚染料地图；另一个是属于当代纤维艺术的"天染：当代艺术与设计作品展"，展示 10 多个国家及地区的近百件天然染料染成的纺织品的艺术创造、技艺表达、跨界综合的设计理念及其实践成果。

当然，BoND 的学术重头活动还是在于论坛和工作坊。其中最为重量级的是来自 14 个国家和地区的 16 位专家组成的、为期一天半的"天然染料：

多彩的世界"国际研讨会。这个论坛以多米尼克·卡登为首，专家包括美国波士顿大学的理查德·劳森（Richard Laursen）、大英博物馆的迭戈·坦布里尼（Diego Tamburini）博士、以色列卡尔申工程艺术与设计学院的兹维·科伦（Zvi Koren）教授、日本草木染代表人物山崎和树博士等，我和我的同事刘剑也在会上做了报告。世界天然染色工作坊是 BoND 的另一个高潮，在论坛结束后的三天内，国丝馆里的四个场地再加外借的一个场地，都被用于染色工坊，来自欧洲、亚洲、非洲和南美洲的染色匠人和艺人分批上场，开展了十多个工坊，演绎了一出出姹紫嫣红、橙黄橘绿的色彩大戏。

　　BoND 的活动还包括天然染色纺织工艺品市集以及"天然染料的实践：艺术与工业"公开论坛。丰富多彩的活动从 5 月 20 日起陆续展开，吸引了来自全球五大洲 20 余个国家和地区的近 150 位专家学者、艺术家、设计师、手工艺人和传统工艺爱好者，他们分享了各自在天然染料的科学研究、艺术设计、工业应用、教育和科普等领域的成果和经验。这就是一个国际天然染色同行和爱好者的社区，通过微信、微博、脸书等自媒体平台，BoND 还会扩展到更大的天然染色社区中。

三、全球旗袍日

　　杭州全球旗袍日原是杭州市文化广电旅游局推出的活动，以丝绸和旗袍为载体，向全球讲述杭州故事，书写东方华章。自 2017 年举办以来，旗袍日的主场就一直放在国丝，渐渐地，这也成为国丝的一个定期品牌活动。我们的目标，就是打造一个温婉知性的女性的社区。为了突出这样一种服务，我们在其中增加了一个全球名家旗袍设计邀请展，为旗袍的设计师、旗袍的爱好者推出一系列新的设计概念。2018 年的主题是"山水：2018 全球旗袍邀请展"。吴海燕老师提出，杭州旗袍应该是山水旗袍，与杭州西湖的风景相匹配，于是，我们邀请了 10 个国家的 20 多位设计师设计了 40 多件旗袍，最后评出的"杭州旗袍"获奖设计师是法国的弗朗索瓦·霍夫曼女士，她的作品是有着湖中树影的印花丝绸和羊毛毡的艺术结合。到 2019 年，邀请展依然继续，但主题变成结合中华人民共和国成立 70 周年的"庆典：2019 全球旗袍邀请展"。我们邀请了中国、俄国、英国、法国、韩国、泰国、捷克、加纳等

第 25 届京都 ICOM 大会服装专委会上发言，日本京都，2019 年 9 月 2 日

12 个国家的设计师制作了 40 余件旗袍，这次"杭州旗袍"的得主设计师刘林溪还是一位服装学院的在读学生，她的作品题材来自她对母亲深深的爱，其设计非常切题又打动人心。

当然，全球旗袍日最为喜庆的活动是白天来自全国各地旗袍团队的"四方来风颂中华：国丝旗袍秀"，最为艳丽的活动是晚上的"锦绣华章·2019 杭州旗袍之夜"。前者在国丝锦绣广场如期展开，来自全国旗袍社团的表演者身穿特色旗袍，以走秀等表演形式为祖国母亲庆生，这也为国内外的旗袍爱好者搭建了良好的交流平台。后者在国丝正门喷泉广场举行，是本届活动主场的高潮，围绕为祖国庆生的主题，以"杭州旗袍"的揭幕、《杭州旗袍倡议》的发布等为主要内容，向公众呈现了一台精彩纷呈的文化大餐，200 余名海内外服装设计师以及合作院校、企业的代表参加了活动。

四、迪奥大展

国际时尚是改革开放之后中国年轻人中最为欢迎的一个内容，也是当代服装教育中的一门必修课。为此，国丝特别征集了近 40000 件西方时装，又在馆区特别建立了一个时装馆，分为中国时装和西方时装。在这里，我们不仅要举行一年一度的时尚回顾展，同时，还要引进国际时尚大展，打造真正的国际时装博物馆。迪奥大展就是我们在 2019 年引进的第一个国际时尚展。

为了纪念迪奥时装品牌成立 70 周年，加拿大多伦多皇家安大略博物馆在 2017 年由时装部主任亚历山德拉·帕尔默（Alexandra Palmer）策划了一场"克里斯汀·迪奥"盛宴。2018 年 4 月 12 日，在中国文化和旅游部部长雒树刚和加拿大文化遗产部部长乔美兰的见证下，我和皇家安大略博物馆馆长的白杰慎在北京签署了谅解备忘录，双方开展了涉及展览、研究、保护和交流等的合作。这样，我们就在 2019 年 9 月引进了这一展览，并把展览重新命名为"迪奥的迪奥 /Dior by Dior（1947—1957）"。该展聚焦迪奥先生在任 11 年内的创作生涯，通过"大师的生平""高订工坊""阳光下""华灯初上""夜幕降临""匠心处处"和"完美配饰" 7 个单元以及 100 余件高级订制时装、配饰、面料、刺绣小样和设计手稿，配以印刷出版物及影像资料，带领观众领略迪奥先生的时尚美学，重返高级时装的黄金年代。

值得一提的是本次展览的互动部分，我们和清华大学、中国美术学院、东华大学、浙江理工大学、北京服装学院等服装院校都进行了学术合作。特别是我们和清华大学美术学院联合举办的学术会议"走进东方：迪奥时装艺术和当代中国设计的对话"集结了全国服装教学院校，除清华大学美术学院作为组织方之外，如东华大学、中央美术学院、江南大学、浙江理工大学、深圳大学、天津科技大学、青岛大学等院校的老师，此外还吸引了在读服装专业学生、访问学者、时尚评论员、艺术家和文博工作者。通过深入的交流和梳理，我们基本明确了国丝国际时尚展的定位：一是利用展览做好服装史的学术研究，二是主要针对服装院校师生提供教学实践的平台；三是提升时尚爱好者的时尚审美水准。所以，我们的时尚展览的社区是时尚的研究者、教育者、传播者、学习者和爱好者群体。

其实，正如我经常所想，每一个展览，无论是历史的还是时尚的，每一项活动，无论是学术的还是科普的，都有它各自的目标定位和观众。除了上面谈到的这四个走入较大专业社区的活动外，我们还有已经运营了多年的女红传习馆以及2019年联合全国多家博物馆社教部推出的"手艺传习博物工坊"平台，它们面向的是青少年的传统工艺爱好者。同样是在2019年成立的中国蚕桑丝织保护联盟及其相关展览和活动，面向的是国际纺织非遗类的传承人、匠人和艺术家。此外，我们一年一度的丝绸之路主题展定位的是国际上丝绸之路的爱好者和研究者，"一带一路"文化遗产保护与可持续发展高峰论坛定位的是丝绸之路文化遗产的保护者，而国际丝路之绸研究联盟年会定位的则是面向全世界的纺织品研究者和爱好者。

展望2020年，国际博物馆日的主题已经发布，即"致力于平等的博物馆：多元和包容"。中国丝绸博物馆作为一个体量不大的专题博物馆，可以在这一题目下展示自己在多元化方面的贡献，同时应该也会得到更多的包容。但是，2019年的"作为文化中枢"的主题并没有过时，我们还将继续走进我们明确的社区，为他们提供产品和服务，使国丝在不同的社区中都能充分充当文化中枢，发挥作用。

在静寂中拥抱春天

2020《中国丝绸博物馆年报》序

　　记得是在 2020 年的 2 月，杭州还处于冷峭的初春，但随着疫情的突袭，国丝也跟大家一样骤然关闭。我来到馆里，把一只口罩戴在采桑女脸上，戴在旗袍娃娃脸上，拍照留念，然后在锦湖前对着手机镜头说，我们"闭馆不闭观"！我来到西湖边，感受着西湖边从来没有过的静寂，湖上虽然还是残荷，湖边虽然还是枯苇，湖岸虽然还是枯叶，但水边已有春草初生，水面正是春归鸭知。人们喜欢说，没有一个寒冬不会过去，也没有一个春天不会到来。2020 年的春天虽然来得如此艰难，但我们一直在静寂中等待疫情的过去，我们也一直在静寂中拥抱春天。

一、云上云下的社会教育

　　我们是如此急切地期待拥抱春天，但其实春天还在蹒跚之中。在疫情肆虐的日子里，实体的国丝闭馆了，我们就去"云上"拥抱春天，把我们的展品、展览、活动和知识搬到"云上"去。

　　我们急急忙忙地组织了一物、一技、一文、一例、一问五个专题，并把它们称为"国丝五个一"。一物是讲一件文物，由我馆的策展人为主来撰写；一例是一个保护修复或是复制案例，由修复和复制人员为主写作；一文通常是对已发表论文的缩写，由科研人员为主完成；一技是一堂手工课，教一门手艺，学一门绝技；一问则是针对读者提出的问题来进行写作和解答，视情况而定。前半年下来，国丝公众号已经发了好几十篇文章。也许是"五个一"的手法比较新颖，《中国文物报》很快就报道了这一形式，"学习强国"平台

由 10 名优秀青年组成的国丝传播小分队"国丝新青年",2020 年 5 月 4 日

也引用了这篇报道。

　　春天里总是鲜花盛开,杭州有一个花朝节是汉服同袍的聚会时间,一年一度的"国丝汉服节"也是同袍们盼望的一个聚会由头。我们的社教部没有辜负大家的期待,依然组织了 2020 国丝汉服节,而这一次的主题早已发布,是"宋之雅韵"。我们准备了一个"雅韵湘传:湖南宋元丝绸服饰展",从湖南省博物馆借来了精美的丝绸服饰。各路汉服团队也早早就准备了精美的汉服和汉服情景剧,结合视频的形式相聚在丝路馆的大厅。事实上,这些精美的视频最后在"云上"得到了很好的传播。

　　青年节也许是春天里最有热情的时节。国丝党总支加大了党建力度,组建了一支青年人的国丝传播小分队,选拔了 10 名优秀青年。这些青年来自全馆各个部门,就叫"国丝新青年",借用的正是新文化运动时期的那本大名鼎鼎的刊物名称。事实上,国丝新青年也与陈独秀先生所倡导的"新青年"相通。此中青年,不只是论年龄,华其发,泽其容,直其腰,广其膈,新鲜活泼,更要青年其精神,所思考,所设想,所怀抱,所作为,进步再进取。

二、不停的科研文保

疫情来袭的日子里，展厅关门了，但纺织品文物科技实验室和修复馆门内却春意盎然，我们的科研和技术人员依然在埋头苦干。

各项国家级、省部级以及国际合作项目均在推进之中。其中最大的项目是国家重点研发计划项目"世界丝绸互动地图"，其中包括"丝绸文物的精细鉴别与产地溯源"和"示范应用"两个重点研发课题。我们与东华大学、浙江大学、浙江理工大学、中国计量大学等多家学校、科研机构、科技企业并肩作战，研发检测技术，收集相关信息，搭建"锦秀·世界丝绸互动地图"平台，构建丝绸知识模型，探索世界丝绸起源、传播和交流的时空规律。2020年是项目启动的第一年，同时启动的还有一项国家重点研发课题"纺织品文物价值认知及关键技术研究"。

纺织品文物修复保护也在静寂的春天里加快步伐。一个个老项目在收官，一个个新项目在出炉。其中，早期的有三门峡虢国墓地麻织品、青州西辛战国丝织品、敦煌马圈湾汉代烽燧出土纺织品、新疆尉犁咸水泉5号墓纺织品等，较为后期的有宁夏盐池冯记圈明墓服饰、曲阜孔府所藏明代服装、浙江桐乡濮院杨家桥明代服饰和一批清代丝绸文物。其中最为壮观的要数西藏布达拉宫的天蓬，那天蓬原是挂在布达拉宫顶上挡灰，面积很大，但织物色彩鲜艳、图案宏大，展开之时，极为震撼。而影响力最大的就是清东宫出土的慈禧和容妃服饰，其中让我叹为观止的是那张巨大的陀罗尼经被，长宽各约3米，通体织金，2万多个经文汉字，没有一个纹样重复。我们后来举办的专题展览"后宫遗珍"吸引了大量的观众，留下了无数的赞美。

我们国际科研合作在疫情的影响下还是顽强地前进，特别是"世界丝绸互动地图"国际合作项目在丝绸之路周期间强势启动，有英国、法国、意大利、美国、丹麦、荷兰、俄罗斯、日国、韩国、瑞典、埃及、印尼和中国共13国的约20余名学者参与。该项目也得到了联合国教科文组织"丝绸之路项目"的大力支持和认可，双方签署了合作出版协议。但可惜的是，我们和国际博协合作的纺织品修复培训班被迫延期进行。

我们的年轻科研人员也在快速成长。快速检测微痕中的蚕丝蛋白方法又有新的突破，纺织机具考古和丝绸服饰复原也有一定进展。在中国文化遗产

东织西造　锦绣生活—中西丝织文物展，上海历史博物馆，2020 年 12 月 25 日

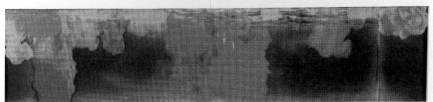

"衣尚中国"启动仪式，中央电视台，2020 年 9 月 27 日

"巴黎世家：型风塑尚"展，
2020 年 9 月 5 日

保护青年论坛中，郑海玲勇夺桂冠，浙江省文物局新鼎计划中也有我馆专业人员的身影。

三、丝绸之路周

受疫情影响最大的要算是丝绸之路周，但这是我们历年来策划组织的最大活动。

这一活动源自 2019 年中国博协丝绸之路沿线博物馆专委会和国际丝路之绸研究联盟在杭州发出的共同倡议。于是，中国丝绸博物馆和以其中的国际部为主体的国际丝绸之路跨文化交流研究中心执行承办了主题为"丝绸之路：互学互鉴促进未来合作"的 2020 丝绸之路周。2020 年 5 月 13 日新闻发布会后我们开始预热活动，到 6 月 19 日至 24 日正式的丝路周期间，由中国丝绸博物馆在杭州主场与浙江省及国内百余家文博机构共同参与，以主题展览、学术活动、线上直播互动等形式，通过线下、线上联动的方式，将丝路周活动逐步推向高潮。

整个国丝都全力投入到丝绸之路周。从大的方面来说，这个活动周由国家文物局和浙江省人民政府主办，但具体来说则以年轻的国际部为主承担各项工作，如作为核心的两大展览"众望同归"和"一花一世界"、《丝绸之路文

首届"丝绸之路周"，2020 年 6 月 18 日

化遗产年报》的发布、丝绸之路策展人研修班，以及大量境内、境外文化机构的互动。社教部则承担了大量线上、线下联动的组织和传播。这一活动不仅得到了国内文博同行的全力支持和参与，还得到了联合国教科文组织世界遗产中心、国际古迹遗址理事会、国际文化财产保护与修复研究中心、国际博物馆协会、联合国教科文组织丝绸之路网络平台等六大国际组织对活动的肯定与认同。来自 14 个国家的 200 余家文化机构参与了各项线上活动，社交媒体上的阅读量和观看量超 5.6 亿次。

四、一场场时尚大展

2 月初，中国时尚回顾展"初新"刚刚在国丝开幕不久，来自维多利亚与艾尔伯特的巴黎世家展品就进入了国丝，但它们因疫情而无法马上与观众见

岛夷卉服: 东南亚帽子，2020 年 1 月 18 日

　　面，只能安全地、寂静地留在国丝的库房里，等待春天的复苏。

　　春天终于在 5 月之交来临，首先到来的是国丝汉服节，但真正的时尚大戏要到下半年才连续登场。9 月前后，在库房里等待了半年多的"巴黎世家"大展终于露出真容，近 200 件 / 套精美的服饰向观众"挥手致意"，每一件展品都在讲述一个真实动人的故事，展示一个完美的制作过程。稍迟于此，维多利亚与艾尔伯特的另一个大展"源于自然的时尚"在深圳设计互联展出，我们受邀与双方合作，为展览做了配套的平行展"衣源万物"，把中国时尚和西方时尚并列展出，极大地引发了时尚界的热度。

　　旗袍是 9 月里的另一场时尚风景。风景框里有两个主角：一是我们的全球旗袍邀请展，二是杭州市的全球旗袍日。虽然 2020 年全球旗袍日的主场不在国丝，但邀请展中西班牙设计师技压群芳，夺得杭州旗袍的头筹，还是吸引了观众的眼球。

第二届中国蚕桑丝织技艺保护联盟会议，成都，2020 年 11 月 12 日

国际丝绸学院第一届国际丝绸与丝绸之路学术研讨会，2020 年 11 月 24 日

　　当然，时尚之路上不只有时尚大展，我们还有许多小展，如名为"燕尔柔白"的西方婚纱展，与上海历史博物馆合作的"东织西造"展。到最后，我们终于等来了十年一回首的中国时尚大展"云荟：2011—2020"。这十年，正是国丝时尚从无到有的十年，是国丝在时尚路上狂奔成长的十年。十年前，从一个年轻的柚子团开始，我们通过一个个展览，一步步把时尚界和产业界的大佬请来国丝，把时尚教育界的各路诸侯请来国丝，把著名的时装设计师请来国丝，慢慢地就有了我们几万件的时尚收藏，有了一个由博物馆来搭建的时尚平台，有了一个我们与当下和未来相连的平台，有了国丝自己为主的时尚策展人的诞生。

　　十年时尚路，步步皆辛苦，但我们还会继续往前走。我常说，中国丝绸是我们国丝的核心、圆心、初心，但我们不能只限于中国丝绸，我们必须沿着两条路再走出中国丝绸：一条是丝绸之路，是人文的，连接东西方的；另一条是时尚之路，从古代一直走向未来。2020 年的时尚之路，在疫情下虽有跌宕，但最后还是发展出了一波春天般蓬勃的新高潮。

　　没有一个春天不会到来，也没有一个春天不会过去。一个春天过去了，还会有下一个春天再来。站在 2021 年春天的门口，我们期待，期待我们完全地摆脱疫情的困扰，期待我们拥抱更加美好的春天。

国丝三十年　丝路新征程

2022 馆庆座谈会致辞

今天，我们在这里欢聚一堂。从 90 岁的任如炳先生，到最年轻的王伊岚、潘璐、孟博彦、叶晔；从最早来到这里负责筹建的来成勋工程师，到最新进馆的陈元、应海涛、杨文妍、陈架运、孙一柳；从第一任馆长凌人才和第一任副馆长傅传仁、肖歌，到目前最年轻的馆领导夏丹荷和周旸。

站在中国丝绸博物馆 30 周年馆庆的门槛上，我和大家一起共同庆贺我们自己 30 岁的生日。

一、从无到有，从有到精

此时此刻，刚经过冰雪天气、寒冬腊月的今天阳光灿烂，正像国丝 30 年来走过千辛万苦，正迎来了史无前例的美好时光：从 1986 年立项到 1992 年开馆是筹建阶段；第一阶段是 1992 年开馆到 1999 年，经过短暂的开馆高兴，马上陷入了人财两难的窘境，工资也发不出来，许多新来的员工离馆下海；第二阶段是 2000 年到 2009 年，我们虽然来到文化厅，吃到财政饭，但博物馆的发展还是遥遥无期；第三个阶段是 2010 年到现在，我们申报了人类非遗，我们历经艰难拿下了重点科研基地，我们成倍地增加了国内外的时尚收藏，我们打赢了官司拿回了土地，我们在 G20 杭州峰会之前完成了改扩建，终于破茧化蝶，进入了一个快速发展的阶段。

30 年来国丝的每一次修缮，每一轮改造，此刻浮上脑海，犹同昨日：一次次的冰雪覆盖园内，一次次的山洪水漫展厅，为扩编制用尽心机，为要经费费尽口舌，为打官司提心吊胆，为发工资无奈举债；跑遍全国征集文物，

国丝大雨时山洪如瀑，1999 年 6 月 29 日

国丝雪景，2022 年 2 月 7 日

元旦工会登山活动合影，2022年1月3日

深入墓地开棺脱衣，科学研究绞尽脑汁，陈列布展通宵达旦，为建新馆挥汗洒泪，为创新举苦思冥想。

行到水穷处，坐看云起时。我在这里感谢30年来一代代的所有国丝人，无论是筹建还是建后，无论是领导还是员工，无论是编内还是编外，无论在馆内还是馆外，正是在大家的共同努力、不懈奋斗下，我们才一步步走到了今天！

30年来，藏品从无到有。到2021年年底，我馆藏品总量为69465件，我们已经初步建立起了涵盖古今中外的以丝绸、纺织、服饰为主题的收藏体系，同时还形成了年代谱系完整、考古信息明确、品种类别齐全的纺织品文物标本库及数据库，构建起覆盖全球的中国丝绸文物设计素材库。

30年来，展览越做越精。除了历史、非遗、文保、时尚四大板块的基本陈列之外，我们还长期推出丝绸之路、传统服饰、中国时尚和国际时尚主题的系列大展，每年平均推出各种展览 20 余个，并在敦煌研究院陈列中心设有长期的敦煌丝绸陈列，明天将在杭州大厦开设长期的国丝时尚博物馆。

30 年来，研究越来越深。我们已承担国家重大科研专项 2 项，国家级课题 8 项，省部级课题近 30 项，其他类研究项目 40 余项，与联合国教科文组织签署合作项目 1 项，主导或参与国际重大合作项目近 10 项；获得国家出版基金 5 项，出版专著近 50 部，发表的专业学术论文更多。

30 年来，社教越来越活。我们在国内率先实行免费开放和周末夜间开放，打造女红传习馆、丝路之夜、国丝汉服节、天然染料双年展、蚕乡月令、丝路之旅等社教品牌，开展经纶讲堂和"国丝五个一"等特色知识服务，开展丝绸文化进校园和丝路文化进校园等活动。

30 年来，合作越来越广。在国内，我们与浙江理工大学、浙江大学、中国美术学院、东华大学、北京大学、上海大学以及中国科学院、中国社会科学院等专业机构开展各类合作。国际合作越来越多，国际平台越建越广。我们发起成立中国蚕桑丝织技艺保护联盟、国际丝路之绸研究联盟，还以我们为主参与丝绸之路国际博物馆联盟、丝绸之路文物科技创新联盟、国际丝绸联盟，特别是丝绸之路周，作为国际合作的重大平台，它已获得国内和国际机构的大力支持。

30 年来，传播越来越广。我们积极拓宽宣传渠道，搭建国内、国际主流媒体和社交媒体相结合的传播矩阵，初步形成了以国丝为 IP、丝路之绸、丝绸之路周、国丝汉服节、国丝时尚等重大话题，逐步提升国丝在国内和国际的传播力和影响力。

30 年来，基础越来越好。目前，全馆共有 5 大部门，编制 51 人，实际在岗 47 人，长期编外人员 42 人，其中党员 32 人，高级职称 17 人。国丝馆建有纺织品文物保护国家文物局重点科研基地，旗下有遍布中外的 7 家工作站，正在筹建丝绸之路文化研究院，还与浙江理工大学联合建有国际丝绸学院。现有馆区占地 4 万多平方米，建筑占地 23000 平方米，配备有 4000 余万元的大型仪器设备。2021 年全年运行总经费约达 5000 万，其中省级财政经常性投入约为 3500 万。

总之，30 年来，我们从无到有，从有到全，到优到精。目前，我们已是

时间的艺术：当刺绣穿越时尚，2021 年 12 月 17 日

国家一级博物馆，排名进入全国前十，曾经获得最具创新力的博物馆称号，三次获得全国十大陈列精品奖，两次获得国家文化遗产创新奖二等奖。目前正向着世界一流博物馆冲刺！

技术部同事缝制建
馆 30 周年主题拼布，
2022 年 2 月 24 日

二、又一个春天正在来临

站在馆庆 30 周年的门槛上，我环顾四野，心绪浩荡，现今春风乍起，春水初暖，春意萌发，春潮涌动，中国的博物馆发展遇到了最佳机遇，国丝发展的又一个春天已经来临。

在国家层面，党和政府对文物博物馆事业的重视程度前所未有，中宣部等九部委于 2021 年联合发布了《关于推进博物馆改革发展的指导意见》，同年，中央深改委又通过了《关于让文物活起来、扩大中华文化国际影响力的实施意见》。在省级层面，浙江开始了共同富裕示范区、重要窗口、文化高地等建设，也部署了一系列重大项目。《浙江省文物博物馆事业发展"十四五"规划》提出了到 2025 年，浙江省基本建成博物馆发展质量标杆省的目标。

在这个过程中，中国丝绸博物馆的发展被写入了各个重要文件。"丝绸之路文化研究院"列入《浙江高质量发展建设共同富裕示范区实施方案（2021—2025）》，"国际丝路之绸研究联盟"写入《"十四五""一带一路"文化和旅游发展行动计划》，"丝绸之路周"则被写入《关于高质量打造新时代文化高地推进共同富裕示范区建设行动方案（2021—2025）》，"数字丝路文化"

国丝建馆 30 周年 logo

国丝建馆 30 周年纪念雕塑

国丝建馆 30 周年插画

国丝建馆 30 周年插画

项目已被列入《浙江省数字化改革重大应用一本账》。此外，《浙江省文物博物馆事业发展"十四五"规划》明确提到和我们相关的关键表达有以下几个：

丝绸文化标识、具有深厚丝绸文化底蕴的世界级旅游景区、浙江文化研究工程《中国丝绸艺术大系》；

国际丝路之绸研究联盟、丝绸之路周、丝绸之路文化研究院、丝绸之路数字博物馆；

纺织品文物保护国家文物局重点科研基地（中国丝绸博物馆）、世界丝绸互动地图关键技术研发和示范、纺织品文物价值认知及关键技术研究。

三、为下一个 30 年描绘蓝图

于是，站在 30 年的门槛上，我们开始拿起彩笔，充满热情，着力描绘中国丝绸博物馆的未来。2021 年年初，我们制定了《国丝"十四五"发展规划》，也写好了 2035 年中长期规划，为我们的下一个 30 年描绘了轮廓。

我们围绕一个宗旨开展工作：以中国丝绸为核心，开展纺织服饰文化遗产的收藏、保护、研究、展示、传承和创新，以国际视野、国家站位和浙江担当要求自己，以研究为基础推动丝绸历史、科技保护、传统工艺和当代时尚四大板块，服务文化、经济和社会协调发展，使中国丝绸博物馆成为保护、传承中华优秀传统丝绸文化的殿堂。

日月如梭，天地经纬，我们沿着二条主线开展工作：一条是从古到今，讲好丝绸故事，做好丝绸纺织服饰文化的研究、保护、展示、传承和创新，成为连接古今的文化桥梁；另一条是从中到外，弘扬丝路精神，在文化交流、文明互鉴中发挥博物馆的力量，在推动国际人文交流、建设人类命运共同体的行动中发挥特殊作用。

我们坚持四大特色：全链条，即以科技保护为龙头，让文物活下去、活起来，振兴传统工艺；研究型，即以科研为基础，引领博物馆全面工作，打造研究型博物馆；国际化，即以丝绸为切入点，打造丝绸之路文化研究国际平台；时尚范，即以时尚为平台，推动丝绸文化创造性转化、创新性发展，赋能美好生活。

我们打造六个一流：以人民为中心，成为服务观众、行业、社区和社会可持续发展的文化中枢，打造一流收藏、一流展览、一流传播、一流科研、一流团队、一流管理，最终要争创世界一流博物馆。

我们的蓝图是：2022 年，中国丝绸博物馆还要成立丝绸之路文化研究院。而在此之后，我们要把我们的周边，玉皇山下、西湖之南、凤凰山和九曜山之间，建成一个具有深厚丝绸文化底蕴的世界级旅游景区、一个具有标志性的中华文明展示区：国丝苑。我们还要拓展我们的外延，以总分馆为模式，一馆多翼，我们的选项有：国丝非遗分馆、国丝时尚分馆，或许还会有国丝工业遗产分馆。

座谈会上历任馆领导合影，2022 年 2 月 25 日

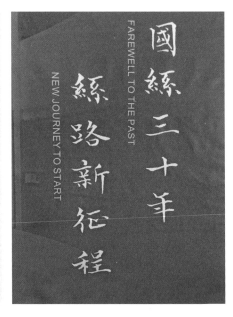

扬之水先生为国丝 30 周年题词

我们常说，三十而立。在人类的历史长河中，30 年只是一瞬间；在 5000 多年的丝绸历史中，30 年也只是白驹过隙；而在中国丝绸博物馆的生命周期中，30 年只是一个开始。

站在 30 年的门槛上，一只脚还踩着过去，我们在这里庆贺自己的生日；另一只脚已跨入明天，我们在这里温故启新，踏上丝路新征程。

此时此刻的我，正重复念叨 12 年前我开始主持国丝工作时的三句话：少折腾、保平安、谋发展。

此时此刻的我，还是要对我的同事说：不要问你的国丝能为你做什么，而要问你能为你的国丝做什么。

此时此刻的我，希望国丝上下能牢记"宽厚专精"这四字理念，开国际视野，登国家站位，立浙江潮头，乘时代之风，凝社会之志，聚全馆之力，建成一个全链条、研究型、国际化和时尚范的中国丝绸博物馆，建成一个具有中国特色、国际标准、引领行业的世界一流博物馆。

长风破浪会有时，直挂云帆济沧海！让我们一起庆贺我们的三十周年生日，让我们一起致敬过去艰苦奋斗的 30 年，让我们祝福明天更加美好的 30 年！

国丝三十年，丝路新征程！

长道

回车驾言迈，悠悠涉长道。

四顾何茫茫，东风摇百草。

——古诗《回车驾言迈》

学术年表

1986 年

6 月，参加浙江省博物馆学会成立大会，发表《人杰地灵：杭州博物馆建设初探》。

1987 年

10 月，参加浙江丝绸工学院团队，承担中国丝绸博物馆筹建处委托的基本陈列内容设计。

1988 年

参与中国丝绸博物馆筹建过程中的内容设计，同时为中国丝绸博物馆筹建处授课。

1989 年

8 月 26 日—9 月 28 日，随中国丝绸博物馆筹建处共赴新疆征集文物。

1991 年

2 月 20 日，浙江省人民政府下文，被任命为中国丝绸博物馆副馆长。一同任命的有馆长凌人才，副馆长傅传仁和肖歌。

3 月 8 日，离开浙江丝绸工学院，到任中国丝绸博物馆，分管业务，主持文物征集及基本陈列工作。

8 月，赴内蒙古呼和浩特，辽宁沈阳、丹东等地征集丝绸文物。

是年，完成对元代立机子的复原研究，用于陈列。

1992 年

2 月 26 日，中国丝绸博物馆正式开馆。

4 月，完成内蒙古庆州白塔出土辽代丝绸鉴定报告。7 月，赴赤峰、巴林右旗、巴林左旗、阿鲁科尔沁旗等地考察，初遇耶律羽之墓出土大量丝绸。

9 月，参加浙江丝绸工学院举办的国际丝绸文化与经济研讨会，发表《丝绸起源的文化契机》，正式提出"丝绸起源文化契机"一说。

11 月 17 日，"丝情古今：中国丝绸文化展"在澳门卢廉诺公园开幕。

11 月 22 日，当选为浙江省第六届青年联合会委员。

是年，第一部专著《唐代丝绸与丝绸之路》由三秦出版社出版，第一部教材《丝绸艺术史》由浙江美术学院出版社出版，协助朱新予主编的《中国丝绸史（通论）》也由纺织工业出版社出版。

是年，经浙江省社会科学研究系列高级职务评委会评审，破格提升为副研究员。

1993 年

10 月 8—23 日，赴瑞典布勒斯纺织博物馆和斯德哥尔摩 ABF 会议中心做"中国古代丝绸""中国古代织机"讲座。

12 月 30 日，受聘担任故宫博物院仿织清代乾隆时期黄云缎和织金缎的技术顾问。

1994 年

6 月，赴江西德安、星子、婺源等地征集丝绸文物。

6 月 28 日—7 月 1 日，赴浙江温州考察龙湾国安寺塔出土蚕母印纸，并征集文物。

8 月 1—3 日，法国 Krishna Riboud[①] 来访，提供汉代釉陶织机模型资料。后据此完成汉代踏板织机复原研究。

是年，参加中国博物馆学会。

是年，受聘担任杭州大学敦煌学研究中心兼职研究员。

1995 年

2 月，在东华大学纺织学院纺织工程专业学习中国纺织技术史，师从周启澄教授，攻读博士学位。

---

① 为了保证外文专有名词的准确性以及便于读者查阅相关资料，学术年表中的部分外文人名、地名、机构名、报告名等专有名词不另加中文译名，只写出其原文。

5月11日，中、日、法、加四国联展"桑蚕蛾：了不起的丝绸"在加拿大蒙特利尔植物园开幕。20日，联合国教科文组织总干事 Federico Mayor 参观展览并题词。

6月20—26日，赴香港参加"Chinese Textiles: Technique, Design and Art"会议，并做公开讲座。

是年，在浙江丝绸工学院开设"丝绸艺术史"课程，至2007年止。

1996年

4月28日—5月3日，赴江西新余参与明代墓葬发掘清理工作。

5月，在北京民族文化宫举办"中国丝绸文化展"。

11月20日—12月4日，赴日本大阪国立民族学博物馆参加"Basis and Development of Weaving Culture in East and Southeast Asia"国际学术会议，并做"The Axle-treadle Mechanism in Han Looms: The Development of Treadle Loom in China"报告。

是年，完成《辽耶律羽之墓出土丝绸鉴定报告》。

是年，经浙江省社会科学研究系列高级职务评委会评审，破格晋升研究员。

1997年

5月1—14日，赴云南昆明、景洪、普洱、西双版纳调研少数民族织机与织造技术。

7月4日，博士论文《中国传统织机及其织造技术研究》通过答辩，论文获东华大学优秀博士生论文二等奖。12月，获工学博士学位。

10月，赴苏州丝绸博物馆参加中国织绣文物复制学术讨论会并做"古代纺织品的计算机复原"报告，首用 Photoshop 软件修复拼合丝绸文物，复原丝绸图案。

10月21—24日，赴大连旅顺博物馆调研大谷探险队所获丝织品。

11月21日，获 Sylvan and Pamela Coleman 资深研究基金，赴美国大都会艺术博物馆做客座研究，研究内容为10—13世纪中国北方丝绸，1998年10月回国。

是年，作为美方顾问为纽约古根海姆博物馆举办的"中国文明5000年"展览撰写图录论文"Art of Silk and Art on Silk"。

是年，多次拜访王㐨先生，并对其进行录音访谈。

是年，赴美之前在杭州大学参加"走遍美国"口语班半年。

1998年

1—6月，跟随屈志仁和 Anne Wardwell 研究辽元时期丝织品，基本完成《辽代丝绸》写作初稿，并做"Comparison of Textiles of 13–14th Century Excavated from China

and Those Collected at the Metropolitan Museum of Art and the Cleveland Museum of Art"
报告。同时，跟随美国国立设计博物馆的 Milton Sanday 和大都会艺术博物馆的梶谷
宣子研究世界各地织物，包括地中海地区发现的早期织物、中亚织物、伊斯兰织物、
西班牙织物、意大利织金绫和传为澳门所产织物等。

6 月，访问美国波士顿博物馆、克利夫兰博物馆、费城博物馆、布鲁克林博物
馆、华盛顿纺织博物馆、弗利尔美术馆、洛杉矶郡立博物馆、旧金山亚洲博物馆等，
以及加拿大多伦多皇家安大略博物馆和多伦多纺织博物馆，沿途做 "Textiles beyond
the Great Wall、New Archaeological Finds of Chinese Textiles" 等讲座。

7—9 月，从美国赴欧洲游学，考察欧洲博物馆和教堂中收藏的中世纪纺织
品， 拜 会 Krishna Riboud、Gabrial Vial、De Jonghe、Lubo-Lesnichenko、Roderick
Whitfield、何丙郁等一批国际上著名的纺织史、艺术史和科技史专家。其间，在德
国柏林理工大学参加了国际科技史会议，做 "Diffusion and Reflection" 报告，提出中
国和西方提花技术的不同脉络及相互影响；在巴黎 A.E.D.T.A. 做 "Liao Textiles from
Inner Mongolia" 报告；在剑桥李约瑟研究所做 "Chinese Silk and its Drawloom" 报告；
在伦敦大学亚非学院做 "Liao Textiles and Its Design" 报告。

10 月，回国，并在香港做 "从考古发掘看中国丝绸艺术的发展""丝绸艺术与中
国艺术" 和 "Textiles out of Tibet" 报告。

是年，被浙江省文物局聘为浙江省文物鉴定委员会委员。

1999 年

1—9 月，完成首部中英对照作品《织绣珍品：图说中国丝绸艺术史》（*Treasures
in Silk: An Illustrated History of Chinese Textiles*），并于年底出版。

10 月，带领中国同行武敏、许新国、李文瑛、韩金科等赴瑞士阿贝格基金会
参加 "中世纪早期丝绸之路沿途纺织品研究学术讨论会"，并做 "Samite from the Silk
Road in Northwestern China: Its Weaving Method and Provenance" 报告。

11—12 月，获 Veronika Gervers Memorial Fellowship 研究基金，赴加拿大皇家安
大略博物馆进行 "中国起绒织物研究"。

12 月 26 日，赴美国大都会艺术博物馆参加策展讨论会，协助屈志仁 "走向盛唐 /
Dawn of the Golden Age" 策展，并负责其中纺织品部分研究策展和图录写作。

2000 年

1 月，访问明尼爱波利斯博物馆、芝加哥博物馆、Field Museum、Pritzker 私人
收藏、堪萨斯博物馆等地。回杭州途中经过香港做 "Treasures in Silk" 报告，并举行

《织绣珍品：图说中国丝绸艺术史》首发式。

4月25日，经东华大学（原中国纺织大学）学位评定委员会评审，受聘担任东华大学纺织工程专业博士生导师，同年开始招收博士生。

10月，中国纺织品鉴定保护中心成立，任中心主任。同时举办"慧眼识华章 / 巧手补霓裳"展览，与新疆文物考古研究所合作举办"沙漠王子遗宝"展。

11月，受聘担任浙江工程学院（原浙江丝绸工学院）材料与纺织学院兼职教授。

是年，入选浙江省跨世纪学术和技术带头人培养规划第二层次培养人员。

2001 年

2月20日—3月1日，赴武汉、荆州、长沙等地调研丝绸文物保护工作。

3月11—14日，参与杭州雷峰塔地宫发掘，主持清理出土丝绸。

4月30日—5月6日，赴韩国首尔参加"檀国大学校第十九国际服饰学术讨论会"，做"辽代丝织袍服的图案与裁剪"报告。

7月21日—8月3日，赴英国伦敦与 Roderick Whitfield 合作研究 Longevity Studio 所藏中国丝绸并写作 *Ancient Chinese Silks*。此书一直未出版。

9月22日—10月3日，赴法国里昂参加国际古代纺织品研究中心（CIETA）年会，并当选理事，做 "The Formation of Drawloom during the Exchange between the West and East" 报告。

12月6-7日，赴江西南昌处理明代宁靖王夫人吴氏墓出土丝绸服饰，进行初步鉴定。

是年，开始承担国家"十五"攻关项目"丝织品病害防治研究"，担任副组长。

是年，受聘担任中国社会科学院古代文明研究中心客座研究员。

2002 年

5月1—11日，参加美国大都会艺术博物馆"走向盛唐"策展会议，顺访纽约时装学院博物馆。

5月，应苏州大学出版社之邀担任《中国丝绸通史》主编，启动"中国丝绸通史"项目。

7月28日—8月3日，赴河北隆化县博物馆，鉴定鸽子洞出土的元代丝织品。

9—10月，主编的《纺织品鉴定保护概论》由文物出版社出版。

10月9—23日，举办第一次纺织品鉴定保护培训班。

10月23日，"纺织品考古新发现"展览开幕。

11月5—6日，举办"中国纺织品考古的发现与研究"国际学术会议，与会代表近百人，来自美、英、德、比、日、韩等国。

12月15—18日，赴山西应县木塔考察出土的南无释迦牟尼佛夹缬。

是年，在杭州大学夜校学习德语半年。

2003年

1月16—23日，参加浙江省第十届人民代表大会第一次会议，同时当选浙江省人大常委。

1月24—26日，赴甘肃省博物馆鉴定甘肃玉门花海墓地出土十六国时期的丝织品。

7月23日—8月2日，赴英国伦敦研究 Rossi&Rossi 所藏辽代与元代丝绸服饰，完成 *Style from the Steppes: Silk Costumes and Textiles from the Liao and Yuan Periods, 10th to 13th Centuries* 一书。

10月2—9日，赴香港城市大学中国文化中心讲学。

10月，受聘担任东华大学服装与设计学院染织美术史方向学科带头人和博士生导师。

11月6—15日，赴伦敦大学亚非学院做 "Technical Analysis of Three Groups of Mongol Textiles from Tibet" 报告。

是年，主持中国丝绸博物馆基本陈列文物展厅部分改造工作。

2004年

4月25日—5月6日，赴香港中文大学鉴定辽代丝绸文物，并做 "Dragon Iconography on Chinese Textiles and Costume" 报告。

7月14—17日，与汪自强一同赴新疆文物考古研究所揭展营盘出土男尸服饰。

7月，完成中英文对照《辽代丝绸》（*Liao Textile & Costume*），书由饶宗颐题签、屈志仁作序、沐文堂出版。

7月28日，赴新加坡亚洲文明博物馆做"中国丝绸上的龙"报告，在悉尼新南威尔士美术馆出席 "Celestial Silks: Chinese Religious and Court Textiles" 特展开幕式，做 "Textiles from TAM170" 和"丝绸之路上的丝绸考古"报告。

8月25日，出席北京大学赛克勒博物馆"大朝遗珍"开幕式，同时做"元代袍服的主要类型"报告。

10月4日，参加大都会艺术博物馆 "Dawn of a Golden Age China 220–750" 展览开幕式，在展览图录上发表 "*Jin, taquete* and *samite* Silks: Three Steps of Textiles from Han to Tang Dynasty during the Cultural Exchange on the Silk Road"。

10月24日，参加香港中文大学文物馆"松漠风华：契丹艺术与文化"开幕式，并在香港艺术馆做"Liao Robes and Their Designs"报告。

12月9—12日，赴韩国建国大学参加韩国服饰与设计协会国际会议。

12月22日，参加浙江省敦煌学研究会纪念常书鸿一百周年诞辰大会，做"敦煌丝绸的发现与研究"发言，陪同常沙娜和樊锦诗参观国丝。

是年，完成"十五"国家科技攻关项目"古代丝织品的病害及其防治"（任副组长）。

是年，完成国家文物局项目"辽代丝织品的保护与研究"（任组长）。

是年，主持中国丝绸博物馆蚕桑丝织厅的陈列改造。

2005 年

3月12—17日，赴宁夏盐池鉴定研究明墓出土丝织品，同时赴兰州查看元代文物。

4月15日，浙江省委书记习近平等省委领导一行到中国丝绸博物馆考察，陪同讲解。

5月14—17日，赴沈阳参加第六届全国十大精品陈列评选，基本陈列"中国丝绸文化"荣获精品奖。

5月18—19日，赴山西侯马绛县横水考察出土西周荒帷。

5月25—29日，赴韩国淑明女子大学郑英阳刺绣博物馆出席"Hidden Threads"展览开幕式。

9月23日，"黄金丝绸青花瓷"特展开幕。

11月1—2日，举办"丝绸之路与元代艺术"学术讨论会，中外学者百余人到会。

10月13—26日，赴法国尼斯亚洲艺术博物馆举办"天上人间：中国浙江丝绸文化展"。

12月25日，赴台北故宫博物院做"元世祖出猎图上的服饰"讲座。

是年，历时4年主编的《中国丝绸通史》正式由苏州大学出版社出版。此书后获2005年文博十佳图书、2006年首届中华优秀出版物奖、2007年中国出版政府奖等。

是年，国家文物局项目"纺织品保护的技术规范研究"结项。

2006 年

1月11—13日，赴新加坡国立博物馆参加"Power Dressing"展览开幕式，并做"Symbols of Power and Prestige: Sun, Moon, Dragon and Phoenix Motifs on Silk Textiles"报告。

2月11—17日，赴香港历史博物馆参加"走向盛唐"展览开幕式，并做"新疆地产织锦中的绵线纬锦"报告。此后在香港城市大学中国文化中心讲学。

4月18日，获英国学术院资助，赴大英博物馆研究斯坦因所获中国西北地区出土纺织品，并负责完成 Merlin 数据库中的相关部分。

5月22日，赴捷克布拉格主持"衣锦环绣：5000年中国丝绸精品"布展，展览于5月30日开幕。

6月12日，再赴伦敦，与大英博物馆、大英图书馆和维多利亚与艾尔伯特博物馆一起全面启动《敦煌丝绸艺术全集（英藏卷）》项目。

8月15日—9月6日，赴中亚和俄罗斯考察。访问乌兹别克斯坦塔什干、撒马尔罕、布哈拉、赞丹那，经停亚美尼亚埃里温，回伦敦后再飞俄罗斯圣彼得堡。在爱米塔什博物馆研究 Mochevaya Balka、敦煌、黑水城、诺因乌拉等地发现的纺织品。9月4日，在俄罗斯科学院圣彼得堡考古研究所做 "Textile Archaeology along the Silk Road in Xinjiang Section" 报告。

12月1—25日，与伊弟利斯一起带领东华大学与新疆文物考古研究所联合调查队进行环塔克拉玛干丝绸之路染织服饰考察，经库尔勒、23团、营盘、古墓沟、楼兰、米兰、若羌、且末、民丰、和田、喀什、拜城、库车、库尔勒、和静、吐鲁番、乌鲁木齐。

2007年

2月5—12日，赴俄罗斯哈巴罗夫斯克、莫斯科、喀山、圣彼得堡等地进行前期考察，筹备"丝国之路：5000年中国丝绸精品展"。

3月21—22日，"丝绸之路：艺术与生活"国际论坛暨《敦煌丝绸艺术全集（英藏卷）》中文版首发式在东华大学召开。

4月5—6日，随柴剑虹拜见季羡林、冯其庸先生，获《敦煌丝绸与丝绸之路》、"敦煌丝绸艺术全集"书名题词。

4月25—30日，在敦煌研究院分析整理敦煌南区和北区出土唐代与元代丝织品。

5月16日—6月1日，赴大英博物馆参加"百年敦煌国际学术讨论会"，并做 "Recent Research on Dunhuang Textiles" 报告，同时举行《敦煌丝绸艺术全集（英藏卷）》英文版首发式。

6月2—20日，赴法国吉美国立亚洲艺术博物馆启动《敦煌丝绸艺术全集（法藏卷）》合作项目。14日，访问里昂纺织博物馆。18日，在德国慕尼黑大学做 "Silk Textiles along the Silk Road, 4th–6th Centuries" 报告。

7月28日—8月3日，赴旅顺博物馆研究大谷探险队所获敦煌丝织品。

8月10日，赴嘉兴博物馆鉴定王店李家坟墓出土明代丝织品。

10月23日—11月16日，赴俄罗斯喀山、莫斯科参加"丝国之路：5000年中国丝绸精品展"相关工作，该展于11月6日正式开幕。

是年，被国家文物局授予"全国文化遗产保护工作先进个人"称号。

是年，完成国家社会科学基金项目"敦煌丝绸与丝绸之路：历史、科技、艺术的综合研究"。

2008年

3月5—18日，赴京参加第十一届全国人民代表大会第一次会议，联合杭州、嘉兴、湖州、苏州和成都三省五市市长一起提交《关于申报"中国丝绸"作为人类口述与非物质文化遗产的建议》。

3月18—24日，赴英迪拉·甘地国家艺术中心（IGNCA）参加学术讨论会，做"Central Asian Textiles Found in Dunhuang Collections"报告，同时在新德里国立博物馆考察部分斯坦因所获中国丝织品。

5月19—22日，赴江西省博物馆考察明代蕃王墓出土西洋布。

7月28日，出席奥运大展"奇迹天工：中国古代发明创造文物展"开幕式并进行讲解。

8月9日，奥运会祥云小屋"中国故事"正式开幕，"蚕乡遗俗"同时开幕。

8月14—18日，赴西藏拉萨等地考察五彩夹缬遗存。

9月6—16日，赴乌兹别克斯坦Samarkand、Fergana、Namangan、Pop、Andijon、Margilan、Tashkent等地考察，与Bokijon Babadulaev合作研究蒙恰特佩出土织物。

9月22、25、27日，在中南海三次讲授中国科技史古代纺织部分。讲座内容后收入《走进殿堂的中国科技史》。

12月3—13日，赴伦敦参加"Textiles in Art: From the Bronze Age to the Renaissance会议"，做"Two Systems of Textiles in the Mongol Period and Their Reflection in Art (1206–1368)"报告。

是年，飞北京20次，在北京100天，主要负责奥运两个展览"奇迹天工"之"锦绣华服"，"中国故事"之"蚕乡遗俗"。

是年，开始在中国美术学院开设"中国丝绸与丝绸之路"研究生课程。

是年，完成国家文物局指南针试点项目"古代纺织发明创造文化遗产科学价值试点（夹缬）"。

是年，获文化部优秀专家称号。

2009 年

1 月 9 日，参加国家文物鉴定委员年会，当选国家文物鉴定委员会委员。

6 月 23 日—7 月 22 日，赴香港城市大学中国文化中心讲授"中国丝绸与丝绸之路"第一部分共 6 讲。

9 月 15—23 日，"天衣有缝：中国古代纺织品修复展"开幕，同时举办"纺织品文物保护修复培训班"和"文物修复标准培训班"。

9 月 17 日，开始主持中国丝绸博物馆全面工作。

9 月 30 日，由中国丝绸博物馆牵头申报的"中国蚕桑丝织技艺"经联合国教科文组织保护非物质文化遗产政府间委员会第四次会议在阿布扎比审议，并批准列入《人类非物质文化遗产代表作名录》。

10 月 1—8 日，赴美国纽黑文和纽约，在耶鲁大学参加"Textile as Money"小型讨论会，并做"Silk as Funerary Money"报告。

10 月 20 日，受聘担任故宫博物院明清宫廷史研究中心客座研究员。

11 月 21 日，与齐东方联合策展的"锦上胡风：丝绸之路魏唐纺织品上的西方影响"在北京大学赛克勒博物馆开幕，同时参加"汉唐西域考古：尼雅、丹丹乌里克遗址"国际学术研讨会，并做"汉晋新疆织绣与中原影响"报告。

11 月 21 日—12 月 2 日，赴法国吉美国立亚洲艺术博物馆研究新清理和修复的敦煌丝绸。

12 月 14—21 日，赴东京国立博物馆参加上代染织保护国际交流，观摩研究法隆寺藏品和正仓院藏品，并做"Studies of Textiles from the Silk Road in Recent China"报告。

是年，为北京大学新疆研究生班开设"新疆出土纺织品的鉴定与研究"课程。开始在浙江理工大学与博物馆同事一起开设"纺织品保护概论"课程。

是年，担任总主编的"十一五"国家重点出版物出版规划项目"中华锦绣"第一辑 8 册由苏州大学出版社出版。

是年，担任执行主编的《纺织品保护技术手册》由文物出版社出版，并获 2009 年全国文博十佳图书最佳工具书奖。

是年，主持完成浙江文物保护专项项目"脆弱丝织品的丝蛋白加固研究"并通过验收。

是年，主持完成指南针项目"东周纺织织造技术价值挖掘与展示"。

2010 年

4 月 6 日，当选第七届浙江省敦煌学研究会会长。

5 月 18 日，应邀参加上海世博会的国际博物馆协会荣誉日活动。

6 月 21 日—7 月 20 日，赴香港城市大学中国文化中心讲授"中国丝绸与丝绸之路"第二部分共 6 讲。

8 月 3 日，当选国家文化遗产保护区域创新联盟（浙江省）副理事长。

9 月 10 日，举办"金冠玉饰锦绣衣：契丹人的生活和艺术"展览开幕暨梦蝶轩辽代文物捐赠仪式。

10 月 9 日，赴美国林肯市参加美国纺织品协会双年会（TSA），并做"Five Colors in Silk of Ancient China"报告。

10 月，在旧金山狄扬博物馆和洛杉矶中华协会做"丝路之绸研究的现状与前景"报告，正式提出"丝路之绸"的概念。

10 月，赴法国吉美国立亚洲艺术博物馆举办《敦煌丝绸艺术全集（法藏卷）》法文版首发式，并赴里昂参加国际古代纺织品研究中心理事会。

12 月 6—7 日，在东华大学举办"织为货币：丝绸之路上的纺织品"国际研讨会，并做"How Accurately Do Burial Lists from Turfan Represent the Burial Goods? Textiles Found in TAM170"报告。

12 月 17 日，在德国柏林马普科学史研究所参加"发明的历史体系：早期现代世界的丝绸文化（14—18 世纪）"学术讨论会，并做"Chinese Velvet: Transmitted from the West and Developed in the East"报告。

是年，与乌兹别克斯坦科学院考古研究所马特巴巴伊夫共同主编的《大宛遗锦：乌兹别克斯坦费尔干纳蒙恰特佩出土的纺织品研究》中、英、俄三种文本由上海古籍出版社出版。

是年，担任主编的《敦煌丝绸艺术全集（法藏卷）》的中文版和法文版由东华大学出版社出版，获国家出版基金。

是年，主持申报的纺织品文物保护国家文物局重点科研基地正式落户中国丝绸博物馆。

是年，主持完成的指南针计划项目"东周纺织织造技术价值挖掘与展示：以出土纺织品为例"荣获文物保护科学和科技创新奖二等奖。

2011 年

1 月 12 日，正式就任中国丝绸博物馆馆长。

1月16—21日，受国家文物局委托，随孙机、夏更起、陈克伦等赴日鉴定拟征集文物。

6月17日，赴陕西西安参加中国博物馆协会年会，当选为中国博协常务理事。

8月16日，纺织品文物保护国家文物局重点科研基地新疆工作站在新疆博物馆成立，任学术委员会主任。

9月26日，赴丹麦哥本哈根 David Collection 博物馆，做 "Studies on the Textiles from the Silk Road" 报告。

10月13日，在伦敦大学亚非学院做 "Studies of Textiles from Silk Road in Recent China" 报告。

10月17日，在大英博物馆做 "Fibres and Colours from Dunhuang" 报告。

10月27日，赴新加坡南洋大学参加 "古代丝绸贸易路线：东南亚跨文化交流与遗产研讨会"，做 "Large Western Floral Designs: A Study on Western Styled Silk Textiles in the Palace Museum，Beijing" 报告。

12月15日，在华盛顿史密森学院博物馆保护中心做 "Textile Research and Conservation at the China National Silk Museum" 报告。

12月23日，策划的首个时尚回顾展 "发现·FASHION：2011年度时尚回顾展" 在国丝开幕。

12月27日，赴香港参加 "从创意到科技：第八届世界绞缬染织研讨会"，并做 "Resist Dye: Excavated Textiles and Mural Images of the Tang Dynasty" 主旨报告。

是年，与海宁市政府合作建设 "中国蚕桑丝织文化遗产生态园"，编制了 "中国蚕桑丝织文化遗产生态园" 概念性方案，并于11月12日与海宁市政府签订了合作建设 "中国蚕桑丝织文化遗产生态园" 项目的协议，但终未落地。

2012年

3月5—14日，在北京参加十一届全国人民代表大会第五次会议。其间，策划两会女性穿华装的活动，后活动并未落地。但 "华装风姿：中国百年旗袍展" 如期于3月8日在中国妇女儿童博物馆开幕。

4月17日，在华盛顿弗利尔赛克勒博物馆做 "Chinese Mounting Silk: A Case Study of Qianlong's Four Beauties" 讲座。

4月20日，赴美国哈佛大学参加 "丝绸贸易：古代罗马与汉代中国的交流" 学术会议，并做 "The Silk from the Silk Road: Wild and Domestic, or Unraveled? A Study on Tabby, Taquete and Jin with Spun Silk from Yingpan, Xinjiang, 3rd–4th Centuries" 报告。

4月22日，在布莱恩特大学做"Recent Studies of Textiles from Silk Road in China"报告。

5月5日，在香港中文大学文物馆做"元代龙袍的类型及地位：从《元世祖出猎图》中的龙袍谈起"讲座。

5月24日，与韩国传统文化大学签订学术文化合作谅解备忘录。12月6日，再就"明代丝绸服饰研究、修复及复制"项目签订合作协议。

9月14日—11月20日，举办"沙鸣花开：敦煌历代服饰图案临摹原稿展"，正式接受常沙娜老师捐赠敦煌壁画服饰图案手绘稿。

10月29—30日，赴弗利尔赛克勒博物馆参加粟特艺术展研讨会，并做"New Research and New Idea: Sogdian Textiles in European Collections"报告。

11月4日，与美国布莱恩特大学在杭州签署科研和展览合作备忘录。

11月5日，当选纺织品文物保护国家文物局重点科研基地（中国丝绸博物馆）首任主任。

11月28日，以朱新予、蒋猷龙两位导师命名，以收藏近当代丝绸纺织档案为主题的新猷资料馆正式开馆。

11月29日，纺织品文物修复展示馆正式开馆，同时与新疆方面合作举办"丝路之绸：新疆纺织品文物修复成果展"。

11月30日，纺织品文物保护国家文物局重点科研基地与大英图书馆签署《国际敦煌项目中纺织品合作研究协议》，与美国波士顿大学签署《丝绸之路出土染料研究协议》。

是年，作为《中国丝绸艺术》中文版主编和主要撰稿人的 Chinese Silks 英文版由耶鲁大学出版。此书登上《纽约时报》2012年度艺术书籍榜单，并获2012年度全美纺织品协会 R.L.Shep 图书奖。

是年，主编的"十一五"国家重点出版物出版规划项目"中华锦绣"丛书（16种）出齐，包括本人独著的《中华锦绣：天鹅绒》一册。

2013年

4月9—11日，与丹麦纺织品研究中心联合在杭州举办"丝路之毛：欧亚青铜至铁器早期毛织物保护与研究"学术研讨会。

7月25日，赴大英博物馆参加"早期中国绢本画：保存、保护修复及展示最佳实践做法会议"，并做"On the Silk Mounting and Wrapper of the Admonitions Scroll"报告。

7月27日，在英国曼彻斯特大学召开的国际科技史年会（ICHSTM）上主持"丝绸之路沿线古代东西方文化与技术交流"专场，并做 "Tie dye on the Silk Road" 报告。

8 月，香港梦周文教基金会资助的 "天然染料数据库建设：以田野调查为重点" 国际合作项目结题。

9 月 5 日，"时代映像：中国时装艺术 1993—2012 展" 在北京今日美术馆开幕。

9 月 21 日，首届杭州纤维艺术三年展在浙江美术馆开幕，我馆承办 "经纬四方：数码提花艺术展" 和 "经纬四方：中国缂丝艺术展"。

9 月 24—27 日，受国际古迹遗址理事会（ICOMOS）委托，赴日本群马县对其申报 2014 年世界文化遗产的 "富冈制丝厂及其相关遗址" 进行实地评估。

11 月 5—10 日，赴泰国诗丽吉王后纺织品博物馆参加开馆仪式。

12 月 29 日，与敦煌研究院联合举办的 "千缕百衲：敦煌莫高窟出土纺织品的保护与研究" 特展开幕，同时举办 "敦煌与丝绸之路" 学术会议。

是年，主持的国家文物局课题 "基于丝肽 - 氨基酸的脆弱丝织品接枝加固技术研究与示范应用" 结题。

是年，作为项目技术负责人牵头向科技部申请的国家科技支撑计划项目 "中国丝绸文物分析与设计素材再造关键技术研究与应用" 正式立项。

2014 年

1 月 20 日，与美国弗利尔赛克勒博物馆联合在杭主办 "中国粟特文化的新研究" 讨论会暨粟特艺术展策展会议。

3 月，参与主编的 *Global Textile Encounters* 由 Oxbow Press 出版。

4 月 1 日至 16 日，赴俄罗斯斯塔夫罗波尔 Nasledie 考古所和大英图书馆开展合作研究和学术交流。

6 月 4 日至 28 日，赴意大利、丹麦两国开展学术访问与交流。其中，6 月 21 日在哥本哈根大学举办的 "Textile Terminologies from the Orient to the Mediterranean and Europe (1000 BC–AD 1000)" 研讨会上做 "Western Wool Textiles in Chinese Literature (1st–4th Centuries)" 报告。6 月 25 日，在根本哈根举办的欧洲科学公开论坛 ESOF 上做 "Old Textiles Provide New Knowledge" 报告。6 月 26 日，在丹麦国家博物馆做 "Recent Studies on Textiles from the Silk Road in Xinjiang" 报告。

7 月 10 日，正式启动国家文物局 "指南针计划" 专项 "汉代提花技术复原研究与展示：以成都老官山汉墓出土织机为例"。

8 月 13 日，赴宁夏银川参加第二届丝绸之路国际学术研讨会 "粟特人在中国：考古发现与出土文献的新印证"，并做 "从赞丹尼奇名称之争谈粟特织物" 报告。

8月25日，中国丝绸博物馆改扩建项目召开第一次工作会议，改扩建项目全面启动。

9月8—21日，赴美国洛杉矶参加全美纺织协会年会。9月10日，主持 "Early Chinese Textiles: Archaeology, History, Weave and Pattern Technology" 工作坊，在会上做 "Teaching Silk History in China" 报告，并领取 R.L. Shep 民族纺织品图书奖。

10月，和世界绞缬协会共同在杭举办 "丝路之缬" 大型系列展览与第九届国际绞缬大会，并做 "Tie Dye, Clamp Resist Dye and Ikat: Early Archaeological Evidences of Resist Dye on the Silk Road" 报告。

11月，与跨湖桥博物馆联合主办 "原始纺织技术" 国际会议。

12月2—8日，赴大英博物馆参加北山堂基金会中国艺术论坛，与 Helen Wang 共同做 "Researching Silk Road Textiles: An International Collaboration" 报告。

12月，主编的《敦煌丝绸艺术全集（俄藏卷）》由上海东华大学出版社出版。

是年，应国家图书馆邀请，开设 "丝绸之路与丝路之绸" 国图公开课，共15讲。

2015 年

1月10日，参加北京外国语大学丝绸之路研究院成立大会暨新年论坛，并做 "丝绸之路上的丝绸" 报告。

3月20日，"一瞥惊艳：19—20世纪西方服饰精品展" 开幕，标志着国丝完成了近4万件西方时装征集工作。

3月23日—4月8日，赴印度、塔吉克斯坦进行丝绸之路沿途丝绸文化遗存的调查，并开展纺织品研究学术交流。在英迪拉·甘地国家艺术中心（IGNCA）做 "A Preliminary Study on the Silk with Kharosthi Inscription" 报告。

7月1日，中国丝绸博物馆改扩建工程正式打桩，标志着项目正式启动。

9月10日，赴上海博物馆参加 "文物保护与博物馆建设" 国际博物馆馆长高峰论坛，并做 "研究型博物馆：乘着科学的翅膀" 报告，正式提出打造 "研究型博物馆" 的目标。

9月15日，"丝路之绸：起源、传播与交流" 在西湖博物馆开幕。

10月12日，举办 "丝路之绸：起源、传播与交流" 国际学术报告会，做 "Mapping Silk Road with Silks" 报告，同时发起成立国际丝路之绸研究联盟。

11月30日—12月4日，赴韩国庆州参加 "东方丝路故事" 国际会议，并做 "Silk Textiles Found in the Eastern Extent of the Silk Road" 报告。

是年，主编《丝路之绸：起源、传播与交流》，由浙江大学出版社出版。

是年，国家文物局重点科研基地课题"基于丝肽 - 氨基酸的脆弱丝织品接枝加固技术研究与示范应用"通过结项验收。

2016 年

5 月 26 日—6 月 2 日，赴法国巴黎参加 UNESCO 第六届非遗缔约国大会并进行学术交流。

9 月 3—5 日，G20 杭州峰会期间，在中国美术学院接待了彭丽媛老师带来的第一夫人团共同参观参加"丝路霓裳"展，其余时间在本馆接待阿根廷总统夫人胡里娜·阿瓦达、加拿大总理夫人索菲、土耳其总统夫人艾米内、联合国秘书长夫人柳淳泽和世贸组织总干事夫人玛丽亚·阿泽维多。

9 月 23 日，"锦绣世界"国际丝绸艺术展开幕暨中国丝绸博物馆新馆启用仪式在时装馆大厅隆重举行。在国际丝路之绸研究联盟理事会上当选联盟主席。

10 月 14—18 日，赴伊朗马什哈德菲尔多西大学参加第二届丝绸之路国际会议"伊朗在丝路交流的发生和复兴以及未来前景中的文化文明力量"，并做"Pattern Loom: Exchange and Development on the Silk Road"报告。

10 月 19 日，第二期阿拉伯国家文博专家研修班在本馆开班。

11 月 12 日，赴深圳参加国际博物馆高级别论坛，同时受邀参加非物质文化遗产与博物馆创新发展高级别圆桌会议。

12 月 12 日，参加 2016 年全国文物科技工作会议，作为第一完成人的"基于丝肽 - 氨基酸的脆弱丝织品接枝加固技术研究与示范应用"荣获"十二五"文物保护科学和技术创新奖二等奖。

是年，"十二五"国家科技支撑计划"中国丝绸文物分析与设计素材再造关键技术研究与应用"项目通过课题验收。

是年，《锦程：中国丝绸与丝绸之路》经修订后由黄山书社重新出版，入选"十二五"国家重点出版物出版规划项目，"丝路书香工程"翻译资助，获中国图书评论学会评的"中国好书"。

2017 年

3 月 18 日，开启"国丝之夜"，国丝园区和锦绣廊、时装馆将在每年 3—11 月的周五、周六晚上对公众夜间开放。

4 月 13 日，《成都汉墓出土世界最早提花织机模型研究》（"The Earliest Evidence of Pattern Looms: Han Dynasty Tomb Models from Chengdu, China"）荣登《古物》（Antiquity）杂志封面文章。

4月20日—5月13日，赴以色列耶路撒冷奥尔布赖特考古学研究所（Albright Institute of Archaeological Research）进行"中以出土纺织品比较研究"客座学术研究。

5月14日，中国丝绸博物馆首届理事会成立。

5月18日，基本陈列"中国丝绸和丝绸之路：锦程、更衣记"荣获全国十大陈列展览精品奖。

6月10日，国丝女红传习馆正式挂牌。

6月22日，"古道新知：丝绸之路文化遗产保护科技成果"展览暨学术报告会开幕，联合21家重点科研基地发出"丝绸之路文物科技创新联盟"倡议。

7月25日，"汉代提花技术复原研究与展示：以成都老官山汉墓出土织机为例"等三项课题在京顺利通过国家文物局组织的专家验收。

10月21日，"荣归锦上：1700年以来的法国丝绸展"开幕。

11月10日，国际博物馆协会主席苏埃·阿克索伊（Suay Aksoy）来馆参观交流。

11月23—26日，赴香港参加国际文物修护学会和故宫博物院主办的"华采再现：织品和唐卡的修护与传承"香港研讨会，做"古道新知：丝绸之路纺织考古所见东西方文化交流"报告。

11月29日—12月7日，赴法国里昂主持召开IASSRT第二届年会暨"欧亚丝绸对话：历史、技术和艺术"学术报告会。

12月22日，中国丝绸博物馆时尚专业咨询委员会成立。

2018年

2月3日，"盛装：三维科技时尚展"开幕，同时举办"丝路之夜：3D时尚之夜"。

3月27日—4月7日，赴印度尼西亚进行学术调研。其间，在雅加达、巨港、爪哇、日惹等地考察，并征集传统机具和织品。

4月12日，与加拿大皇家安大略博物馆馆长白杰慎、副馆长沈辰在北京签署合作谅解备忘录。

4月21日，首届"国丝汉服节"开幕，举办"汉服之夜"。

5月30日，"神机妙算：世界织机与织造艺术"大展开幕。同时举办"神机妙算：世界织机与织造艺术"国际学术报告会、国际技术史高峰论坛"现代社会中的工艺与创新"和第六届中国技术史与技术遗产论坛。

7月17—27日，赴英国剑桥李约瑟研究所就《中国科学技术史·织机卷》的编写进行前期准备和学术交流。

9月26日，杭州全球旗袍日"山水：全球名家旗袍设计邀请展"开幕。

10 月 16 日，第四期阿拉伯国家文博专家研修班开班。

10 月 23 日，"缤纷岁月：浙江丝绸工学院印染 77 班"（1978.3—1982.2）展览开幕。

10 月 27 日—11 月 1 日，赴阿曼国家博物馆主持"丝茶瓷：丝绸之路上的跨文化对话"展，参加 UNESCO 国际丝绸之路网络第四次会议，并做"Silks from the Silk Road: Importance of the Silk Road for the Intercultural Dialogue"演讲。

11 月 5—10 日，国际丝路之绸研究联盟第三届学术研讨会"丝路之绸：物质和非物质文化遗产"暨第四次理事会在韩国扶余国立传统文化大学举行。其间，"韩中丝织品织造技术与丝绸文化"展在韩国国立无形遗产院开幕。

11 月 24—25 日，首届丝绸之路国际博物馆联盟大会在福州召开，出任副理事长。

12 月 8 日，辞去纺织品文物保护国家文物局重点科研基地主任职务，担任学术委员会主任。

是年，入选中宣部"四个一批"人才与文化和旅游部的"文化名家"。

是年，《中国纺织考古与科学研究》由上海科学技术出版社出版。

是年，总主编"中国古代丝绸设计素材图系"（共 10 卷），由浙江大学出版社出版。

2019 年

3 月 13—19 日，赴西班牙瓦伦西亚参加联合国教科文组织"丝路文化互动地图"会议，并访问瓦伦西亚丝绸博物馆。

3 月 29 日，"一衣带水：韩国传统服饰与织物展""梅里云裳：嘉兴王店明墓出土服饰中韩合作修复与复原成果展"在杭开幕。

4 月 26—28 日，主持召开 2019 博物馆手艺传习研讨会，成立"手艺传习博物工坊"。

4 月 27—28 日，举办第二届国丝汉服节"明之华章"。

5 月 20—21 日，首届天然染料双年展（BoND）在杭举行。

5 月 24—29 日，"丝茶瓷：丝绸之路上的跨文化对话"展览在捷克皮尔森开幕。

5 月，成立"国际丝绸之路与跨文化交流研究中心"，出任中心主任。

5 月 18 日，中国丝绸博物馆获中国博物馆协会颁发的"最具创新力博物馆"称号。

5 月 31 日，成立"中国蚕桑丝织技艺保护联盟"，担任联盟主席。

6 月 21 日，中国丝绸博物馆和浙江理工大学共建国际丝绸学院并正式挂牌，出任院长。

6 月 21 日，"丝路岁月：大时代下的小故事"展览开幕，发出"丝绸之路周"的倡议。

8 月 25 日—9 月 7 日，赴日本京都参加 2019 国际博协大会，并在亚太联盟委员会和服装博物馆与藏品委员会上分别做 "The Future of Silk as Cultural Heritage in the China National Silk Museum" 和 "China National Silk Museum: A Culture Hub for Textile/Costume from Tradition to Future" 报告。

9 月 20 日，从加拿大多伦多皇家安大略博物馆引进的"迪奥的迪奥 Dior by Dior（1947—1957）"展开幕。

9 月 21 日—10 月 2 日，国际丝路之绸研究联盟第四届学术研讨会暨第五次联盟理事会议在俄罗斯与斯塔夫罗波尔行政区文化部所属那什列第考古所召开。

10 月 17 日，赴敦煌参加"6—9 世纪丝绸之路上的文化交流"国际学术研讨会，并做"联珠对鸟纹锦的复原研究"报告。

是年，主编的《锦绣世界：国际丝绸艺术精品展》由东华大学出版社出版。主编的《神机妙算：世界织机与织造艺术》由浙江大学出版社出版。

是年，开始在浙江理工大学担任博士生导师。

2020 年

1 月 23 日，新冠肺炎疫情突临，全馆临时闭馆。

1 月 31 日，接国际博物馆协会主席苏埃·阿克索伊正式来函，担任国际博物馆协会新一届职业道德委员会（Ethics Committee, ETHCOM）委员。

4 月 24 日，与联合国教科文组织签署《丝绸之路上的文化互动专题集：纺织服装卷》合作出版协议，担任主编。

6 月 19—24 日，首届"丝绸之路周"主场活动在国丝展开，主题展览"众望同归：丝绸之路的前世今生"和"一花一世界：丝绸之路上的互学互鉴"同时开幕。

7 月 20 日，与联合国教科文组织世界遗产中心和丝绸之路项目共同举办纪念 UNESCO 丝绸之路考察 30 周年的视频座谈会，同时启动丝绸之路数字档案项目。

9 月 4 日，自维多利亚与艾尔伯特博物馆引进的"巴黎世家：型风塑尚"展览开幕。

9 月 24 日，受聘担任浙江省文史研究馆馆员。

11 月 4 日，第二届"博物馆手艺传习"研讨会在广东工艺美术博物馆（陈家祠）

开幕，做主旨报告。

11 月 14 日，赴成都蜀江锦院主持第二届中国蚕桑丝织技艺保护联盟会议。

11 月 24—25 日，浙江理工大学国际丝绸学院举办"第一届国际丝绸与丝绸之路学术研讨会：丝绸之路上的纺织品对话"。

是年，主编的《中国丝绸设计（精选版）》由浙江大学出版社出版，并于 2021 年 12 月 6 日荣获第 30 届浙江树人出版奖。

是年，新冠疫情袭击全球，大量工作受到严重影响。

2021 年

1 月 20 日，赴泉州参加世茂海上丝绸之路博物馆开馆典礼暨"博物馆与海上丝绸之路"主题论坛，正式提出共建"丝绸之路数字博物馆"倡议。

1 月 23 日，"云荟：中国时尚回顾大展 2011—2020"开幕，标志着国丝年度时尚回顾展已走过 10 周年。

3 月 26 日，中国博物馆协会服装博物馆专业委员会全体会议举行换届大会，当选主任委员。此专委会后改名为服装与设计博物馆专业委员会。

4 月 23 日，参加香港北山堂基金会主办的"中国艺术博物馆线上论坛：联通与想象"，做 "Two Projects: Series of Chinese Silks and Silk Road Online Museum（SROM）" 报告。

4 月 23—24 日，举办首届国丝服饰论坛，主题为"服饰史研究的现状和前景"。

4 月 24—25 日，举办第四届"国丝汉服节·唐之雍容"。

4 月 29 日，"敦煌丝绸"展在敦煌莫高窟石窟保护研究陈列中心开幕，这是国丝首个设在馆外的长期展厅。

5 月 18 日，"众望同归：丝绸之路的前世今生"荣获 2020 年度全国十大陈列展览精品。

5 月 19 日，参加国际博物馆协会藏品保护委员会第 19 届大会，并做"全链条保护：中国丝绸博物馆应对全球挑战的工作模式"（Conservation Cycle for Textile Collection: Working Model at China National Silk Museum under Global Challenges）报告。

6 月 3 日，参加北京大学文博学院召开的"丝绸之路研究与策展"学术沙龙。当晚为美国克利夫兰艺术博物馆做 "Chinese Textiles from the Silk Roads" 线上讲座。

6 月 11 日，"青山黄绢：纺织考古百年回顾展"展览开幕。

6 月 17 日，首届"丝绸之路艺术史长三角青年论坛"在东华大学举办。

6 月 18 日，2021 丝绸之路周杭州主场活动暨"万物生灵：丝绸之路上的动物与植物"展览开幕式在国丝举办。同时，丝绸之路数字博物馆揭幕展"霞庄云集：来自丝绸之路的珍品"同时上线。

10 月 19 日，主编"敦煌丝绸艺术全集"中英文各 5 卷本在东华大学"丝绸之路与丝绸艺术"论坛上整体发布。

10 月 22 日，第二届天然染料双年展暨"天染：重现昔日的色彩"在国丝开幕。

11 月 15—16 日，国际丝路之绸研究联盟第五届学术研讨会"丝路之绸：从中世纪到工业时代"在意大利特伦多和杭州两地线下并加线上联合召开，做 Chinese Sericulture Album and Chinese Room at Govone Castle 报告。

11 月 25 日，为国际文化财保护中心（ICCROM）的纺织品保护培训班做 Journey of Textile Conservation: From Archaeology to Communication-based Activities 线上讲座。

是年，《机杼丹青：吴祺纺织图册解读》由中国美术学院出版社出版。

是年，主持的国家重点研发计划"世界丝绸互动地图关键技术研发和示范"持续进行，已通过中期检查。

是年，为韩国传统文化大学研究生网上讲授"中国丝绸史"5 讲，为北京大学文博学院考古名家纺织专题授课"中国纺织考古与研究"8 讲，为上海大学博物馆学研究生毕业环节讲解 SROM 数字策展。

2022 年

1 月 14 日，"中国丝绸艺术大系"举行签约发布仪式，和浙江大学出版社签署出版协议，同时举行开题会议。

2 月 25 日，举行"国丝三十年　丝路新征程"馆庆座谈会，庆祝开馆 30 周年。

2 月 26 日，中国丝绸博物馆开馆 30 周年，国丝·时尚博物馆在杭州大厦开馆。

　　从 1986 年开始跟着朱新予先生、蒋猷龙老师、区秋明老师等接触中国丝绸博物馆的建设项目，到今天已有 36 年。从 1991 年正式来到中国丝绸博物馆担任副馆长起，到 2009 年主持工作，2011 年正式接任馆长，再到 2022 年国丝 30 周年庆，我已经在国丝工作了 30 多年。副馆长 21 年、馆长 11 年，我虽没有查过，但可能是国内担任同一家博物馆领导时间最长的一位了。所谓择一事，终一生，也正是我的追求。

　　馆里的建筑一瓦一砖、园林一草一木、藏品一丝一缕都倾注了我的感情，馆里的每一个展览，每一场活动，每一个项目，每一个人的成长，都让我感到欣慰。周末假日，我也时常来到馆里，在池塘边走一走，在展厅里逛一逛，看看朱老的像，看看大白鹅。30 多年的花开花谢，叶长叶落，就这样一年年过去，我也到了离任馆长的时候。

　　回顾过去，我总是说，我首先是个学者，丝绸纺织服饰的历史和传统是我最为主要的研究对象，科技史、考古学或者艺术史是我最为主要的研究方法，其次才是一个博物馆的策划者、管理者或运营者，在这里我也有过许多思考，产生过许多想法，进行过许多实践。以前只是作为国丝实践的一种思考，东看西想，说做就做，边学边做，既没有去寻求理论的支持，也没有推而广之的念想。但回头看来，因为本馆的特殊性，所以也有不少是属于创新的，是别人没有试过的。在国丝的实践，有些我提过，但没有整理过，有些在不同场合讲过，但也没有写过；有些虽然发表过，但多是应景之作，有时零零星星，有时重重复复，很不系统。但我还是觉得，在国丝 30 年的节点上，在我将要离任的节点上，是时候要整理一下了。

　　所以我收集或整理了 30 篇文章，分成了三个部分，从《古诗十九首》中择词为题。第一部分"所思"11 篇，是对运营中国丝绸博物馆的一些总体想法，总的历史、使命、定位、两条主线、四大特色等，也试图考虑一些同类的问题。第二部分"弄机"8 篇，是对具体工作的一些考虑，如收藏类别、陈列架构、科研体系、研究方向等。第三部分"已远"11 篇，是我在不同阶段的一些记录，如朱老对建馆的贡献、我最初对博物馆的认识，刚开馆时对基本陈列体系的设计，以及若干篇为国丝年报所写的序，直到在国丝 30 周年馆庆座谈会上的致辞。本书中的绝大部分文章都是我在担任馆长之后写的，或是曾经发表、演讲但现在经过扩充或整理或修订过的。在第四部分"长道"中，我为自己与国丝交集的 30 余年学术活动做了一张年表，作为附录。我觉得，中国丝绸博物馆作为一座专题博物馆，我作为一个能较长时间在一个博物馆担任馆领导的人，都是案例。我是中国博物馆飞速发展的亲历者和见证者，我的一些文章，也许可以为此提供一些见证，也可以为后来者提供一些参考。

　　此时此刻，我心中充满了感激之情，难以尽表。大而言之，我感谢这个时代，在我将要高中毕业的时候，改革开放到来，我有机会来到杭州上学。在我大学毕业时，丝绸史的学科出现，我能从事科技史的学习。在我要投入工作之际，中国丝绸博物馆开始建设，我能来到喜爱的博物馆从事喜爱的工作。在我来到博物馆之后，正值博物馆发展的大好时候。我感谢时代，一切都是最好的安排。

　　此时此刻，我要感谢这多年来，在我和国丝成长过程中给予指点、支持、帮助的领导、老师、同行甚至是学生，不计其数。当然也包括全力支持我的家人。我不敢列出他们个人的名字，因为再列也肯定无法列全，所以我只是列出他们的行业和机构，大约会有这几个方面：

　　一是原来的纺织工业部、中国丝绸公司、国家旅游局，后来的中宣部、文化和旅游部、国家文物局，以及浙江省委省政府及其下属各个机构，特别是省委宣传部、文化和旅游厅、文物局、财政厅、科技厅、教育厅、省外办、国土厅、经信委、原浙江丝绸公司等，还有市、区各级的地方领导。

　　二是我们所在的行业中的协会或学会，首先是代表各行业的协会，有中国博物馆协会、中国考古学会、中国科学技术史学会、中国纺织工业联合会、中国丝绸协会、中国服装协会、中国服装设计师协会、中国敦煌吐鲁番学会等。也包括一些国际上的协会，如国际博物馆协会和国际古代纺织品研究中心等。

三是合作单位和个体，无论是国内的，还是国外的。其中主要的是博物馆，还有考古、文保等不同机构，加上大学和科研院所，如中国科学院和社会科学院下的相关所，如浙江理工大学、东华大学、浙江大学、中国美术学院、北京大学、清华大学、上海大学等，还有不少企业、设计师、传承人等，大大小小，我们都有广泛和紧密的合作。

四是青联和人大。在这30多年中，我担任过第六届浙江省青联委员，第十届浙江省人大常委会委员，第十一、十二届全国人大代表。特别是在担任全国人大代表期间，每年都有将近一个月的时间参加全国和省两会，与政治、经济、文化及社会各界接触，长了见识，开了眼界，使国丝得到了各个方面的强大支持。

本书所及，并不是中国丝绸博物馆的馆史，也不是我个人的回忆录，所以并没有涉及许多细节，许多如杨志卖刀、秦琼卖马之类的"至暗时刻"或土地官司等艰难关头，我都没有多写。另外，它也不是一部博物馆学的论著，所以博物馆的相关理论也很少，学术梳理基本没有，只是我实践过程中产生的一些想法，与大家分享。

关于个人，在我的博物馆工作学习生涯中，请允许我提及两位恩师。

一位是朱新予先生，原浙江丝绸工学院院长，我的硕士研究生导师，也是带我走进丝绸史研究领域、安排我走进中国丝绸博物馆、指引我走进丝绸文化遗产领域的引路人。

另一位是屈志仁先生，原大都会艺术博物馆东方部主任，他是邀请我去大都会艺术博物馆做客座研究，带我登上丝绸纺织艺术的国际学术平台、走入世界顶级博物馆群峰的引路人。

最后，我感谢饶宗颐先生为本书题写书名；感谢严建强兄同意将本书纳入"缪斯文库"；感谢刘曙光、安来顺、沈辰、何慕文、汪海岚等同行推荐本书；感谢浙江大学出版社编辑人员的辛勤和专业工作；感谢为本书拍摄并提供了大量图片的馆里同事，其中包括张毅、汪自强、程勤、罗铁家、龙博、于广明等，也感谢为我整理本书提供帮助的几位小朋友，包括杨文妍和金鉴梅等。

赵丰，2022年4月3日于杭州冻绿斋